高等学校计算机基础及应用教材

U0132091

多媒体技术及应用

（第2版）

陆 芳 梁宇涛 郭 芬 冯 毅 编著

电子工业出版社

Publishing House of Electronics Industry

北京·BEIJING

内 容 简 介

全书共分 9 章，第 1 章为多媒体技术的概述，第 2～6 章分别介绍各种媒体及其创作工具，包括 Photoshop、Flash、Dreamweaver、CoolEdit、会声会影等，第 7 章介绍思维导图，第 8 章介绍电子杂志，第 9 章介绍多媒体应用软件的设计与开发。

本书配套的所有实例和素材、授课使用的电子教案及作者创作的多媒体应用实例全部共享，同时，还提供本教材中所有实例的操作过程的视频录像，请登录华信教育资源网（http://www.hxedu.com.cn）免费下载，或直接与作者联系（gzlufang@163.com）。

图书在版编目（CIP）数据

多媒体技术及应用 / 陆芳等编著. —2 版. —北京：电子工业出版社，2011.3

高等学校计算机基础及应用教材

ISBN 978-7-121-12632-1

Ⅰ.①多…　Ⅱ.①陆…　Ⅲ.①多媒体技术－高等学校－教材　Ⅳ.①TP37

中国版本图书馆 CIP 数据核字（2010）第 250933 号

策划编辑：冉　哲
责任编辑：冉　哲
印　　刷：三河市鑫金马印装有限公司
装　　订：
出版发行：电子工业出版社
　　　　　北京市海淀区万寿路 173 信箱　邮编：100036
开　　本：787×1092　1/16　印张：19.25　字数：543 千字
印　　次：2011 年 3 月第 1 次印刷
印　　数：4 000 册　定价：33.00 元

凡所购买电子工业出版社图书有缺损问题，请向购买书店调换。若书店售缺，请与本社发行部联系，联系及邮购电话：（010）88254888。

质量投诉请发邮件至 zlts@phei.com.cn，盗版侵权举报请发邮件至 dbqq@phei.com.cn。

服务热线：（010）88258888。

前　　言

多媒体技术是一种崭新的、跨学科的综合技术，是一种处于不断发展中的高新技术。多媒体技术及其应用是计算机产业发展的新领域，它的出现大大改善了人机交互界面，使各种信息系统提高了工作效率。自 20 世纪 90 年代以来，多媒体技术迅速兴起、蓬勃发展，其应用已遍及国民经济与社会生活的各个角落，给人类的生产、工作乃至生活方式带来巨大的变革。

目前，许多高等院校都在计算机专业和非计算机专业中开设了多媒体技术及应用课程。作者有 10 多年从事多媒体应用及教学工作的经验，感到非常有必要把个人的教学过程及实践经验通过教材展现给学生，使学生对多媒体技术及应用有一个完整的、综合的认识，为把多媒体融入工作、生活和学习中，并提高质量和效率，打下坚实的基础。

本书从理论上重视基础知识，提高分析问题的能力，同时，加强实践和实用性方面的教学，注重培养学生解决实际问题的能力。本书具有以下主要特点。

① 新颖性。本书采用的应用软件都是多媒体技术方面的最新版本的主流应用软件。

② 实用性。读者参照本书内容一边学习、一边实践，在实践的过程中掌握各种标准应用和软件使用方法、技巧。

③ 系统性和全面性。本书从多媒体应用软件制作出发，系统全面地介绍了各种工具，为读者提供了一个多媒体技术及应用的全方位的解决方案。

④ 基于任务驱动，引入案例教学和启发式教学方法，通过实际问题引出相关的原理和概念，在实例中带入知识点，激发学习兴趣。

⑤ 由浅至深，循序渐进，突出重点，通俗易懂。

⑥ 采用模块化编写方式，兼顾不同层次的需求，在具体授课时可根据各校教学计划在内容上灵活地加以取舍。

全书共分 9 章，第 1 章为多媒体技术的概述，第 2～6 章分别介绍各种媒体及其创作工具，包括 Photoshop、Flash、Dreamweaver、CoolEdit、会声会影等，第 7 章和第 8 章是第 2 版教材中新增加的两章，分别介绍思维导图和电子杂志，第 9 章介绍多媒体应用软件的设计与开发。

与第 1 版教材相比，在软件版本上做了全面的更新；在例子上，选择更能体现新版本软件特点的实例；在内容上，针对目前多媒体的两大新应用——思维导图和电子杂志，新增了两章内容，对应用较少的以及过时的内容进行适当的删除。

本书的第 2 章、第 5 章由陆芳编写，第 4 章由梁宇涛编写，第 1、5、9 章由郭芬编写，第 3 章由冯毅编写，第 7 章由田娇玲编写，第 8 章由李小海编写。陆道健、陈贻桦、廖剑萍、祈伟杰、邬家杰、詹伟强等参加了本书的部分内容及例子的整理工作。全书由陆芳负责总体策划和统稿。在本书的编写过程中得到了华南理工大学计算机科学与技术学院周霭如教授的大力支持，同时，参考了大量的技术资料，汲取了许多同仁的宝贵经验，在此一并表示感谢。

　　本书配套的所有实例和素材、授课使用的电子教案及作者创作的多媒体应用实例全部共享，同时，还提供本教材中所有实例的操作过程的视频录像，请登录华信教育资源网（http://www.hxedu.com.cn）免费下载，或直接与作者联系（gzlufang@163.com）。

　　由于多媒体技术是一门发展迅速的新兴技术，新的思想、方法和系统不断出现，加之作者的学识水平有限，书中难免有错误和疏漏之处，敬请读者批评指正。

作　者

于广州·华南理工大学

目　　录

第1章 多媒体技术概论

多媒体技术是 20 世纪 80 年代发展起来的一门综合电子信息技术，它给人们的工作、生活和学习带来了深刻的变化，多媒体的开发与应用使计算机改变了单一的人机界面，转变为多种媒体协同工作的环境，从而让用户感受一个丰富多彩的计算机世界。

1.1 多媒体的概念

1.1.1 媒体

媒体（Media）是信息表示和传输的载体，是人与人之间沟通及交流观念、思想或意见的中介物。国际电报电话咨询委员会（CCITT，Consultative Committee of International Telegraph and Telephone）对媒体进行了如下的分类。

（1）感觉媒体（Perception Medium）

感觉媒体指直接作用于人的感官，产生感觉（视、听、嗅、味、触觉）的媒体，例如，语音、音乐、音响、图形、动画、数据、文字、文件及物体的质地、形状、温度等。

（2）表示媒体（Representation Medium）

表示媒体指传输感觉媒体的中介媒体，即用于数据交换的编码，如图像编码（JPEG、MPEG）、文本编码（ASCII、GB2312）和声音编码等。

（3）显示媒体（Presentation Medium）

显示媒体指进行信息输入和输出的媒体，分为输入显示媒体和输出显示媒体两种，例如，话筒、摄像机、数字化仪、光笔、扫描仪、麦克风、鼠标、键盘等属于输入显示媒体，扬声器、显示器、投影仪、打印机等属于输出显示媒体。

（4）传输媒体（Transmission Medium）

传输信号的物理载体称为传输媒体，例如，同轴电缆、光纤、双绞线、电磁波等。

（5）存储媒体（Storage Medium）

存储媒体用于存储表示媒体，即存放感觉媒体数字化后的代码的媒体，例如，磁盘、光盘、磁带、纸张等。

在计算机领域中，"媒体（Media）"包括两个含义，即 CCITT 定义的存储媒体和表示媒体：一是指信息的物理载体（即存储和传递信息的实体），如手册、磁盘、光盘、磁带及相关的播放设备等；二是指承载信息的载体，即信息的表现形式（或者说传播形式），如文字、声音、图像、动画、视频等。多媒体技术中的媒体一般指后者。表示媒体又可以分为 3 种类型：视觉类媒体（位图图像、矢量图形、图表、符号、视频、动画），听觉类媒体（音响、语音、音乐）和触觉类媒体（点、位置跟踪，力反馈与运动反馈）。视觉类媒体和听觉类媒体是信息传播的内容，触觉类媒体是实现人机交互的手段。

1.1.2 多媒体与多媒体技术

1. 多媒体技术的定义

多媒体技术的定义从不同的角度有着不同的定义，至今没有一个标准的定义。有人定义多媒体计算机是一组硬件和软件设备，结合了各种视觉和听觉媒体，能够产生令人印象深刻的视听效果。也有人定义多媒体是文字、图形、图像及逻辑分析方法等与视频、音频，以及知识创建和表达的交互式应用的结合体。

概括起来，多媒体技术一般是指将文本、音频、图形、图像、动画和视频等多种媒体信息，通过计算机进行数字化采集、编码、存储、传输、处理和再现等操作，使多种媒体信息建立起逻辑连接，并集成为一个具有交互性的系统的技术。简言之，多媒体技术就是具有集成性、实时性和交互性的计算机综合处理声、文、图信息的技术。在应用上，多媒体一般泛指多媒体技术。

2. 多媒体技术的特征

（1）多样性。多样性指信息载体的多样性，即信息多维化，同时，也符合人是从多个感官接收信息的这一特点。

（2）交互性。交互可以增加对信息的注意力和理解力，延长信息保留的时间。当交互引入时，"活动"本身作为一种媒体介入到数据转变为信息、信息转变为知识的过程中。其中，虚拟现实（Virtual Reality）是交互式应用的高级阶段，可以让人们完全进入到一个与信息环境一体化的虚拟信息空间中自由遨游。

（3）集成性。多媒体技术的集成性包括多媒体信息媒体的集成和处理这些媒体的设备与设施的集成两个方面。

（4）实时性。由于多媒体系统需要处理各种复合的信息媒体，这决定了多媒体技术必然支持实时处理。接收到的各种信息媒体在时间上必须是同步的，其中以声音和活动的图像的同步尤为严格。对于电视会议系统等多媒体应用，更要求强实时（Hard Real Time），例如，声音和活动图像不允许停顿，必须做到"唇音同步"等。

（5）非线性。多媒体技术的非线性特点改变了人们传统循序性的读/写模式。多媒体技术借助了超文本链接的方法，把内容以一种更灵活、更具变化的方式呈现给读者。

（6）信息使用的方便性。可以按照自己的需要、兴趣、任务要求、偏爱和认知特点来使用信息，获取图、文、声等信息表现形式。

（7）信息结构的动态性。可以按照自己的目的和认知特征重新组织信息，即增加、删除或修改节点，重新建立链接等。

3. 多媒体信息的特点及产生的问题

多媒体信息包括文本、图形、图像、视频、音频、动画等，它们具有以下特点。

（1）类型多。多媒体信息有多种类型，不同的信息类型在速率、时延及误码等方面有不同的要求，且每种信息类型还具备各种不同的格式。因此，多媒体通信系统必须采用多种形式的编码器、多种传输媒体接口及多种显示方式，并能与多种存储媒体进行信息交换。

（2）码率可变。各种信息媒体所需的传输码率不同，例如，低速数据的码率每秒仅几百比特，而活动图像的传输码率高达每秒几十兆比特，因此，多媒体通信码率必须可变。

（3）时延可变。压缩后的语音信号时延较小，而压缩后的活动图像信号时延较大，由此产生的时延可变使多媒体通信中不同类型的媒体间需要同步。

（4）连续性和突发性。多媒体通信系统在传输数据信息时是离散的、非实时的，而活动图像则是连续的、突发的，数据传输速率更高，这对传输的实时性要求更高。

（5）数据量大。例如，一张 650MB 的 CD-ROM 盘片仅能存储 74 分钟的经 MPEG-1 标准压缩后的数字录像信号，而经 MPEG-2 标准压缩后的一部平均码率为 3Mbps 的故事片（片长约 2 小时）则需要约 3GB 的存储空间。当传送未经压缩的 HDTV 信号时，数据传输速率更要高达 1Gbps。由此可见，多媒体通信系统要求存储空间大的数据库和高数据传输速率的通信网络。

4．多媒体技术的发展简史

国际上广泛认为，多媒体技术是计算机技术的一场革命。多媒体技术的发展使一些传统意义上的产业，如电视、通信、计算机、出版印刷等之间的界限逐渐消失，取而代之的是一些全新的信息产业。多媒体技术经历了以下重要历程。

（1）1982 年 2 月，国际无线电咨询委员会（CCIR，Consultative Committee of International Radio）通过了用于演播室的彩色电视信号数字编码标准（即 CCIR601 建议）。

（2）1984 年，苹果（Apple）公司研制了 Macintosh 计算机，引入了位图（Bitmap）、窗口（Window）、图符（Icon）等技术，并创建了图形用户界面（GUI）。

（3）1985 年，Commodore 推出第一台多媒体计算机系统 Amiga。

（4）1986 年，索尼（Sony）公司和飞利浦（Philips）公司联合推出了交互式光盘系统（CD-I），并公布了 CD-ROM 文件格式。

（5）1987 年，美国 RCA 公司推出了交互式数字视频（DVI）技术。1989 年，Intel 公司和 IBM 公司联合将 DVI 技术发展为多媒体开发平台 Action Media 750，配置了音频板、视频板和多功能板。

（6）1990 年 10 月，由美国微软公司发起组建的多媒体个人计算机市场协会，提出了多媒体计算机技术规格（MPC，Multimedia Personal Computer）1.0 标准。从此，标准化的速度进一步加快，1991 年制定了 JPEG 标准，1992 年制定了 MPEG 标准，1993 年提出了 MPC 2.0，1995 年提出了 MPC 3.0。

1992 年及以后的几年时间，计算机、电视、微电子和通信等领域的专业人员进行了全方位的技术合作，使多媒体技术取得了举世瞩目的进展，多媒体与其他技术的融合越来越紧密，大大拓宽了多媒体技术的应用范围。

（7）1992 年，Microsoft 公司推出 Windows 3.1，它综合了 Windows 的所有多媒体扩展技术，增加了 Media Player、Sound Recorder 及支持多媒体的驱动程序、动态链接库、MAPI（Media Application Interface）、MCI（Media Control Interface）和 MIDI 等，成为事实上的多媒体操作系统。

（8）1995 年，Microsoft 推出 Windows 95 操作系统。Windows 95 以其友好的界面、简便的操作和全面支持多媒体的功能，被越来越多的微机用户采用。到后来，1998 年推出 Windows 98 操作系统，1999 年推出 Windows 2000 系列，2001 年推出 Windows XP，2006 年底至 2007 年推出 Windows Vista，2009 年推出 Windows 7。

（9）1996 年，Intel 从 Pentium Pro 开始，把 MMX（Multimedia EXtension）技术加入 CPU 中，继而发展为 PⅡ、PⅢ、P4 及迅驰、酷睿、双核、多核处理器等。

从多媒体技术的发展趋势来看，多媒体技术的数字化将会是未来技术扩张的主流。

5．多媒体技术的应用领域

随着多媒体技术的标准、硬件、操作系统和应用软件等的变革，特别是大容量存储设备、数据压缩技术、高速处理器、高速通信网、人机交互方法及设备的改进，为多媒体技术的发展提供了必要的条件，计算机、广播电视和通信等领域正在互相渗透，趋于融合，多媒体技术越来越成熟，应用越来越广泛，几乎遍布各行各业以及人们生活的各个角落。多媒体技术的主要应用领域如下。

（1）教育领域（形象教学、模拟展示等）。教育领域是应用多媒体技术最早的领域，也是进展相对比较快的领域，包括电子教案、形象教学、模拟交互过程、网络多媒体教学、仿真工艺过程等。现在很多教师授课都使用多媒体教室与多媒体课件等。

（2）商业广告（特技合成、大型演示）。对读者而言，多媒体技术用于商业广告并不陌生。从影视商业广告、公共招贴广告到大型显示屏广告、平面印刷广告，其绚丽的色彩、变化多端的形态、特殊的创意效果，不但使人们了解了广告的意图，而且得到了艺术享受。

（3）影视娱乐业（电影特技、变形效果）。众所周知，影视娱乐业广泛采用计算机技术，以适应人们日益增长的娱乐需求。在娱乐业，电视/电影/卡通混编特技、演艺界 MTV 特技制作、三维成像模拟特技、仿真游戏等均采用多媒体技术。

（4）医疗（远程诊断、远程手术）。此领域主要应用多媒体技术进行网络远程诊断、网络远程操作（手术）等。

（5）旅游（景点介绍）。旅游是人们享受生活的一种重要方式，多媒体技术用于旅游业，充分体现了信息社会的特点。通过多媒体展示，人们可以全方位地了解这个星球上各个角落发生的事情。此领域的多媒体应用主要包括风光重现、风土人情介绍、服务项目等。

（6）人工智能模拟（生物、人类智能模拟）：主要包括生物形态模拟、生物智能模拟、人类行为智能模拟等。

（7）办公自动化。在办公自动化中使用多媒体技术，主要内容包括图像、音频、视频信息的采集，静态图片、动画、视频图像的处理、加工和存储等。

（8）通信。人们在网络上传递多媒体信息，以多种形式互相交流和通信，例如视频会议等。

1.2 多媒体系统的组成

多媒体系统主要由以下四部分组成。

1．多媒体硬件系统

多媒体硬件系统平台包括计算机硬件及各种媒体的输入/输出设备，如扫描仪、照相机、摄像机、刻录光驱、打印机、投影仪和触摸屏等。其中，插接在计算机上的多媒体接口卡是制作、编辑和播放多媒体应用程序必不可少的硬件设备，如声卡、显卡、视频压缩卡等，它们通过相应的驱动程序进行管理和控制。

2．多媒体系统软件

多媒体系统软件的功能是将硬件有机地组织在一起，实现多媒体的有关功能。它除了具有一般系统软件的特点外，还反映了多媒体技术的特点，如数据压缩、媒体硬件接口的驱动、新型交互方式等。多媒体系统软件主要包括多媒体操作系统和多媒体数据库管理系统两种。多媒体操作系统是用于支持多媒体的输入/输出的软件接口，具有实时任务调度、多媒体数据转换和同步控制、对多个仪器设备的驱动和控制及图形用户界面管理等功能，例如，Apple 公司为 Macintosh 计算机配置的操作系统 MAC OS、Microsoft 公司的 Windows 系列操作系统都属于多媒体操作系统，而 UNIX 等字符型界面的操作系统则不属于多媒体操作系统。

3．多媒体开发软件

多媒体开发软件是对多媒体开发人员用于获取、编辑和处理多媒体信息的软件的统称。它可以对文本、图形、图像、动画、音频和视频等多媒体信息进行控制和管理，并把它们按要求连接成完整的多媒体应用软件。多媒体开发软件分为多媒体素材制作工具、多媒体著作工具和多媒体编程语言三类。

4．多媒体应用软件

多媒体应用软件是指根据多媒体系统终端用户的要求而定制的应用软件或面向某一领域的

用户应用软件系统，是面向大规模用户的系统产品，如交互式多媒体计算机辅助教学系统、飞行员模拟训练系统、商场导购系统、多媒体广告系统等。

1.3　多媒体技术的研究内容

多媒体技术是一个涉及面极广的综合技术，是开放性的没有最后界限的技术。多媒体技术的研究范围包括多媒体数据压缩/解压缩算法、多媒体计算机存储技术、多媒体计算机硬件平台、多媒体计算机软件平台、多媒体开发和创作工具、多媒体数据库、超文本和超媒体、多媒体系统数据模型、多媒体通信与发布式多媒体系统、虚拟现实和流媒体、智能多媒体等。

1.3.1　多媒体数据压缩编码与解码技术

数字化后的多媒体信息的数据量非常庞大，给存储器的存储容量、带宽及计算机的处理速度都带来极大的压力，因此，需要通过多媒体数据压缩编码技术来解决数据存储与信息传输的问题，同时使实时处理成为可能。由于多媒体数据中存在空间冗余、时间冗余、结构冗余、知识冗余、视觉冗余、图像区域相同性冗余、纹理统计冗余等大量冗余，使数据压缩成为可能。

这里以图像压缩为例，从信息论观点来看，图像作为一个信源，描述信源的数据是信息量（信源熵）与信息冗余量之和，数据压缩实质上减少了这些冗余量，降低数据的相关性，但不减少信源的信息量。

1．数据压缩方法的分类

（1）根据质量有无损失可分为有损失编码和无损失编码两类。后者指压缩后的数据经解压后还原得到的数据与原始数据相同，没有误差；前者则存在一定的误差。

（2）按照其作用域在空间域或频率域上分为空间方法、变换方法和混合方法。

（3）根据是否自适应分为自适应性编码和非自适应性编码。

（4）根据压缩算法分为脉冲编码调制、预测编码、变换编码、统计编码和混合编码。

压缩编码的方法非常多，编码过程一般都涉及较深的数学理论基础问题。在众多的压缩编码方法中，一种优秀压缩编码方法具有以下特点：压缩比要高，压缩与解压缩速度要快，算法要简单，硬件实现要容易，解压缩质量要好。在选用编码方法时还应考虑信源本身的统计特征、多媒体硬软件系统的适应能力、应用环境及技术标准等。

2．多媒体数据压缩编码国际标准

目前，被国际社会广泛认可和应用的压缩编码国际标准主要有 H.261、JPEG、MPEG 和 DVI 四种。

H.261 发布于 1988 年，其目的是规范 ISDN 网上的会议电视和可视电话应用中的视频编码技术，它采用的算法结合了可减少时间冗余的帧间预测和可减少空间冗余的 DCT 变换的混合编码方法，类似于 MPEG-1 标准。相关的标准还有 H.262、H.263 和 H.264。

JPEG 的全称是 Joint Photographic Experts Group，是由 ISO（国际标准化组织，International Standardization Organization）和 CCITT 共同制定的一种基于 DCT 的静止图像压缩和解压缩算法，1992 年后被广泛采纳成为国际标准，最高压缩比可达 100∶1。但要注意，压缩比为 20∶1 时，已经能看出图像稍微有点变化；当压缩比大于 20∶1 时，图像质量开始下降。

MPEG 是 Moving Pictures Experts Group（活动图像专家组）的英文缩写。MPEG 标准实际上是指一组由 ITU（国际电信联盟，International Telecommunication Union）和 ISO 制定发布的视频、音频、数据的压缩标准。它采用减少图像冗余信息的压缩算法提供可高达 200∶1 的压缩比。

MPEG 包括 MPEG-1、MPEG-2、MPEG-4、MPEG-7、MPEG-21 等，适用于不同带宽和数字影像质量的要求，具有较好的兼容性。

DVI 标准的压缩算法的性能类似于 MPEG-1，即图像质量达到 VHS 水平，压缩后的图像数据传输速率约为 1.5Mbps。采用 Indeo 算法还可以进一步压缩数字视频文件。

1.3.2　多媒体通信与分布处理

多媒体通信对多媒体产业的发展、普及和应用有着举足轻重的作用，但由于多媒体信息及大部分的网络多媒体应用对网络带宽的要求非常高，因此，多媒体通信成了整个产业发展的关键和瓶颈。多媒体通信是一个综合性的技术，涉及多媒体、计算机及通信等领域，它们之间相互影响和促进。大数据量的连续媒体在网上的实时传输不仅向窄带网络及包交换协议提出了挑战，同时，对于媒体技术本身，如数据的压缩、各媒体间的时空同步等方面，也提出了更高的要求。

另一方面，利用计算机网络及在网络上进行分布式与协作操作，可以更广泛地实现信息共享。多媒体空间的合理分布和有效的协作操作将缩小个体与群体、局部与全球的工作差距，通过更有效的协议及分布式技术超越时空限制，充分利用信息，协同合作，相互交流，节约时间和经费。

1.3.3　多媒体数据库技术

数据的组织和管理是任何信息系统都要解决的核心问题。数据量大、种类繁多、关系复杂是多媒体数据的基本特征，使数据在库中的组织方法和存储方法变得复杂。因此，以什么样的数据模型表达和模拟这些多媒体信息空间？如何组织存储这些数据？如何管理这些数据？如何操纵和查询这些数据？这些都是传统数据库系统的能力和方法所难以解决的。

关系数据库的数据模型是基于数值的，适合表格一类的应用，但对于多媒体这样的数据却不能适应。面向对象的方法通过基于抽象的模型，允许设计者在基本功能实现上使用最适合他们的应用技术，这有利于满足多媒体环境下复杂程度不断增长的要求。媒体的复合、分散、时序性质及其形象化的特点不仅改变了数据库的接口及操纵形式，使其声、图、文并茂，而且查询方法和结果不再只通过字符表现，接口的多媒体化对查询提出更复杂也更友好的设计要求。另外，面向对象数据模型还必须考虑媒体对象之间的时空关系，考虑媒体对象或数据对象之间的语义关系及结构形式等问题。

目前，人们利用面向对象（OO，Object Oriented）方法和机制开发新一代面向对象数据库（OODB，Object Oriented DataBase），结合多媒体技术手段，形成多媒体数据库管理系统（MDBMS，Multidimensional DataBase Management System），为多媒体数据进行有效的组织、管理和存取提供了有效的方法。例如，美国 CA 公司的 Jasmine 数据库是世界上第一个真正面向对象的多媒体数据库，它支持类、封装、继承、唯一对象识别、方法多态性和聚合等高级功能。

1.3.4　智能多媒体技术

1993 年 12 月，在英国举行的多媒体系统及应用国际会议上，由英国的 Michael D.Vislon 提出了智能多媒体的概念，希望通过引入人工智能，增加多媒体计算机的智能性，两者相互促进，共同发展。目前，智能多媒体技术在文字识别和输入、汉语语音的识别和输入、自然语言理解和机器翻译、图形识别、机器人视觉、基于内容检索的多媒体数据库、具有推理功能的智能多媒体数据库、智能辅助教学系统等方面已经取得实质性进展，部分技术已得到广泛应用。

其他关键技术将在本书后续章节中加以阐述。

多媒体技术是一种崭新的、跨多种学科的综合技术，涉及计算机硬件、软件，计算机体系结构，编码学，数值处理方法，图像处理，计算机图形学，声音和信号处理，人工智能，计算机网络和高速通信技术等内容。

多媒体技术的应用给信息管理、办公自动化、教育和学习带来巨大而深刻的变革。在 20 世纪 90 年代初期以前，人机交互方式主要是通过基于文字或简单图形的界面来实现的，各种媒体单独使用，有文字而无声音，有静止画面而无活动图像，交互活动枯燥，信息的媒体表现形式单调。多媒体技术的出现是人类要求的体现，它将文字、声音、图形、图像集成为一体，获取、存储、加工、处理、传输一体化，使人机交互达到最佳效果，提高了各种信息系统的工作效率。多媒体技术为人机之间提供了全新的信息交流手段和信息的多种表现形式，可以把多种媒体巧妙地组合在一起，多维度地协同表达同一事物。例如，同时具有图像、动画、声音、视频组合的多媒体教学课件，将大大提高教与学的质量和效率。

目前，多媒体技术在许多领域都得到了广泛的应用，特别在教育和培训、咨询和演示、多媒体电子出版物、娱乐和游戏、管理信息系统（MIS，Management Information System）、视频会议系统、多媒体通信、计算机支持协同工作、视频服务系统等方面应用广泛。

从多媒体发展前景上看，家庭教育和个人娱乐是目前国际多媒体市场的主流，多媒体通信和分布式多媒体系统是今后的发展方向，进一步提高多媒体计算机系统的智能性是不变的主题。随着科学技术水平的不断提高和社会需求的不断增长，多媒体技术的覆盖范围和应用领域还会继续扩大。

1.4　多媒体产品的制作过程

多媒体产品是多媒体技术实际应用的产物，是学习多媒体制作技巧的最终成果。多媒体产品不论应用在什么领域，不外乎有示教型、交互型、混合型三种基本模式。

示教型模式的多媒体产品主要用于教学、会议、商业宣传、影视广告和旅游指南等场合。

交互型模式的多媒体产品主要用于自学。产品安装到计算机中以后，使用者与计算机以对话形式进行交互式操作。

混合型模式介于示教型模式和交互型模式之间，兼有两者的特点。

1. 创意设计

创意设计是一个涉及美学、实用工程学和心理学的问题。在经济不发达的年代，人们往往注重解决最基本、最现实的问题，对创意设计并不重视。但随着经济的发展、科学技术的进步和人们对美、对功能的追求，创意设计的作用和影响已经不可忽视，所谓"七分创意、三分做"，就形象地说明了这个道理。好的创意不仅使应用系统独具特色，也大大提高了系统的可用性和可视性，精彩的创意将为整个多媒体系统注入生命与色彩。多媒体应用程序之所以有巨大的诱惑力，主要是因为其具有丰富多彩的多种媒体的同步表现形式和直观灵活的交互功能。创意设计能使产品更趋合理化，其主要目的是使产品程序运行速度快，表现手段多样化、科学化，风格个性化，产品商业化，能更好地投入应用，得到消费者的重视。

在创意设计阶段，工作的特点是细腻、认真、一丝不苟。一点小小的疏忽，会使今后的开发工作陷入困境，甚至要从头开始。创意设计主要从事三个方面的工作：技术设计、功能设计、美学设计。这三个设计涉及的专业知识比较广泛，需要设计群体的共同努力才能完成。在设计过程中，需将全部创意、进度安排和实施方案形成文字资料，制作脚本。

2．实际制作

多媒体素材的制作过程是最为艰苦和关键的过程。在此阶段，要和各种工具软件打交道，按照创意设计的思路，制作图像、动画、声音及文字。制作是否成功，直接影响到多媒体作品的表现力、特色和实用性。多媒体制作过程的主要工作流程如图 1.1 所示。

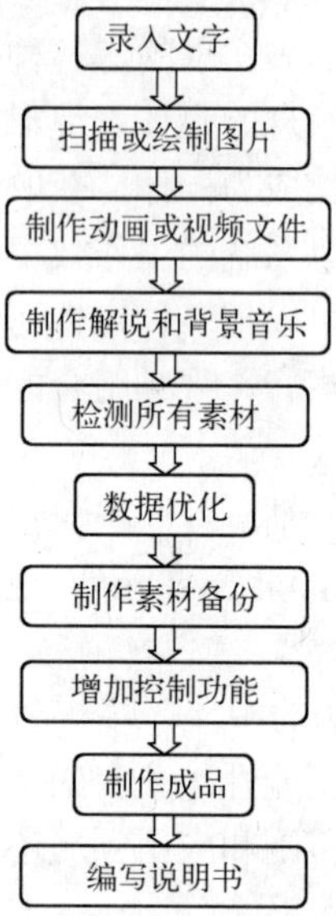

（1）录入文字，并生成纯文本格式的文件，如 txt、doc 文件。

（2）扫描或绘制图片，并根据需要进行加工和修饰。

（3）按照脚本要求，制作规定长度的动画或视频文件。

（4）制作解说和背景音乐。按照脚本要求，将解说词进行录音，然后合成背景音乐和解说音。

（5）利用工具软件，对所有素材进行检测。对于文字内容，主要检查用词是否准确、有无纰漏、概念描述是否严谨等；对于图片，则侧重于画面分辨率、显示尺寸、彩色数量、文件格式等；对于动画和音乐，主要检查两者时间长度是否匹配、数字声频信号是否有爆音现象、动画的画面调度是否合理等。

（6）数据优化是针对媒体素材进行的，这样可以减少各种媒体素材的数据量、提高多媒体产品的允许效率、降低光盘数据存储的负荷。

图 1.1　多媒体产品的制作流程

（7）制作素材备份。此项工作十分重要，素材制作不容易，复制几份非常必要。

（8）多媒体产品的后期阶段可以使用专用平台软件对媒体进行组合，并且增加全部控制功能。

（9）制作成品。多媒体成品是具备实际使用价值、功能完善而可靠、文字资料齐全、具有数据载体的产品。

（10）编写技术说明书和使用说明书。技术说明书用于阐述多媒体作品的技术指标，包括：各种媒体文件的格式与技术数据，开发环境和运行环境，技术支持方式，版权说明等。使用说明书的阅读对象是多媒体作品的直接使用者，主要介绍如何使用多媒体作品，包括：软件的安装方法，具体使用说明，解释使用中常见的问题，版本更新和修改的说明，联系方法等。

3．版权问题

多媒体产品是计算机技术应用的产物，不但具有比较充分的高技术含量，而且具有较高的商业价值。在开发和推广过程中，要进行相关的法律咨询，增强版权意识。

习题 1

一、单选题

1．由美国 Commodore 公司研发的世界上第一台多媒体计算机系统是（　　）。

    A．Action Media 750　　　　　　B．Amiga　　　　　　C．CD-I　　　　　　D．Macintosh

2．媒体有两种含义，即表示信息的载体和（　　）。

    A．表达信息的实体　　　　　　　B．存储信息的实体

    C．传输信息的实体　　　　　　　D．显示信息的实体

3．（　　）是指用户接触信息的感觉形式，如视觉、听觉和触觉等。

A．感觉媒体　　　　　　　　B．表示媒体

C．显示媒体　　　　　　　　D．传输媒体

4．多媒体技术是将（　　）融合在一起的一种新技术。

A．计算机技术、音频技术和视频技术

B．计算机技术、电子技术和通信技术

C．计算机技术、视听技术和通信技术

D．音频技术、视频技术和网络技术

5．请根据多媒体的特性判断以下（　　）属于多媒体的范畴。

A．交互式视频游戏　　　B．有声图书　　　C．彩色画布　　　D．彩色电视

二、多选题

1．传输媒体包括（　　）。

A．Internet　　　　　B．光盘　　　　　C．光纤　　　　　D．无线传输介质

E．局域网　　　　　F．城域网　　　　G．双绞线　　　　H．同轴电缆

2．多媒体实质上是指表示媒体，它包括（　　）。

A．数值　　　　　　B．文本　　　　　C．图形　　　　　D．动画

E．视频　　　　　　F．语音　　　　　G．音频　　　　　H．图像

3．多媒体技术的主要特性有（　　）。

A．多样性　　　　　B．集成性　　　　C．交互性　　　　D．实时性

三、简答题

1．什么是媒体？媒体是如何分类的？

2．什么是多媒体？它有哪些关键特性？

3．从一两个实例出发，谈谈多媒体技术在各个应用领域的重要性。

4．结合自己的理解简述多媒体产品的制作过程。

第 2 章 计算机图形图像技术

计算机中的图可以分为图形（Graphics）与图像（Images）两种，这两种视觉媒体元素形象生动地表现出大量的信息，具有文本和声音所不可比拟的优点。多媒体技术中的图形和图像不仅包含诸如形、色、明、暗等信息显示的外在属性，而且，从产生、处理、传输、显示过程看，还包括了分辨率、像素深度、文件大小、真/伪彩色等计算机技术的内在属性。图形与图像处理已经成为多媒体技术的重要组成部分，其应用领域越来越广泛。

2.1 图形图像概述

2.1.1 彩色的基本概念

1. 物体的颜色

为什么不同的物体会表现出不同的颜色？这是因为，物体的颜色决定于它所反射的光的波长，不同的物体对光的吸收和反射的属性不同，自然就表现出不同的颜色。例如，树叶之所以是绿色，是因为它只反射自然光中绿色波长的光，而吸收了其他颜色波长的光，当反射的绿光作用于人眼时，看到的树叶就是绿色的了。自然界中各种物体吸收和反射太阳光中不同波长的光，从而构成了美丽的多彩世界。在观察和选择物体颜色时，还应注意环境光源对物体的影响，以辨认出真实的颜色。

人眼对颜色的感知是一个物理、生理和心理的复杂过程，在颜色表达上，通常用色调、饱和度和亮度来度量，色调与饱和度合称为色度，三者共同决定视觉的总体效果。

（1）色调（Hue）

描述颜色的不同类别的物理量称为色调，如红、橙、黄、绿、青、蓝、紫等，它取决于该颜色的主要波长，如图 2.1 所示。

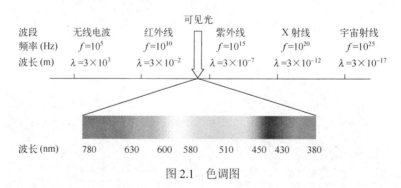

图 2.1 色调图

（2）饱和度（Saturation）

描述颜色的深浅程度的物理量称为饱和度，它按颜色混入白光的比例来表示。当某色光的饱和度为 100%时，表示该色光是完全没有混入白色光的单色光，饱和度越高则颜色越浓。如果大量混入白光从而降低饱和度，人的视觉会感到颜色变淡。例如，在蓝色中加入白光，饱和度降低，蓝色被冲淡为淡蓝色。

（3）亮度（Luminance）

描述色光明暗变化强度的物理量称为亮度。亮度是色光能量的一种描述，对于色调和饱和度已经固定的光，当它的全部能量增加时，感觉亮；反之则感觉暗淡。

2. 常用的色彩模式

色彩模式是指在计算机上显示或打印图像时所能使用的色彩数目，同时也决定了图像的通道数目和图像文件的大小。每一种色彩模式都有自己的特点，因此，不同的图像应用领域必须采用不同的色彩模式。

（1）索引模式（Index）

索引模式只能存储一个 8bit 色彩深度的文件，即 256 种预先定义好的颜色。每幅图像的所有颜色都定义在其图像文件中，即将所有的色彩映射到一个色彩盘中，该色彩盘称为色彩对照表。例如，打开图像文件时，Photoshop 从同时被读入的色彩对照表中找到最终的色彩值。

（2）RGB 模式

RGB 是色光的色彩模式，也称加色模式，如图 2.2 所示。其中，R 代表红色，G 代表绿色，B 代表蓝色，由这三种色彩叠加形成其他色彩。显示器、投影设备及电视机等许多设备都依赖于这种加色模式来显示。RGB 三种颜色各有 256 个亮度级，叠加后形成约 1670 万种颜色，即真彩色，通过它们足以再现绚丽的世界。

（3）CMYK 模式

当阳光照射到一个物体上时，这个物体将吸收一部分光线，并反射剩下的光线，反射的光线就是人眼所看见的物体颜色，这就是减色法的原理。CMYK 模式采用了减色法原理，也称减色模式，是人眼看物体的颜色和印刷时采用的模式。CMYK 代表印刷上用的 4 种颜色，C 代表青色，M 代表品红色，Y 代表黄色，由于在实际应用时，青色、品红色和黄色很难叠加形成真正的黑色，因此引入了 K，代表黑色，用于强化暗调，加深暗部色彩，如图 2.3 所示。

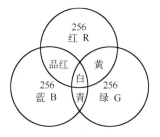

图 2.2　加色模式

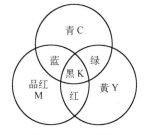

图 2.3　减色模式

CMYK 模式是最佳的打印模式，因为彩色打印机采用 CMYK 模式进行打印，但 CMYK 模式所定义的色彩要比 RGB 模式定义的色彩少很多。因此，尽管 RGB 模式色彩多，但不能完全被打印出来。从这个角度出发来考虑，需要高质量打印输出的图像，在编辑时应直接采用 CMYK 模式以避免色彩的损失，但 CMYK 模式的运算速度很慢，不是一个理想的编辑模式。

（4）Lab 模式

Lab 模式既不依赖于光线，也不依赖于颜料，由亮度通道 L 和 A、B 两个色彩通道这 3 个通道组成。A 通道包括的颜色从深绿色（低亮度值）到灰色（中亮度值）再到亮粉红色（高亮度值）；B 通道则从亮蓝色（低亮度值）到灰色（中亮度值）再到黄色（高亮度值）。

Lab 模式弥补了 RGB 和 CMYK 两种色彩模式的不足，它所定义的色彩最多，与光线及设备无关，处理速度与 RGB 模式一样快，可以在图像编辑中使用。另外，Lab 模式转换为 CMYK 模式时色彩不会丢失或被替换。因此，可使用 Lab 模式编辑图像，再转换为 CMYK 模式打印输出。

（5）HSB 模式

HSB 色彩模式只在色彩汲取窗口中出现。H 表示色相，即纯色，是组成可见光谱的单色，红色在 0°，绿色在 120°，蓝色在 240°，它基本上是 RGB 模式全色度的饼状图。S 表示饱和度，指色彩的纯度。白色、黑色和灰色都没有饱和度。每一色相的饱和度最大时，具有最纯的色光。B 表示亮度，指色彩的明亮度，黑色的亮度为 0。

（6）YUV 模型与 YIQ 模型

彩色电视系统采用 YUV 或 YIQ 颜色模型表示彩色图像，YUV 适用于 PAL 和 SECAM 彩色电视制式，YIQ 适用于 NTSC 彩色电视制式。

2.1.2　图形与图像

图形（Graphics）（见图 2.4）又称为矢量图形（Vector Graphics）、几何图形或矢量图，由一组指令的描述组成，这些指令给出构成该画面的所有直线、曲线、矩形、椭圆等的形状、位置、颜色等各种属性和参数，也可以用更为复杂的指令表示图像中的曲面、光照、阴影、材质等效果。计算机显示图形就是从文件中读取指令并转化为屏幕上显示的图形效果。

图像（Images）（见图 2.5）又称点阵图像或位图图像，指在空间上和亮度上已经离散化了的图像。可以把一幅位图图像理解为一个矩形，矩形中的任一元素对应于图像上的一个点，称为像素（Pixel）。像素是计算机图形与图像中能被单独处理的最小基本单元。

图 2.4　放大后不失真的矢量图　　　　图 2.5　放大后失真的位图图像

图形与图像的区别见表 2.1。

表 2.1　图形与图像的区别

	图　　形	图　　像
数据来源	主观世界，较难表示自然景物	客观世界，易于表示自然景物
数据量	小	大，需要压缩
三维景物	易于生成	较难表示
获取方式	① 利用 AutoCAD、CorelDraw、Freehand、三维动画软件等绘图工具（Draw Programs）绘制 ② 利用数字化硬件设备绘制	① 通过扫描仪、数码照相机等数字化采集设备获得 ② 通过网络下载、光盘库、素材库等方式获得 ③ 利用 Photoshop 等软件绘制
可操作度	可任意缩放、旋转、修改对象属性，不引起失真	缩放、旋转等操作会引起失真
研究重点	将数据和几何模型变成可视的图形，这种图形可以是自然界根本不存在的，即人工创造的画面	将客观世界中存在的物体映像处理为新的数字化图像，关心数据压缩、特征识别和提取、三维重建等内容
用途	设计精细的线框型图案和商标，以及适合于数学运算表示的美术作品、三维建模等，在网络、工程计算中被大量应用	用于表现自然景物、人物、动植物和一切引起人类视觉感受的景物，特别适合于逼真的彩色照片等

图形与图像既有区别又相互交叉、相互渗透。计算机中的图形一般以图像方式输出。

2.2 图像的数字化

图像可以通过网络下载、图片库、扫描、数码照相机拍摄、计算机绘制等方式获取。图像的获取过程涉及图像的数字化。图像的数字化包括采样、量化和编码三个步骤，称为图像信号数字化的"三部曲"，如图 2.6 所示。

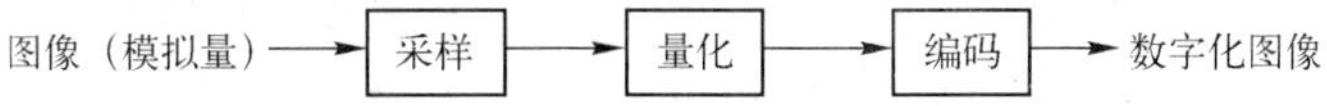

图像（模拟量）→ 采样 → 量化 → 编码 → 数字化图像

图 2.6 图像数字化过程

2.2.1 分辨率

分辨率是影响图像质量的重要参数，主要分为显示分辨率、图像分辨率、扫描分辨率和打印分辨率。

1. 显示分辨率

显示分辨率是指在显示器上能够显示出的像素数目，由水平方向的像素总数和垂直方向的像素总数构成，一般采用 640×480、800×600、1024×768、1280×1024、1600×1200 等系列标准模式。例如，某显示器的水平方向为 1024 像素，垂直方向为 768 像素，则该显示器的显示分辨率为 1024×768。在同样大小的显示器屏幕上，显示分辨率越高，像素的密度就越大，显示的图像也就越精细，但屏幕上的字就越小。显示分辨率与显示器的硬件条件和显示卡的缓冲存储器容量有关，容量越大，显示分辨率就越高。

2. 图像分辨率

图像分辨率是指数字图像的实际尺寸，反映了图像的水平方向和垂直方向的大小。假设一幅图像的分辨率为 400×300，计算机的显示分辨率为 800×600，则该图像在屏幕上只占据了 1/4。图像的分辨率越高，所表示的像素就越多，所需的存储空间也就越大。

3. 扫描分辨率和打印分辨率

扫描分辨率用于指定扫描仪在扫描图像时每英寸所包含的点，打印分辨率指图像打印时每英寸可识别的点数，两者均用 dpi（dots per inch）为衡量单位。扫描分辨率反映了扫描后的图像与原始图像之间的差异程度，分辨率越高，差异越小。打印分辨率反映了打印的图像与原数字图像之间的差异程度，越接近原图像的分辨率，打印质量就越高。两种分辨率的最高值分别受扫描仪和打印机设备的限制。

2.2.2 颜色深度

颜色深度是指图像中的每个像素的颜色（或亮度）信息所占的二进制数位数，用位每像素（b/p）表示，它决定了构成图像的每个像素可能出现的最大颜色数。颜色的深度值越高，显示的图像色彩越丰富。常见的颜色深度及对应的颜色数见表 2.2。

表 2.2 图像的颜色深度及对应的颜色数

	颜色深度	表现的颜色数
1 位图	1 位	$2^1=2$ 种
4 位图	4 位	$2^4=16$ 种
8 位图	8 位（索引色）	$2^8=256$ 种
16 位图	16 位（高彩色）	$2^{16}=65\ 536$ 种
24 位图	24 位（真彩色）	$2^{24}=16\ 777\ 216$ 种
32 位图	32 位	$2^{32}=4\ 294\ 967\ 296$ 种

2.2.3 图像文件的大小及压缩标准

图像文件的大小是指存储文件所需的字节数，它的计算公式是：

$$图像文件的字节数 = 图像分辨率 × 颜色深度/8$$

例如，一幅未经压缩的 640×480 的真彩色图像（24 位）在计算机中的原始数据量为：

$$640×480×24/8 \text{ B}=921\,600\text{B}≈900\text{KB}$$

显然，与文本文件相比，图像文件需要较大的存储空间，一般需要进行压缩。对于静止图像压缩，已有多个国际标准，如 ISO 制定的 JPEG 标准（Joint Photographic Experts Group）、JBIG 标准（Joint Bilevel Image Group）和 ITU-T 的 G3、G4 标准等。

根据压缩后数据准备还原的程度，图像数据压缩可分为无失真编码技术、有失真编码技术及混合编码技术。无失真编码技术包括 Huffman（霍夫曼）编码、行程编码、算术编码和字典模式编码等技术。有失真编码技术包括预测编码（如 DPCM、运动补偿）、频率域方法（如正文变换编码、子带编码）、模型方法（如分形编码、模型基编码）、空间域方法（如统计分块编码）、基于重要性（如滤波、子采样、比特分配、矢量量化）等技术。混合编码技术包括 JBIG、H261、JPEG 和 MPEG 等技术标准。

2.2.4　图像的文件格式

（1）BMP（Bitmap，位图）格式：是 Microsoft（微软）公司为其 Windows 环境设置的标准的静态无压缩位图格式，是一种与设备无关的图像文件格式，数据量较大。

（2）GIF（Graphics Interchange Format，图形交换格式）格式：GIF 图像大小不能超过 64MB，颜色数最多为 256 色（8bit），采用 LZW 压缩方法，包括 GIF87a 和 GIF89a 两个主要规范，需要引入调色板的支持。GIF87a 支持交替扫描方式，特别适于网上传输。GIF89a 支持图像内的多画面循环显示，适于制作网上微型动画，是网络上最流行的图像文件格式之一。

（3）JPEG（Joint Photographic Experts Group，联合图像专家组）格式：是静态图像压缩文件格式，采用 JPEG 国际压缩标准，文件非常小，压缩比可调，色彩数最高可达 24bit。一般，数码照相机和部分网络图片采用 JPEG 文件格式。

（4）TIFF（Tagged Image File Format，位映射图像文件格式）格式：是一种通用的文件格式，支持 32 位真彩色，有多种数据压缩存储方式，适用于多种操作平台和机型，如 PC 机和 Macintosh 机等。

（5）PNG（Portable Network Graphic，可携带的网络图像）格式：是 20 世纪 90 年代中期开始开发的位图图像文件存储格式，它融合了 GIF 格式和 TIFF 格式的优点并避免两者的缺点，目前在网络上广泛使用。PNG 图像格式文件能表示的颜色数很多，存储灰度图像时，深度可达 16bit；存储彩色图像时，深度可达 48bit。同时，它还支持 Alpha 通道，适于制作透明背景的图像。

（6）PSD（Photoshop Document）格式：是 Adobe 公司的图像处理软件 Photoshop 的专用格式。

2.2.5　JPEG 图像优化和压缩工具

由于 JPEG 采用了有损压缩算法，压缩后的图像会出现一定程度的失真。因此，可以采用 JPEG Optimizer 等工具对 JPEG 文件进行压缩和优化处理。

JPEG Optimizer 软件提供了普通模式、专家模式、专家模式+向导菜单和批处理模式 4 种工作模式，默认模式为普通模式，其主界面如图 2.7 所示。

首先，单击工具栏中的 Open 按钮，选择要压缩的图片文件，这时，编辑区会出现两张一样的图片，如图 2.8 所示，左图为原图，右图为 JPEG Optimizer 自动进行初步压缩后的图，调整控制滑块可重新设置压缩的质量，调整到符合需要后，单击工具栏中的 Save 按钮，保存为 JPEG 文件。

利用 JPEG Optimizer 软件还可以为 JPEG 文件制作"累进"效果，类似于 GIF 的交替传输，使图像在网上传输时，先能看到模糊的概况，随着数据的继续下载，图像质量不断提高直至完全显示。另外，还可以对图像进行局部压缩。

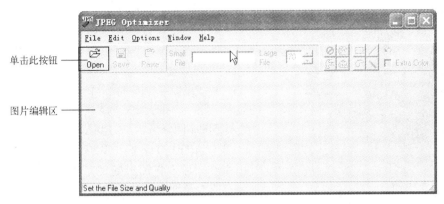

图 2.7　JPEG Optimizer 主界面

图 2.8　JPEG Optimizer 压缩前后的效果

类似的 JPEG 图像优化和压缩工具还有 JPEG Resizer，其界面如图 2.9 所示，用于对 JPEG 文件进行压缩和改变其大小。

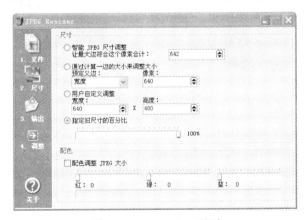

图 2.9　JPEG Resizer 界面

2.2.6　显示设备

显示设备是多媒体计算机系统实现人机交互的实时监视的外部设备，是计算机不可缺少的重要输出设备。显示设备主要由显示卡和显示器组成。

1．显示卡（简称显卡）

显示卡又称为显示适配器或显示接口卡，它是显示器与主机通信的控制电路和接口，用于将主机中的数字信号转换为图像信号并在显示器上显示。显卡的主要功能模块集成在一块插件板上，通过计算机主板上的 I/O 扩展槽与系统总线连接，通过多芯电缆与显示器接口电路连接。随着计算机的体积越来越小，很多显卡都集成在主机主板上。

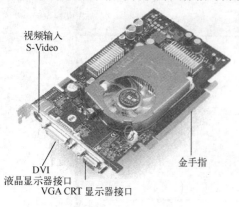

视频输入
S-Video

DVI
液晶显示器接口
VGA CRT 显示器接口

金手指

图 2.10　显卡结构图

显卡由显示芯片、显示内存、RAM DAC、VGA BOIS、总线接口及连接插座和插针等部件组成，性能超强的显卡还带有风扇等部件。显卡结构如图 2.10 所示。按照总线类型的不同分为 ISA、EISA、PCI 和 AGP。

显卡的工作过程是：首先由 CPU 向图形处理部件发出命令，显卡将图形处理完毕后送到显示内存，显示内存读取数据后将其送到 RAM DAC 中，由 RAM DAC 将数字信号转化为模拟信号输出显示。

2．显示器

显示器的作用是将主机发出的信号经一系列处理后转换成光信号，最终将画面显示出来。根据采用材料的不同，显示器主要分为以下 4 种。

（1）阴极射线管显示器（CRT）

CRT 显示器（见图 2.11）采用阴极射线管作为光电转换材料，成像质量高，颜色还原好。CRT 由电子枪、偏转线圈、荧光粉层、阴罩和玻璃外壳组成。显示器加电后，在电子枪和荧光粉层之间形成一个高达几万伏的支流电压加速场，电子枪射出的电子束经过聚焦和加速后，在偏转线圈产生磁场的作用下，按所需要的方向偏转，通过阴罩上的小孔射在荧光屏上，荧光屏被激活而产生彩色。由于液晶显示器发展迅速，CRT 逐渐退出个人计算机主流显示器的舞台。

电子枪

图 2.11　CRT 显示器

（2）液晶显示器（LCD）

液晶显示器（Liquid Crystal Display，LCD）采用数字显示技术，通过液晶和彩色过滤器过滤光源，在平面面板上产生图像。与传统的 CTR 显示器相比，液晶显示器具有重量轻、低辐射、占空间少和无闪烁等优点。LCD 显示器如图 2.12 所示。

液晶显示器以液晶材料为主要部件。液晶是一种具有透光特性的物质，它同时具备固体和液体的某些特征。由于液晶的分子排列对外界的环境变化（如温度、电磁场的变化）十分敏感，当环境改变时，液晶的分子排列发生变化，其光学性质也随之改变，因而显示出各种颜色。液晶显示器的工作原理就是利用液晶的物理特性——当液晶通电时，液晶分子排列变得有秩序，使光线容易通过；不通电时，排列混乱，阻止光线通过，再结合专门处理彩色显示的色彩过滤层，就可以在屏幕上显示具有各种色彩的内容。

图 2.12　LCD 显示器

液晶显示器具有以下性能指标。

● 屏幕尺寸：指显示屏对角线的长度，以英寸为度量单位。目前常见的液晶显示器的主要尺寸有 12.1 英寸、13.3 英寸、14.1 英寸、15 英寸、17 英寸等。

● 可视角度：分为水平可视角度和垂直可视角度。

● 响应时间：指液晶显示器各像素点对输入信号反应的速度，即像素由亮转暗或由暗转亮所需的时间，分为 T_r（上升时间）和 T_f（下降时间）两部分，响应时间一般指两者之和。一般来说，响应时间越小越好，如果超过 40 毫秒，就会出现运动图像的迟滞现象，会有残影、拖影。

● 屏幕坏点：最常见的屏幕坏点是白点和黑点。鉴别方法是，将整个屏幕调成黑屏或白屏来检测。通常，坏点不超过 3 个的显示屏算合格。

● 对比度：是直接反映该液晶显示器能否体现丰富的色阶的参数。对比度越高，还原的画面层次感就越好，一般在 200：1 以上。

● 亮度：是显示器的一项重要技术指标，和对比度一起决定显示器显示色彩的饱和度和艳丽度，对显示效果有重要的决定作用。表示亮度的物理单位是流明（lm），该值越高，显示器的亮度就越高，色彩饱和度与层次感就越强，画面就更艳丽。

● 点距：指两个相邻的颜色点之间的距离，单位为毫米。点距越小，显示出来的图像越细腻。用显示区域的宽和高分别除以点距，就得到显示器在水平方向和垂直方向上最高可以显示的像素点。

● 分辨率：指屏幕上可以容纳的像素的个数。

（3）等离子（PDP）显示器

PDP（Plasma Display Panel）显示器的工作方式与 LCD 类似，但在两块玻璃之间夹着的材料是一层气体，它将气体和电流结合起来激发像素，虽然分辨率较低，但图像明亮且成本比有源阵列 LCD 低，适合商业演示使用。

（4）发光二极管（LED）显示器

LED（Light Emitting Diode）显示器主要采用发光二极管作为显示阵列，在一些大型的户外广告牌上经常使用。

PDP 显示器和 LED 显示器如图 2.13 所示。

（a）PDP 显示器　　　　　　　　　　（b）LED 显示器

图 2.13　PDP 显示器和 LED 显示器

2.2.7　常用的输入设备

1．扫描仪

扫描仪是用于捕捉图像并将其转换为计算机可以显示、编辑、存储和输出的格式的数字化输入设备。简单来说，扫描仪的工作过程是：首先对原稿进行光学扫描，然后将扫描得到的光学图像传送到光电转换部件 CCD 中，经过处理后变为模拟信号，再由 A/D 转换器将模拟信号转换成数字信号，最后通过与计算机连接的接口（如 USB 接口）送至计算机中。

按光学图像转换为数字化图像的扫描原理不同，扫描仪可分为平板式扫描仪、手持式扫描仪和用于工程制图等专业领域的滚筒式扫描仪 3 类。

扫描仪的原理和分类如图 2.14 所示。

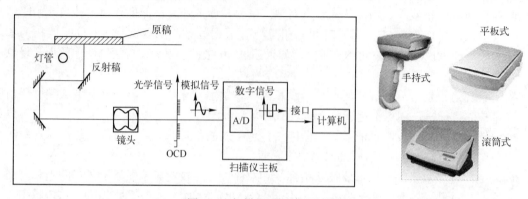

图 2.14　扫描仪原理图及分类图

扫描仪的主要性能指标包括：分辨率、灰度级、色彩位数、扫描幅面和光学器件等。

扫描仪配合 OCR（Optical Character Recognition，光学字符识别）软件还可以将图像中或印刷品上的文字，识别并转换为可供文字处理软件编辑的文本格式文字，减少由键盘重新输入文字的操作。其工作过程是：将纸张或出版物通过扫描仪以图像的格式输入计算机中，然后通过 OCR 软件对图像中的文字进行识别和校对，最后将所形成的文本文件输入到文字处理软件中。

2．数码照相机

数码照相机是一种与计算机配套使用的数字影像设备，数码照相机用于捕捉景物的瞬间活动，主要生成静止的图片，也可以拍摄分辨率较低的小段视频，它的出现使传统的摄影技术发生了革命性变革。其工作原理是把数码照相机镜头对准需要拍摄的画面，按下快门，使所拍摄的画面物体上反射出的光通过相机的光学器件落在光电传感器上，光电传感器输出与入射光亮度成正比的模拟电压；模拟电压经过 A/D 转换后变成数字信号，经数字处理后以图像文件的形式存储在数码照相机的存储器中；最后，将存储在数码照相机存储器中的图像数据通过串行接口（USB 或 IEEE 1394 接口）输入到计算机中保存或进行处理。

3．数码摄像机

数码摄像机用于捕捉景物的连续活动，主要生成数码视频影像，也具备照相功能。

多媒体素材的数字化过程涉及的内容非常多，方法也非常多，在图像制作中尤为明显，以图像的获取为例，可以通过下载、屏幕截取、图库、扫描、照相、绘制等方式获得。由于屏幕截取的内容涉及视频，我们将在第 5 章中进行介绍，本章主要介绍图像的绘制与处理。

2.3　Photoshop 图像制作与处理软件

Adobe 公司的 Photoshop 是一款功能强大的计算机图像处理软件，它提供了强大的图像编辑处理功能，广泛应用于数码绘画、广告设计、建筑装修设计和网页设计等许多领域。Photoshop 经历了很多版本，版本号也统一改为 CS，CS 是 Adobe Creative Suite 一套软件中后面两个单词的缩写，代表"创作集合"，是一个统一的设计环境。之后，Photoshop 8.0 称为 Photoshop CS，9.0 则称为 CS2，10.0 为 CS3，11.0 为 CS4。

2.3.1 Photoshop 简介

1．Photoshop 的启动和退出

开机进入 Windows XP 后，选择菜单命令"开始"→"所有程序"→"Adobe Photoshop CS4"，启动 Photoshop。选择菜单命令"文件"→"退出"（快捷键 Ctrl+Q）或单击 Photoshop 应用程序窗口右上角的"关闭"按钮，可以退出 Photoshop。

2．Photoshop 的窗口组成

Photoshop 程序窗口由标题栏、菜单栏、工具选项栏、工具箱、编辑窗口、控制面板和状态栏等组成，如图 2.15 所示。

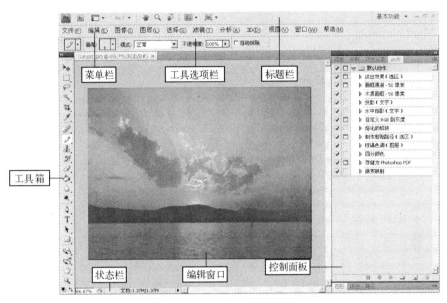

图 2.15　Photoshop 程序窗口

（1）标题栏

标题栏处于 Photoshop 应用程序窗口的顶端，显示当前正在编辑的图像的文件名。在创建新文件时，程序按顺序自动给它们命名为"未标题-1"、"未标题-2"……

（2）菜单栏

菜单栏在标题栏的下面，包括文件、编辑、图像、图层、选择、滤镜、分析、3D、视图、窗口、帮助共 11 个菜单项。单击这些菜单项可打开相应的下拉菜单，每个下拉菜单中都包含一系列命令，单击命令将执行相应的操作。另外一种打开菜单的办法是，按住 Alt 键的同时，再按菜单项后面带下划线的英文字母键。

（3）工具选项栏

工具选项栏的作用是对选择的工具进行各种属性设置。

（4）工具箱

工具箱位于窗口左侧（见图 2.16），用户可以使用其中的工具进行图像编辑。部分工具图标的右下角有个小三角，称为工具组，表示隐藏有同类型的其他工具，把鼠标指针移到工具图标上，按下鼠标左键等一会儿，将自动弹出隐藏工具列表，把鼠标指针移到要选用的工具处，释放鼠标左键，该工具就出现在工具箱中。

（5）控制面板

控制面板位于窗口的右侧，用于设置工具的各种参数，如控制图层、选择颜色等。用户可以通过"窗口"菜单来显示或关闭相关的控制面板。

（6）状态栏

状态栏位于窗口的底部，用于显示图像的各种信息。它由三部分组成，最左侧的方框用于显示编辑窗口的显示比例，可以在输入框中直接输入数值，按回车键改变图像显示的比例。状态栏的中部用于显示图像文件的信息，如文件大小等。状态栏右侧的黑色小三角表示有弹出菜单，单击该小三角，会弹出一个菜单，其中包括：文档大小、文档配置文件、文档尺寸、暂存盘大小、效率、计时和当前工具等命令。

2.3.2　Photoshop CS4 工具箱

在 Photoshop CS4 的工具箱中包含 60 多种工具，每一个工具都有一项特定的功能，可用于创建、编辑处理图像等一系列操作，如图 2.16 所示。

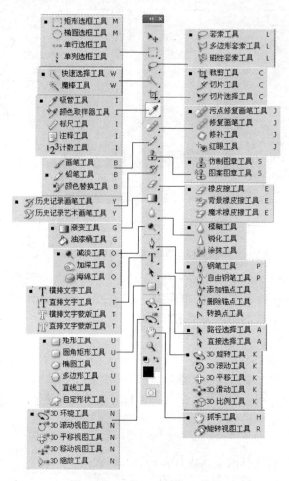

图 2.16　Photoshop CS4 工具箱

1．选择工具和选区操作

如果需要对图像中的对象进行编辑处理，首先必须选择对象，然后才可以进行编辑。Photoshop 提供了多种选择工具，用户可以根据选择对象的不同选择相应的工具，还可以结合菜单进行选择。

① 矩形选框工具：用于在图像中确定矩形的选区。

> **Tips** 如果在绘制矩形选框的同时按下 Shift 键，可以建立正方形选区；如果同时按下 Alt 键，可建立一个以起点为中心的矩形选区；如果同时按下 Shift+Alt 组合键，则建立一个以起点为中心的正方形选区。这种方法同样适用于建立圆形选区。

② 椭圆选框工具：用于在图像中建立椭圆或圆形选区。
③ 单行选框工具：用于选择图像中一个像素宽的横线。
④ 单列选框工具：用于选择图像中一个像素宽的竖线。

> **Tips** 增加选择线的方法：按住 Shift 键，在图像中单击；删除选择线的方法：按住 Alt 键，在选择线上单击，取消选中。

⑤ 套索工具组：用于建立不规则形状的选区。其中，多边形套索工具可以通过单击屏幕上的不同点来创建直线多边形选区，每次单击鼠标，就与上一次单击的点形成一条闪烁的选择连线；磁性套索工具则用于自动寻找图像的边缘建立选区。

> **Tips** 使用套索工具组的工具时，当鼠标光标回到起点时，光标的末端会出现一个小圆圈，单击起点形成一个首尾相接的闭合选区，并结束选择过程。

⑥ 魔棒工具：用于选取色彩接近的图像，其选项栏如图 2.17 所示，各选项说明如下。

图 2.17　魔棒工具选项栏

- 容差：用于设置颜色范围的误差值，决定色彩的接近程度，取值范围为 0～255，默认值为 32。容差越大，选择的范围就越大。
- 消除锯齿：对选区中的内容消除锯齿，柔化边缘。
- 连续：只选取连续区域中的像素，在颜色范围内但不连续的像素不会被选取。
- 对所有图层取样：若选中，则选取范围将跨越所有的可见图层；若不选，则魔棒工具只能在当前图层中发挥作用。

> **Tips** 在选择过程中，按 Esc 键取消本次选择；选择完毕后，按 Ctrl+D 组合键取消选区。

其实，每种选择工具都有其独特的特点，用于选择不同的对象，例如，上述①～④工具用于选取规则图像，套索工具组用于选取一些无规则的、外形极其复杂的图形，多边形套索工具用于选取无规则但棱角分明或边缘的颜色区分度高的图像。

2．利用工具栏改变选区

利用选择工具进行选择时，在一般情况下，第一次选择的范围不一定符合要求，这时需要利用选择工具栏的选取范围运算功能进行第二次甚至更多次的选取。

① 新选区：建立一个新的选区。
② 添加到选区：在选择选区前，单击该按钮或按住 Shift 键，在已经建立的选区中加上新

添加的选区。

③ 从选区减去：在选择选区前，单击该按钮或按住 Alt 键，在已经建立的选区中减去新建立的选区。

④ 与选区交叉：从原有的选区中，减去与后来建立的选择范围不重叠的选区。

> **Tips**
>
> 建立选区时，有时还需要结合"选择"菜单中的命令来改变选择范围，主要选项如下。
> - 全部（Ctrl+A 组合键）：选择当前层中的所有图像。
> - 取消选择（Ctrl+D 组合键）：取消所选择的范围。
> - 重新选择（Shift+Ctrl+D 组合键）：再现刚才使用过的选择范围。
> - 反选：取消原来的选择范围，并使原本没被选择的部分变成选择的范围。
> - 羽化：使选定范围的图像边缘达到朦胧的效果，羽化值根据想保留的图像的大小来设置。羽化值越大，朦胧范围越宽；羽化值越小，朦胧范围越窄。当对羽化的值把握不准时，可以先将羽化值设置小一点，然后多次按 Delete 键，逐渐增大朦胧范围，直到效果满意为止。

3. 利用移动工具和键盘上的方向键移动选区或图层

先选择需要移动的图层或选取范围，然后，选择移动工具或按下键盘上的 V 键激活移动工具，按住 Shift 键进行水平、垂直或 45°方向的移动，也可以按键盘上的方向键做每次 1 像素的移动，或先按住 Shift 键再按键盘上的方向键做每次 10 像素的移动。

4. 裁剪工具

如果只需要部分图像而不是整个图像，应使用裁剪工具裁出图像的一部分，选取范围以外的部分将被裁剪掉。

> **Tips**
>
> 使用裁剪工具时，当裁剪框比较接近图像边界时，裁剪框会自动贴到图像的边上，以至于无法精确裁剪图像。可以在调整裁剪框的同时按下 Alt 键，裁剪框就会变得服服帖帖地，任由精确裁剪。

5. 切片工具组

切片工具用于创建切片，切片选择工具用于选择切片，在网页设计中广泛应用，例如，需要在网页中引用设计好的一幅图时，可对图像进行切片，把一幅大的图像切成几幅小的图像，以缩短下载的时间。

6. 污点修复画笔工具组

污点修复画笔工具组包括污点修复画笔工具、修复画笔工具、修补工具和红眼工具。修复画笔工具和修补工具可利用样本或图案修复图像中不理想的部分，红眼工具可移去闪光灯造成的红色反光，它们在图像修复时作用非常大，是图像处理的重要工具之一。

7. 画笔工具组

画笔工具用于绘制画笔描边，铅笔工具用于绘制硬边描边，颜色替换工具用于将选定的颜色替换为新颜色。

8. 历史记录画笔工具和历史记录艺术画笔工具

历史记录画笔工具可将选定的状态或快照的副本绘制到当前图像窗口中。历史记录艺术画笔工具可以模拟不同的绘画风格将选定的状态或快照的副本绘制到当前图像窗口中。

9. 仿制图章工具组

仿制图章工具组包括仿制图章工具和图案图章工具，属于复制工具，常用于修描图像或制作特效。它们在使用前都需要确定数据来源。仿制图章工具的确定方法是：按住 Alt 键并单击鼠标，确定仿制数据源。图案图章工具则需要定义图案：用矩形选框工具选择需要定义为图案的图像，选择"编辑"→"定义图案"，接着，在需要复制的地方按住鼠标左键，拖动鼠标逐个像素地复制目标图案。

10. 橡皮擦工具组

橡皮擦工具使用背景色绘画，用于擦掉或涂掉图像的一部分。背景橡皮擦工具在擦除图像的同时，使透明的背景透过图像显示。魔术橡皮擦工具结合了橡皮擦工具和魔术棒工具的功能，根据颜色的相似性进行擦除。

11. 渐变工具组

渐变工具使用各种不同的颜色和透明色及不同的渐变角度（线性渐变、光线渐变、角度渐变、反射渐变、菱形渐变）来创建混合色。油漆桶工具用于填充颜色。

12. 模糊工具、锐化工具和涂抹工具

模糊工具用于软化图像边缘。锐化工具用于强化图像边缘，但边缘像素过亮时，容易产生光晕效果。涂抹工具通过像素的互相融合使画面产生水彩效果，常用于对规则实体进行扭曲拉伸。

13. 减淡工具、加深工具和海绵工具

它们用于改变图像的颜色和灰度。例如，减淡工具和加深工具通过加亮或加黑特定区域来修正曝光的图片，海绵工具用于增加或降低图像颜色的饱和度。

14. 路径选择工具组

直接选择工具用于选择分离的锚点或片断。单击某个锚点或片断，按住鼠标移动路径或拖动鼠标产生弯曲路径。使用路径选择工具，在路径上单击鼠标，选择整个路径。

15. 钢笔工具组

将在后面的内容中专门阐述。

16. 形状工具组

在正常图层或形状图层中绘制矩形、圆角矩形、椭圆、多边形、直线及自定义形状。

17. 文字工具组

文字工具组用于创建横排、直排文字及横排、直排文字蒙版。文字工具应结合字符面板和段落面板一起使用，字符面板用于控制个性化字符和文字颜色的格式，段落面板提供段落格式的选项、对齐方式等。文字可以重复编辑，但如果需要对文字应用滤镜，要选择"图层"→"栅格化"，把文字栅格化，栅格化后的文字将不能再进行编辑。

18. 吸管工具

利用吸管工具单击图像中需要的颜色，将其设置为前景色，单击选择颜色的同时按住 Alt 键则设置为背景色。

19. 抓手工具

当图像比图像编辑窗口大时，编辑窗口中只能显示出部分图像，利用抓手工具上下左右移动图像，便于编辑。

Tips　按住空格键不放可把任何当前选择的工具暂时切换为抓手工具，便于移动图像进行编辑。

20．缩放工具

顾名思义，缩放工具就是对图像视图进行放大和缩小的工具。但要注意，利用缩放工具放大或缩小的是视图，图像的实际大小不受影响。

除了以上工具外，在工具箱中还可以进行前景色与背景色的切换、标准模式与快速蒙版模式的切换等操作。

2.3.3 图像的编辑

1．图像的复制

在复制图像之前，必须先建立选区，选择要复制的对象，接着，选择菜单命令"图像"→"复制"，再选择目标图像，选择菜单命令"编辑"→"粘贴"。当然，也可以利用移动工具将选区中的图像直接拖动到需要粘贴图像的编辑窗口中，复制选区内的图像。

> **Tips** 在操作时，按住 Ctrl 键不放，切换为移动工具，可以移动选区中的内容；按住 Ctrl+Alt 组合键不放，拖动鼠标可以复制当前层或选区中的内容。

2．增加画布的尺寸

当画布太小时，可以选择菜单命令"图像"→"画布大小"，打开"画布大小"对话框，如图 2.18 所示。对话框中显示了当前图像画布的信息，选择需要的度量单位，输入需要改变的画布尺寸，单击"确定"按钮完成操作。这样，处理图像时就不会受制于画布的大小。

3．图像的旋转和翻转

选择菜单命令"图像"→"旋转画布"，可以对整个图像文件进行水平或垂直翻转及各种角度的旋转。

4．图像的变形

如果需要对某一图层或某一选区中的内容而不是整个图像进行缩放、旋转、透视等处理，可以选择菜单命令"编辑"→"变换"，从子菜单中选取相应的命令，如图 2.19 所示。

图 2.18 "画布大小"对话框

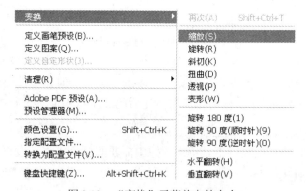

图 2.19 "变换"子菜单中的命令

5．显示或改变图像大小

选择菜单命令"图像"→"图像大小"，打开"图像大小"对话框，如图 2.20 所示。为保证调整后的图像不变形，一般选中"约束比例"复选框，使调整后的图像维持原来的长宽比。

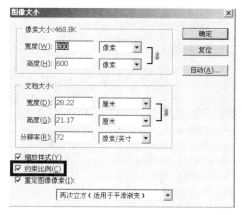

图 2.20 "图像大小"对话框

2.3.4 色彩的使用

色彩的应用在图像处理中非常重要，因此要有计划地管理好颜色，以便于使用。

1. 前景色和背景色

Photoshop 默认的前景色为黑色，背景色为白色，如图 2.21 所示。单击前景色或背景色的色块图标，在出现的"拾色器"对话框中定义颜色，如图 2.22 所示。色彩分别用 HSB、RGB、LAB 和 CMYK 这 4 种模式表示，在任意模式下输入的数值同时会影响其他 3 个模式相应的值。

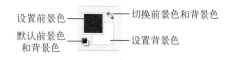

图 2.21 前景色和背景色

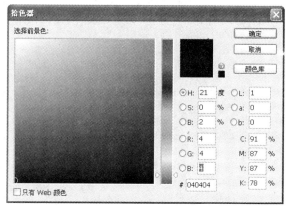

图 2.22 "拾色器"对话框

> **Tips** 在"拾色器"对话框中，"只有 Web 颜色"复选框用于设置网页安全色。网页安全色是指在不同硬件环境、不同操作系统、不同浏览器中都能够正常显示的颜色集合（调色板），这些颜色在任意终端上的显示效果都是相同的。网页安全色一共有 216 种颜色（其中彩色为 210 种，非彩色为 6 种），使用这些颜色进行网页配色可以避免因平台不一致而产生的颜色失真问题。

2. 颜色面板

可以通过"窗口"菜单打开颜色面板，进行颜色编辑。单击颜色面板右上角的小三角按钮，弹出一个菜单，如图 2.23 所示，选择所用的色彩模式及调色模式，输入色彩值或拖动色彩滑块调出需要的颜色。

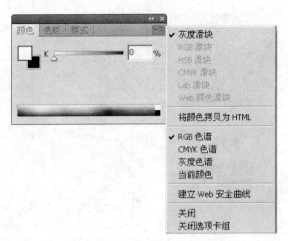

图 2.23　利用颜色面板进行颜色的编辑

2.3.5　图层的应用

在 Photoshop 中，图层是一种没有厚度的、透明的电子画布，如图 2.24 所示。它可以将图像中的各个部分独立出来单独处理，而不会影响其他部分，同时也可以将各个图层通过不同的模式混合在一起，产生各种特效。可以把图层理解为一摞透明的纸，利用 Photoshop 在一张张透明纸（一个个的图层）上画画，然后根据一定的顺序、采用一定的处理方法，把这些纸叠在一起就形成一幅图画。

可以通过选择菜单命令"窗口"→"图层"（或按 F7 键）打开图层面板，如图 2.25 所示，图层的操作包括图层的显示与隐藏、创建、移动、复制、删除、合并和应用样式等。

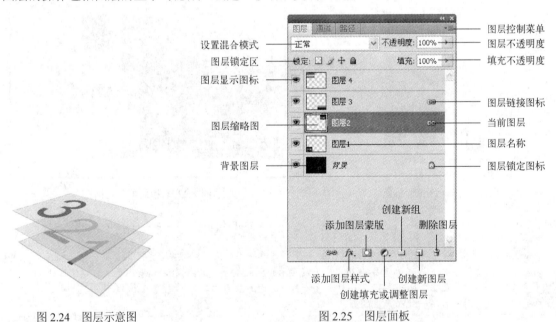

图 2.24　图层示意图　　　　　　　　　　图 2.25　图层面板

1. 显示与隐藏图层

当图层最左边显示出眼睛图标时，表示该图层可见，单击眼睛图标则隐藏该图层。直接按住鼠标左键在图层面板的图层显示图标上拖动，可以同时显示或隐藏多个图层。

2．创建图层

单击图层面板底部的"创建新图层"按钮 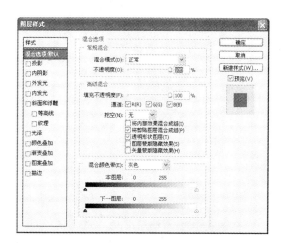，创建一个命名为"图层 x"（其中 x 为图层数）的新图层，新创建的图层总是位于当前图层之上，并自动成为当前层。在图层名称处双击可更改图层的名称。

3．移动图层

图像的显示效果与图层的叠放顺序密切相关，即便是相同的图层由于叠放的顺序不同，其显示效果也会相差甚远。在图层面板中，位于面板最上方的图层在图像编辑窗口中也处于最上方，调整图层在面板中的位置就可以调整图层在图像编辑窗口中的叠放顺序。移动图层的方法很简单：选择菜单命令"窗口"→"排列"，或在图层面板中按住鼠标左键把要移动的图层拖动到合适的位置即可。应切记，背景图层总是位于图层面板的底层，并加上锁头标记 表示不能修改，双击锁头标记可把背景图层变为普通图层。

4．复制图层

复制图层的方法很多，首先，在图层面板中选择要复制的图层，把它拖动到"创建新图层"按钮 上，或选择菜单命令"图层"→"复制图层"，实现在同一图像中图层的复制。如果需要把图层复制到其他图像文件中，可以使用移动工具直接拖动该图层到另一图像中，自动形成一个新图层。

5．删除图层

可以删除不需要的图层以精简图像文件大小，节省磁盘空间，加快处理速度。方法是：选择需要删除的图层，单击图层面板中的"删除图层"按钮 即可。

6．合并图层

合并图层可以减少文件所占用的磁盘空间，提高处理速度，但合并后的图层不可以再拆开。单击图层面板右上方的小三角按钮，打开图层控制菜单，包括以下 3 种操作方式。

① 向下合并：将当前图层与下一图层（必须是显示状态）合并，其他图层保持不变。

② 合并可见图层：合并图像中所有显示的图层，隐藏图层保持不变。若当前图层是隐藏图层，则该命令无效，不能使用。

③ 拼合图像：合并图像中所有的图层，并将结果存储在背景图层中。

7．图层样式的应用

图层样式是图像编辑处理最重要的功能之一，例如，文字特效的制作等。选择菜单命令"图层"→"图层样式"→"混合选项"，或在图层面板中双击图层缩略图，在打开的"图层样式"对话框中对选择的图层应用一种或一种以上的图层样式，如图 2.26 所示。

在图层面板中，还可以设置图层的不透明度，改变图层的混合模式，把相关图层进行编组，锁定图层以保护图层不被修改等，这些都是十分实用的功能。

图 2.26 "图层样式"对话框

2.3.6 通道与蒙版

通道和蒙版是计算机图像制作及处理过程中不可缺少的功能，但许多初学者都会对"什么是通道？通道有什么作用？蒙版是怎样制作和应用的？"等问题感到很困惑，这部分内容需要通过较多的实践才能更好地理解。

1. 通道的作用及分类

Photoshop 的通道（Channels）是独立的原色平面，它主要有两个作用：一是存储彩色信息，二是保存选择区域。通道主要分为以下 3 种。

（1）彩色通道

彩色通道在新建或打开文件时根据色彩模式自动建立，这些通道把图片分解成一个或多个色彩成分，当我们在 Photoshop 中编辑图像时，实际上是在编辑颜色通道。图像的模式决定了颜色通道的数量，RGB 模式有 3 个颜色通道（红色通道、蓝色通道、绿色通道）和一个 RGB 合成通道，CMYK 模式有 4 个颜色通道，灰度模式只有一个黑色通道。

（2）专色通道

专色通道是一种特殊的颜色通道，主要用于辅助印刷。利用专色通道形成特殊的油墨可以解决无法利用 CMYK 四种油墨合成的特殊颜色的印刷问题。

（3）Alpha 通道

Alpha 通道中存储的并不是图像的色彩，而是选取范围，它不会影响图像的显示和印刷效果。选取范围存储为 Alpha 通道后可以被多次利用，在制作特效时广泛应用。其中，Alpha 通道的黑色部分为非选区，白色部分为选区，灰色部分为半选区。

2. 通道面板

选择菜单命令"窗口"→"通道"，打开通道面板，如图 2.27 所示，通道面板中包括了颜色通道、专色通道和 Alpha 通道的所有信息。

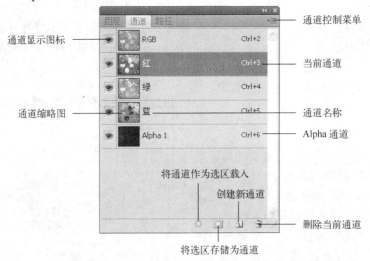

图 2.27　通道面板

与图层的使用类似，通道在使用时应注意当前编辑的对象位于哪个通道，随时进行通道的切换。通道的复制、删除和合并的方法类似于图层，这里就不再介绍。

（1）新建通道

单击通道面板中的"创建新通道"按钮，直接创建名为 Alpha1 的通道（在默认情况下，用户创建的新通道都是 Alpha 通道）；也可以单击通道面板右上方的小三角按钮，在弹出的通道控制菜单中选择"新建通道"命令，在打开的"新建通道"对话框中进行详细的通道设置，如图 2.28 所示。

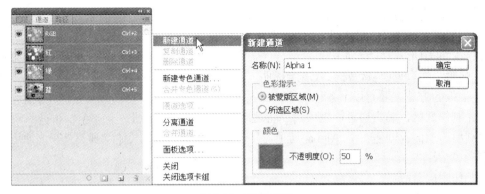

图 2.28　新建通道

在"新建通道"对话框中，可以更改通道的名称。"色彩指示"栏用于选择颜色覆盖的区域，其中，若选择"被蒙版区域"项则用白色着色把着色区域从蒙版中减去，用黑色着色把着色区域添加到蒙版中，用灰色着色从蒙版中加入部分区域；"所选区域"项与"被蒙版区域"项相反。"颜色"栏用于改变通道的颜色和不透明度。

（2）分离通道

如果因图像文件太大而不能保存或传送，或特殊编辑处理需要时，可在通道控制菜单中选择"分离通道"命令，将通道分离成单个通道。通道可单独保存，使用时再进行合成。注意，分离通道前，必须先合并图层；图像印刷前，也需要先单独输出 CMYK 各通道。

（3）存储与载入 Alpha 通道

在图像中建立选区后，单击通道面板中的"将选区存储为通道"按钮 ，在通道面板中可以看到由选区变成的 Alpha 通道，缩略图中的白色部分为选区，如图 2.29 所示。

图 2.29　把选区存储为 Alpha 通道

反之，通道也可以转变为选区，选择该 Alpha 通道，单击"将通道作为选区载入"按钮，以选区的方式在图像中载入 Alpha 通道。

以上是通道与选区互相转换的方法，在图像编辑处理中应用非常广泛。

3．蒙版

蒙版用于保护被选取或指定的区域不受编辑操作的影响，起到遮蔽的作用，同时，利用蒙版制作特效，不会改变原来图层的图像，删除或停用蒙版后，图像恢复原来的样貌。

蒙版的原理及效果如图 2.30 所示，遮照物（即蒙版）作用于被遮照物（即作用图层）。遮照物以 8 位灰度通道形式存储，其中黑色部分代表完全不透明，被遮照物不可见；白色部分代表完全透明，被遮照物可见；灰色部分代表半透明，被遮照物隐约可见。

创建蒙版的方法主要有以下 4 种：

① 先制作选区，单击通道面板中的"将选区存储为通道"按钮；

② 利用通道面板创建一个 Alpha 通道，接着，用绘图工具或其他绘画工具在该通道上进行编辑，产生蒙版；

③ 制作图层蒙版；

④ 利用工具箱中的快速蒙版显示模式工具产生一个快速蒙版。

下面用实例来说明蒙版的创建及使用方法。

① 打开素材文件，选择需要添加蒙版的图层，在图层面板中单击"添加图层蒙版"按钮，这时，该图层上出现了蒙版，如图 2.31 所示。

图 2.30　蒙版的原理及效果

图 2.31　添加图层蒙版

> **Tips**
> 背景层不可以添加蒙版，如果素材文件只有一个层，即背景层，可以双击背景层，把背景层转为普通层。

② 选择黑色前景色，选择"画笔"工具，用黑色的画笔在图像中涂抹，这时，被涂抹的图像被蒙版上的黑色部分遮挡住，看不见图像，如图 2.32 所示。如果选择白色的前景色，用白色的画笔进行涂抹，则原来被遮挡住的图像又显露出来，如图 2.33 所示。

图 2.32　黑色蒙版遮挡图像

图 2.33　白色蒙版显示图像

③ 如果在蒙版中填充黑白渐变，图像就会产生渐变的透明效果，如图 2.34 所示。

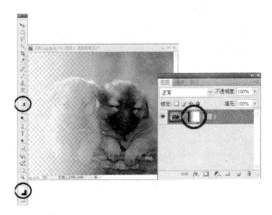

图 2.34 黑白渐变蒙版产生透明渐变的图像效果

④ 删除蒙版：在蒙版上单击，按住鼠标左键拖动该蒙版到图层面板右下角的垃圾桶上，这时会提示是否在移去之前将蒙版应用到图层中，如图 2.36 所示，根据需要进行选择即可。

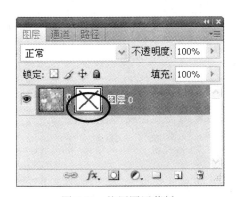

图 2.35 停用图层蒙版

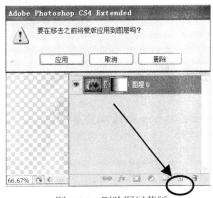

图 2.36 删除图层蒙版

在图 2.37 中，由于蒙版的遮挡，上面的图像出现渐变式的透明，下一层的图像通过透明部分显现出来，两个图层的图像天衣无缝地融合在一起。

图 2.37 利用图层蒙版进行图像合成

4．快速蒙版

在 Photoshop 中可以利用一种叫快速蒙版的临时蒙版来有效地形成选区。

首先，打开一幅图，使用一种选取工具（如多边形套索工具）选择一个区域，如图 2.38 所示，选择图像中的所有高山，这个区域将作为要修改的图像部分。

然后，在工具箱中单击"快速蒙版"按钮，可以看到表示蒙版的颜色（默认为红色）覆盖在没被选择的区域上，说明没被选择的区域属于保护区域。这时，可以利用画笔等绘画工具对蒙版进行编辑，修改蒙版以达到改变选择区域的目的，在本例中，减少了高山的选择区域。

蒙版编辑完毕后，单击工具箱中的"标准模式"按钮，返回原始图像，这时，没有被保护的区域被选取框包围形成选区，如图 2.38 所示。

图 2.38　经过快速蒙版编辑后形成的选区

2.3.7　路径

由于 Photoshop 的绘画功能比较有限，绘制复杂的图形时需要借助路径功能；另外，利用路径可以更精确地选择图像。

1．几个重要的概念

路径：使用贝赛尔曲线所构成的一段闭合的或者开放的曲线段。

锚点（节点）：定义路径中每条线段开始和结束的点，通过它们来固定路径。第一个绘制的锚点为起点，最后一个绘制的锚点为终点。当起点和终点为同一个锚点时，路径就是一个封闭的区域。移动锚点可以修改路径，改变路径的形状。

调整杆和控制点：选择带曲线属性的锚点时，锚点的两侧会出现调整杆，调整杆两侧的点称为控制点，拖动控制点可以调整曲线的弯曲度，如图 2.39 所示。

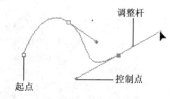

图 2.39　路径的调整

> **Tips**　贝赛尔曲线是 1962 年法国雷诺汽车公司构造的一种以"无穷相近"为基础的参数曲线，它广泛应用于计算机绘图中，使设计师在计算机上绘制曲线就像使用普通的作图工具一样得心应手。

2．路径工具

钢笔工具组可用于编辑路径。

钢笔工具：以单击鼠标创建锚点的方式创建路径。

自由钢笔工具：类似铅笔工具，以连续绘制方式，在图像上创建初始点后即可随意拖动鼠标徒手绘制路径。

添加锚点工具和删除锚点工具：用于在已有的路径上增加或减少锚点。

转换点工具：用于选择锚点，并改变与该锚点相连接的两条路径的弯曲度。

3．路径面板

选择菜单命令"窗口"→"路径"，打开路径面板，面板上各按钮的功能如图2.40所示。

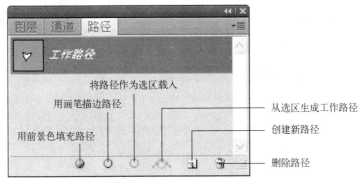

图2.40　路径面板

到目前为止，已经学习了路径、通道和蒙版，它们在图像编辑处理中非常重要，三者可以灵活地互相转换。例如，在上面的例子中，不难发现，路径可以转换为选区，也可以建立蒙版。

2.3.8　滤镜

滤镜是一些经过专门设计的、用于产生图像特殊效果的工具。Photoshop 提供的滤镜功能千变万化。虽然不少滤镜功能可以用通道和蒙版等来实现，但使用滤镜更方便和直观。

从效果上分，Photoshop 的滤镜有校正性滤镜和畸变性滤镜两类，前者的作用是弥补图像的缺陷，如清除原图像上的灰尘、划痕、色沉着和网点等，产生的效果比较微妙，有时甚至难以察觉；后者主要是为了产生一些特技效果，改变的效果比较明显。

从与 Photoshop 结合的程度不同，滤镜又分为内部滤镜和外部滤镜两类。内部滤镜是Photoshop 自带的，外部滤镜是第三方提供的，但可内嵌在 Photoshop 中的滤镜。

1．内部滤镜

Photoshop 提供像素化、扭曲、杂色、模糊、渲染、画笔描边、素描、纹理、艺术效果、视频、锐化、风格化等内部滤镜，每一种滤镜组又包含多种滤镜。由于滤镜的使用比较直观，受参数影响非常大，需要一一试验，在本章中，只介绍其中两个滤镜。

（1）模糊滤镜

模糊滤镜用于柔和选区或图像，淡化图像中不同色彩的边界，以掩盖图像的缺陷或创造出特殊效果。

下面介绍模糊滤镜组中的动感模糊滤镜。首先，打开需要增加滤镜效果的图像（见图2.41）。选择菜单命令"滤镜"→"模糊"→"动感模糊"，弹出"动感模糊"对话框（见图2.42）。根据预览区中的效果调整参数，设置完相关参数后，单击"确定"按钮，效果如图 2.43所示。

图 2.41 需要设置动感模糊效果的原图　图 2.42 "动感模糊"设置对话框　　图 2.43 动感模糊效果

（2）扭曲滤镜

扭曲滤镜使图像产生扭曲变形效果，例如，可以给图像加上水波纹效果。首先打开需要添加滤镜的图像。选择菜单命令"滤镜"→"扭曲"→"水波"，弹出"水波"对话框，根据预览区中的效果设置好相关参数，单击"确定"按钮，效果如图 2.44 所示。

 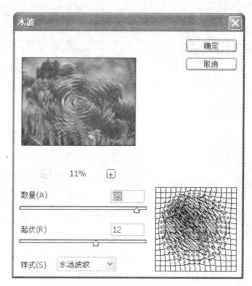

图 2.44　水波滤镜效果

2．外部滤镜

随着对图像处理的需求越来越大，要求越来越高，Photoshop 所提供的内部滤镜已经不能满足用户的要求，很多公司开发了第三方的滤镜，即外部滤镜，也称外挂滤镜，结合 Photoshop 进行使用。

外挂滤镜其实就是 Photoshop 的插件。插件从结构上分为插件模块（Plug-in Modules，即外挂滤镜）和插件宿主（Plug-in Hosts，即 Photoshop）两部分，宿主负责把第三方厂商开发的用于扩展功能的插件载入内存，并通过一定的硬件和软件接口进行调用。

著名的外挂滤镜有：KPT 系列滤镜；创建变幻莫测、具有统一风格的立体按钮的 PhotoTools；具有 23 种滤镜组的 Eye Candy（眼睛糖果）；制作淡入淡出、边缘羽化、边缘颗粒等的 FeatherGIF；制作四季等大自然效果的 Four Seasons；用于创建泡沫效果、荧光效果、雨丝效果等 8 种不同的滤镜，添加水珠、雨点、烟火、云雾等特殊艺术效果的 Ulead Particle；制作玻璃、墙、拼图、闪电等多种效果的 Xenofen 滤镜；套用材质处理图像的 BladePro 滤镜等。

其中，KPT（Kai's Power Tools）系列滤镜的应用最为广泛。它是一组系列滤镜，每个系列都包含若干个功能强劲的滤镜。下面，以 KPT 为例介绍外挂滤镜的使用方法。

（1）外挂滤镜的安装

一般，滤镜的安装路径自动设置为 Photoshop 安装目录下的 Plug-Ins 目录，安装完毕后，在"滤镜"菜单中形成"KPT effect"子菜单。

（2）KPT 滤镜的使用

KPT 滤镜都拥有统一的界面，只要掌握了其中一个就能举一反三、触类旁通。下面就以 KPT Lighting 滤镜的界面为例来介绍 KPT 滤镜。

启动 Photoshop CS4，打开一个图像文件，选择菜单命令"滤镜"→"KPT effect"→"KPT Lighting"，启动滤镜。KPT 的滤镜界面一般分为菜单栏、预览窗口及功能设置区域三大部分，如图 2.45 所示。

图 2.45　KPT Lighting 界面

其中，Bolt 面板用于设置闪电对象的总体尺寸和外形，如闪电的长度、分支的稠密度和外围的发光强度等属性，Preview 面板用于调节闪电的起始点和结束点及展示效果，Path 面板用于微调闪电及其分支所通过的路径。

其他外挂滤镜的使用方法和 KPT Lighting 差不多，这里就不一一介绍了。

2.3.9　实例 1——蔬果娃娃的制作

1．制作目的

通过把几种不同形状的蔬果拼成一个蔬果娃娃，练习熟练利用 Photoshop 进行图像选择的主要方法。

2．制作要点

① 使用选框工具、套索工具、魔术棒工具等多种选择工具进行图像的选择；

② 结合菜单进行选区的选择和变换；

③ 图层的选择与切换。

3．制作步骤

STEP 1　打开素材文件

选择菜单命令"文件"→"打开"（Ctrl+O 组合键），或双击 Photoshop 的背景空白处，打开事先准备好的素材文件 Start01.psd，如图 2.46 所示。该图包含了用于制作蔬果娃娃的各种材料。

S**TEP** 2　新建"蔬果娃娃.psd"文件

　　为避免损坏素材文件，我们新建一个文件用来制作蔬果娃娃。选择菜单命令"文件"→"新建"（Ctrl+N 组合键），在打开的"新建"对话框中设置参数，如图 2.47 所示，单击"确定"按钮完成文件的新建。然后，选择菜单命令"文件"→"保存"（Ctrl+S 组合键），保存文件。

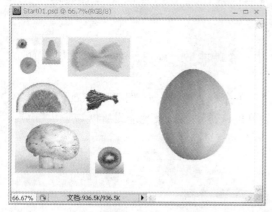

图 2.46　素材文件

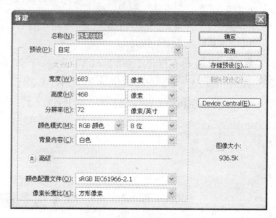

图 2.47　"新建"对话框

S**TEP** 3　利用矩形选框工具和魔术棒工具选择香瓜，作为蔬果娃娃的脸

　　先用矩形选框工具[■]选择香瓜，如图 2.48 所示，再选择魔术棒工具[■]，在上方工具选项栏中设置"容差"为 32，单击"从选区减去"按钮[■]，这时鼠标指针会变成带减号的魔术棒。把鼠标指针移到选择框内，单击矩形选框内的白色区域，如图 2.49 所示，这时，白色区域从原来的选区中减去，得到香瓜的选区，如图 2.50 所示。

图 2.48　选择香瓜　　　　图 2.49　减去魔术棒的选区　　　图 2.50　最终的选区

S**TEP** 4　复制香瓜到"蔬果娃娃"文件中

　　选择菜单命令"编辑"→"复制"（Ctrl+C 组合键），复制已选定的香瓜图案。单击新建文件的空白处，选择菜单命令"编辑"→"粘贴"（Ctrl+V 组合键），把香瓜图案复制到新建文件中，香瓜以新建图层的方式放在背景层的上面，被自动命名为"图层 1"，如图 2.51 所示。

S**TEP** 5　复制蔬菜图像到"蔬果娃娃"文件中作为眉毛

　　把操作对象改为素材图中的蔬菜，重复 STEP3 和 STEP4 的操作，选择蔬菜并复制到"蔬果娃娃"文件中作为左眉毛。由于蔬菜仍在剪贴板中，再次选择菜单命令"编辑"→"粘贴"（Ctrl+V），再复制一个蔬菜图案到"蔬果娃娃"文件中，作为右眉毛，如图 2.52 所示，它们分别被命名为"图层2"和"图层3"。

STEP 6　使眉毛左、右对称

选择右眉毛所在的图层 3，选择菜单命令"编辑"→"变换"→"水平翻转"，使蔬菜图案水平翻转，利用移动选择工具 ，调整位置，使两个蔬菜图案对称放置，如图 2.53 所示。注意，在移动前必须选择相应的图层，再移动图层内的对象。

图2.51　蔬果娃娃的脸

图2.52　蔬果娃娃的左、右眉毛

> **Tips**　在调整图像大小、角度时，可利用菜单命令"编辑"→"自由变换"（Ctrl+T 组合键）进行快捷的变换。

STEP 7　制作蔬果娃娃的眼睛

回到 Start01.psd 素材文件中，把操作对象改为红萝卜，重复 STEP3～STEP5，制作"蔬果娃娃"的左、右眼睛，如图 2.54 所示，它们分别被命名为"图层4"和"图层5"。

图2.53　眉毛左、右对称效果

图2.54　蔬果娃娃眼睛的制作

STEP 8　制作蔬果娃娃的眼珠

（1）选择眼珠：回到 Start01.psd 素材文件中，选择工具箱的椭圆选框工具 ，选择上方工具选项栏中的"新选区"按钮 ，确保本次的选择形成一个独立的选区，然后选择眼珠图案。

为便于图像的选择，选区可比图案范围稍大些，如图 2.55 所示。

（2）缩小选区：选择菜单命令"选择"→"变换选区"，调整并移动选区使适应之眼珠图案，按 Enter 键确定选区，复制后在"蔬果娃娃"文件中粘贴两次，并调整位置，形成两个眼珠，如图 2.56 所示。它们分别被命名为"图层 6"和"图层 7"。

图 2.55　建立眼珠的选区　　　　　　　　图 2.56　蔬果娃娃眼珠的制作

STEP **9**　制作蔬果娃娃的帽子

回到 Start01.psd 素材文件中，选择工具箱中的磁性套索工具 ，选择蘑菇作为"帽子"。首先，在蘑菇的边缘处单击，确定起始位置，接着，松开鼠标左键，使鼠标沿着蘑菇的边缘移动，Photoshop 将自动识别蘑菇的边缘并生成选区，如图 2.57 所示，按 Ctrl+C 组合键把已选好的蘑菇复制到"蔬果娃娃"文件中，自动命名为"图层 8"，如图 2.58 所示。

图 2.57　蘑菇选区　　　　　　　　　　图 2.58　蔬果娃娃帽子的制作

STEP **10**　制作蔬果娃娃的其他部位

用同样的方法选择素材文件中的其他图案，复制到"蔬果娃娃"文件中，进行一定的调整，如图 2.59 所示。例如，用"磁性套索"工具选择耳朵，再进行适当的缩放和旋转等操作。

STEP **11**　完成作品

把"蔬果娃娃"文件中的所有图案摆放好，并适当调整各图层的顺序，例如，帽子所在的图层 8 应放在脸蛋所在的图层 1 的下面，耳朵所在的图层 10 和图层 11 应放在脸蛋所在的图层 1 的下面等。最后，利用裁剪工具根据蔬果娃娃的实际大小进行裁剪，去掉无用的空白画面。最终效果如图 2.60 所示。

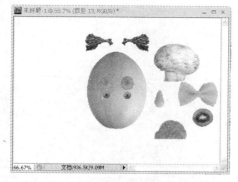

图 2.59　蔬果娃娃其他部位的制作　　　　　图 2.60　蔬果娃娃

2.3.10 实例 2——黑白图片变成彩色图片

1．制作目的

通过本例学习图像模式的转换及动作的执行。

2．制作要点

① 图像模式的转换；

② 利用选择工具结合选区进行图像的选择；

③ 图像颜色的调整。

3．制作步骤

STEP 1 打开一张黑白图片作为素材文件

选择菜单命令"文件"→"打开"，打开一张有人像的黑白图片，如图 2.61 所示。如果找不到这类素材文件，可找一张彩色照片，选择菜单命令"图像"→"模式"→"灰度"，将彩色照片变成灰度照片。注意，转换为灰度模式的图片所丢失的颜色不能再恢复。

STEP 2 改变图像模式

选择菜单命令"图像"→"模式"→"RGB 颜色"，将图片的色彩模式由灰度改为 RGB 模式，否则，颜色将以灰度而不是彩色的方式表示。

STEP 3 选择皮肤部分并给皮肤加上颜色

（1）选择工具箱的磁性套索工具，在上方的工具选项栏中选择"添加到选区"按钮，选择图片中人像的脸、手、脚、小腹等裸露的皮肤，如图 2.61 所示。由于采用了添加选区方式，因此每次新选的选区将增加到原来的选区中。

（2）选择菜单命令"图像"→"调整"→"变化"，弹出"变化"对话框，如图 2.62 所示。先单击对话框左上方的"原稿"小图，把图像恢复到原来的颜色状态（原稿），接着再对皮肤的颜色进行调整，可以先加深两次黄色再加深两次红色（供参考），如此调整之后，皮肤颜色就比较接近西方人的肤色了。如果感觉颜色还不理想，可选择菜单命令"图像"→"调整"→"色彩平衡"再进行调整。

图 2.61　选择皮肤部分

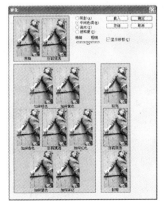

图 2.62　"变化"对话框

STEP 4　给头发加上颜色

与 STEP3 一样，使用磁性套索工具，在工具选项栏中选择"新选区"按钮，选择头发。然后选择菜单命令"图像"→"调整"→"变化"，在"变化"对话框中先单击对话框左上方的"原稿"小图，把图像恢复到原来的颜色状态，接着加深三次黄色、两次红色、一次蓝色（供参考），将图中美女的头发变为金黄色。

STEP 5　给身体的其他部位加上颜色

按照 STEP4 的方法，选择毛衣，在"变化"对话框中为其加深洋红色，使毛衣的颜色变为洋红色，再选择牛仔裤，在"变化"对话框中为其加深蓝色，将其牛仔裤的颜色变为蓝色。

STEP 6　给背景墙加上颜色

使用磁性套索工具，在工具选项栏中单击"新选区"按钮，选择身体作为选区，再选择菜单命令"选择"→"反向"，使木墙变为选区。然后在"变化"对话框中为其加深两次黄色和一次洋红色（供参考），使木墙变为木头的颜色。

这样，原来的黑白图就变为彩色图片了。如果想做得更精致、更真实，可以在一些细节方面进行修改，例如，为美女涂上口红，让她的眼珠变为天蓝色等。

Tips　　注意，每次变化之前都要在"变化"对话框中选择"原稿"小图。另外，选择区域不准确时，可利用其他选择工具配合使用，使选区最精确。

2.3.11　实例 3——制作由小 1 寸照片组成的 4R 照片

1. 制作目的

通过本例子熟练掌握图像大小、图像位置的调整方法。

2. 制作要点

① 选框工具的样式设置；
② 图像的变换旋转；
③ 图像位置的调整。

3. 制作步骤

STEP 1　按 4R 照片大小建立图片文件，命名为 4R.psd

选择菜单命令"文件"→"新建"，在打开的"新建"对话框中设置新文件的尺寸为 4R 照片大小，如图 2.63 所示。将新文件保存为 4R.psd 文件。

图 2.63　"新建"对话框

STEP 2　设置选框的样式为小 1 寸的大小

（1）选择工具箱的矩形选框工具，在工具选项栏中将样式设置为"固定大小"，按小 1 寸的尺寸设置选框的大小，即高度为 2.5 厘米，宽度为 3.6 厘米，如图 2.64 所示。在新建的文件中单击，选择一个固定大小的空白区域，如图 2.65 所示。

图 2.64　设置固定大小的选框

（2）选择菜单命令"文件"→"打开"，打开一张照片。

（3）拖动图 2.65 中的选框到新打开的照片中（目的是让 4R.psd 文件的分辨率与照片的分辨率一致），选择照片的头部，大小以头部、脖子、肩膀能容纳进选择框为宜。如果选择的内容不符合要求，可选择菜单命令"图像"→"图像大小"改变图像大小。接着，选择菜单命令"编辑"→"复制"，将头部复制到剪贴板中。

Ｓtep 3 用小 1 寸照片组合成 4R 制作照片

（1）切换到 4R.psd 文件，选择菜单命令"编辑"→"粘贴"，将剪贴板中的照片复制到该文件中，然后使用移动工具，结合小键盘中的上、下、左、右光标键进行微调，调整照片的位置。

（2）按照上面的步骤，复制 10 张小 1 寸照片，它们分别以"图层 1"～"图层 10"的图层名称排列在图层面板中。选择并移动相应的图层，把它们排成如图 2.66 所示的形式。

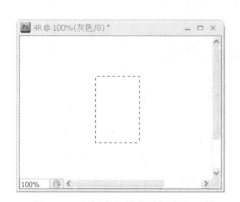

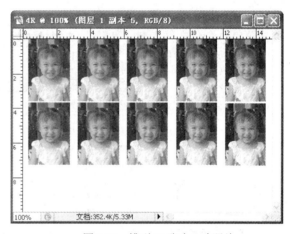

图 2.65　在新建文件中选择空白区域　　　　　　图 2.66　排列 10 张小 1 寸照片

（3）制作竖排的小 1 寸照片。由于剪贴板中仍然有刚才复制的小 1 寸照片，因此，再复制 4 张小 1 寸照片，它们分别以"图层 11"～"图层 14"命名，同时选择这 4 个图层，选择菜单命令"编辑"→"变换"→"旋转 90°（顺时针）"，改变照片的方向。再分别把每一图层中的照片移动到最后一排并调整好照片的位置。

这样，14 张小 1 寸的照片就排列到 4R 大小的范围内，效果如图 2.67 所示。

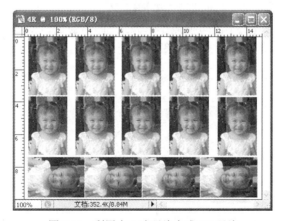

图 2.67　利用小 1 寸照片合成 4R 照片

用大 1 寸照片组成 4R 照片的方法与用小 1 寸照片的做法基本相同，但矩形选框的固定大小应设为大 1 寸的尺寸，即宽度为 3.5cm，高度为 5.5cm。

2.3.12　实例 4——心形贺卡的制作

1．制作目的

通过本例熟练掌握钢笔工具的使用方法，以及把路径作为选区载入和定义图案的方法。

2．制作要点

① 利用钢笔工具设置路径；
② 把路径转换为选区，并载入图像中；
③ 定义和填充图案。

3．制作步骤

STEP 1　新建"贺卡.psd"文件

选择菜单命令"文件"→"新建"（Ctrl+N 组合键），在打开的"新建"对话框中设置参数，如图 2.68 所示，并保存为"贺卡.psd"文件。

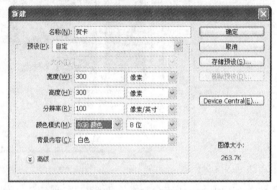

图 2.68　新建文件

STEP 2　创建心形路径

（1）选择工具箱中的钢笔工具，画出楔形路径。选择工具选项栏中的路径按钮，以确保生成的是路径，在图像的空白处点 4 个锚点，最后回到起点的锚点，此时鼠标光标后面会出现一个小圆圈，单击鼠标左键封闭路径，如图 2.69、图 2.70 所示。

（2）接着，选择钢笔工具组中的转换点工具，先单击选择锚点，再按住鼠标左键不放，拖动鼠标拉出曲线，把楔形转换为心形，如图 2.71 所示。

图 2.69　未封闭的楔形路径　　　图 2.70　已封闭的楔形路径　　　图 2.71　楔形转换为心形

S.TEP 3　把路径转换为选区

打开路径面板，选择工作路径，如图 2.72 所示。打开右键菜单，选择"建立选区"命令，如图 2.73 所示，也可单击"将路径作为选区载入"按钮，最后效果如图 2.74 所示。

图 2.72　心形工作路径　　　　图 2.73　从路径建立选区　　　　图 2.74　把路径转换为选区

S.TEP 4　制作红色的心形图案

把前景色设为红色，选择工具箱中渐变工具组中的油漆桶工具 ，在心形选区里单击填色。接着，利用裁切工具 ，根据需要裁切心形图案，按 Enter 键确定，如图 2.75 所示。

S.TEP 5　把心形定义为图案

选择菜单命令"编辑"→"定义图案"，在弹出的"图案名称"对话框中，输入名称后单击"确定"按钮，如图 2.76 所示。

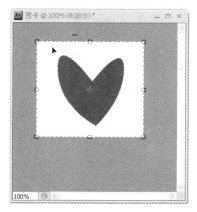

图 2.75　裁切图像　　　　　　　　图 2.76　设置图案名称

注意：需要定义为图案的图像必须是由矩形选框或裁切工具形成的方形区域，圆形区域不能定义为图案。

S.TEP 6　新建"心形贺卡.psd"文件

选择菜单命令"文件"→"新建"，在打开的"新建"对话框中设置参数，如图 2.77 所示。

S.TEP 7　在新建的文件中填充心形图案

选择菜单命令"编辑"→"填充"（Shift+F5 组合键），在弹出的"填充"对话框的"自定图案"下拉列表中选择刚定义的心形图案，如图 2.78 所示。然后把不透明度设置为 50%，单击"确定"按钮，效果如图 2.79 所示。

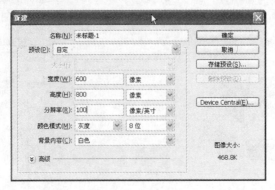

图 2.77　新建文件

图 2.78　填充图案

图 2.79　填充效果

2.3.13　实例 5——利用 Photoshop CS4 工具进行动画编辑

1. 制作目的

利用 Photoshop CS4 工具制作羽毛球封面动画。

2. 制作要点

① 渐变工具的使用；

② 路径作为选区的载入；

③ 图层效果的设置；

④ Photoshop 的动画制作；

⑤ 动画的导出。

3. 制作步骤

STEP 1　新建"羽毛球.psd"文件

选择菜单命令"文件"→"新建"，在打开的"新建"对话框中设置参数，如图 2.80 所示。

STEP 2 设置渐变色

（1）添加色标：选择工具箱中的渐变工具，单击上方工具选项栏中的"渐变区域"按钮，打开渐变编辑器。可以看到，渐变色条的下方已经有两个色标，接着，在左、右两个色标之间按平均距离分布，单击 3 次添加 3 个色标，使渐变色具有 5 个色标，如图 2.81 所示。

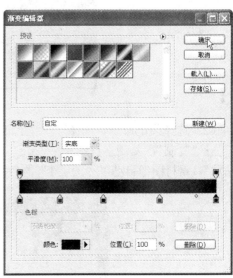

图 2.80　新建文件　　　　　　　　　　　　　图 2.81　渐变编辑器

（2）改变色标颜色：按顺序从左到右分别单击色标，并在下方的颜色选取框中设置色标的颜色，参考值分别为：深蓝—蓝—深蓝—蓝—深蓝。

STEP 3 制作背景渐变效果

在图像编辑窗口中，从左上至右下拖动鼠标，如图 2.82 所示，实现背景中渐变效果的填充。

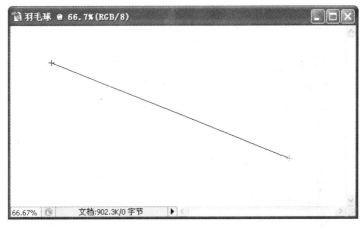

图 2.82　拖动鼠标形成渐变色

STEP 4 导入素材图像

（1）选择菜单命令"文件"→"打开"（Ctrl+O 组合键），打开事先准备好的素材文件"发球.jpg"，如图 2.83 所示。

图 2.83 素材文件

（2）选择菜单命令"选择"→"全部"（Ctrl+A 组合键），选择图像，再选择菜单命令"编辑"→"复制"，复制素材图片。单击"羽毛球.psd"文件的空白处，选择菜单命令"编辑"→"粘贴"，素材图像自动以"图层 1"的名字复制到"羽毛球.psd"文件中，如图 2.84 所示。

图 2.84　把发球素材图像复制到"羽毛球.psd"文件中

（3）利用同样的方法打开第二个素材文件"扣球.jpg"，复制到"羽毛球.psd"文件中，如图 2.85 所示。

图 2.85　把扣球素材图像复制到"羽毛球.psd"文件中

STEP 5　缩放素材图片

选择菜单命令"编辑"→"自由变换"（Ctrl+T 组合键），调整中各素材图像的大小，按

Enter 键确定，移动好位置，并适当调整各图层的顺序，如图 2.86 所示。

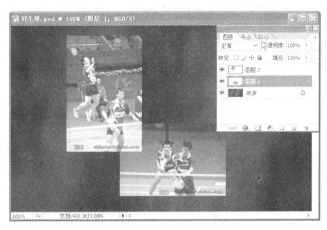

图 2.86　变换后的效果图

STEP 6　制作弧形分割线

（1）制作弧形路径。首先，新建一图层，在新图层上，选择工具箱中的钢笔工具，并选择工具选项栏中的"形状图层"选项（该选项为系统的默认状态），如图 2.87 所示，以确保建立的是一个形状图层。利用钢笔工具画出弧线，只需画出几个锚点，最后封闭图形。接着，利用转换点工具调整曲线，如图 2.88 所示，制作出弧形分割线。

图 2.87　选择形状图层

图 2.88　建立形状图层

（2）把弧形路径转换为选区。执行菜单命令"窗口"→"路径"，打开路径面板，选择刚才创建的"形状 1 矢量蒙版"（见图 2.89），单击面板下方的"将路径作为选区载入"按钮 ⭕，把弧形路径转换为选区。

图 2.89　形状 1 矢量蒙版

（3）对弧形选区描边形成弧线。切换到图层面板，单击"形状 1"图层前的眼睛图标，隐藏图层，如图 2.90 所示。再单击面板下方的"创建新图层"按钮，新建一个图层。选择新建的层，执行菜单命令"编辑"→"描边"命令，在弹出的"描边"对话框中，输入描边宽度为 2px，颜色为红色，如图 2.91 所示。

图 2.90 隐藏"形状 1"图层

图 2.91 "描边"对话框

（4）删除弧线外的图像。执行菜单命令"选择"→"反向"，分别选择杀球图像与发球图像所在的图层，按 Del 键删除选择区域里的图像，如图 2.92 所示。然后执行菜单命令"选择"→"取消选择"（Ctrl+D 组合键），取消选择。

图 2.92 删除选择区域内的图像

（5）删除多余的线。选择弧线所在的"图层 3"，利用矩形选框工具，选择之前描边生成的封闭图形的多余的直线边，如图 2.93 所示，按 Del 键删除。最后执行菜单命令"选择"→"取消选择"，取消选择。

图 2.93 删除多余的框线

执行菜单命令"文件"→"打开",打开事先准备好的素材 Peter.jpg,如图 2.94 所示。利用磁性套索工具选择人像,复制到新建文件中,并根据画面的大小适当调整大小,如图 2.95 所示。

图 2.94 选择素材文件上的人像

图 2.95 调整人像的大小以适应画面的大小

(1)输入标题。选择工具箱中的横排文字工具 T,把字体设置为默认的"宋体"(或其他字体),大小设置为"72 点",在画面中间上方位置单击,确定文字输入位置,输入"羽毛球"3 个字,如图 2.96 所示。

图 2.96 输入文字

（2）制作标题的描边效果。双击文字图层打开"图层样式"对话框，选择"描边"项，把颜色设置为黄色（RGB=255/255/0），如图 2.97 所示，单击"确定"按钮，效果如图 2.98 所示。

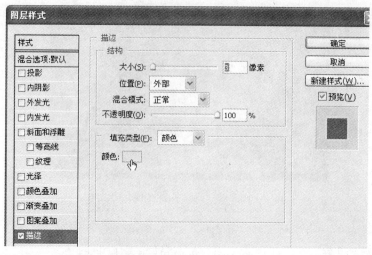

图 2.97　"图层样式"对话框

图 2.98　具有描边效果的文字

STEP 9　在 Photoshop 中制作动画效果

（1）选择菜单命令"窗口"→"动画"，在窗口下方显示动画编辑窗口。

（2）设计动画的过程：在本动画中，希望开始时所有的内容全部不显示，然后让扣球图片、发球图片逐个慢慢淡入至全部显示，接着，一起慢慢变为半透明，两个人像图片分别从左边和右边同时进入画面，在画面右边完全显示且重叠，最后，文字标题从上面降下来，并完全显示。

（3）在动画窗口中，选择第 1 帧，把所有图层的不透明度设置为 0。

STEP 10　制作图层 1 和图层 2 的动画效果

图层 2 中的发球动画从开始时淡入到完全显示，接着图层 1 中的扣球动画从开始时淡入到完全显示，最后，两个图层同时变为半透明。

图 2.99　"过渡"对话框

（1）制作图层 2 动画的开始效果，使发球的图片从动画开始时淡入到完全显示。

制作动画的终态：当前帧为第 1 帧，单击动画编辑窗口左下方的"复制当前帧"按钮生成第 2 帧。单击选中第 2 帧，在图层面板中，把图层 2 的不透明度改为 100%。

制作动画的过渡：按住 Shift 键，同时选择第 1、2 帧，单击动画编辑窗口左下方的"过渡"按钮，在弹出的"过渡"对话框中，把"要添加的帧"设置为 10，如图 2.99 所示，单击"确定"按钮。现在动画共有 12 帧。

（2）制作图层 1 动画的开始效果，使扣球图片紧接着发球图片淡入到完全显示。

制作动画的终态：在动画窗口中单击第 12 帧，单击"复制当前帧"按钮，生成第 13 帧。单击选中第 13 帧，在图层面板中，把图层 1 的不透明度改为 100%。

制作动画的过渡：按住 Shift 键的同时选择第 12、13 帧，单击"过渡"按钮，在弹出"过渡"对话框中，把"要添加的帧"设置为 10，单击"确定"按钮。现在的动画共有 23 帧，如图 2.100 所示。

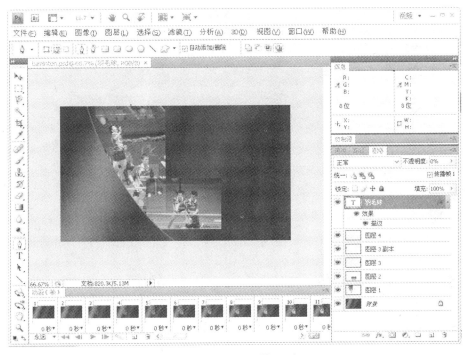

图 2.100　动画制作界面

（3）制作图层 2 和图层 2 动画的结束效果，使发球和扣球的图片从完全显示慢慢变为半透明。由于动画的初态已经是完全显示的，所以不用制作。

制作动画的终态：选择第 23 帧，在动画窗口中单击"复制当前帧"按钮，生成第 24 帧，单击选中第 24 帧，在图层面板中，把图层 2 和图层 1 的不透明度设置为 60%。

制作动画的过渡：按住 Shift 键，同时选择第 23、24 帧，单击"过渡"按钮，在弹出的"过渡"对话框中，把"要添加的帧"设置为 10，单击"确定"按钮。此时，动画共有 34 帧。

STEP 11　制作人像分别从左、右两边淡入到画面中的动画效果

（1）制作人像动画的开始效果。单击选择第 1 帧，把图层 3 拖到"创建新图层"按钮上进行复制，得到图层 3 副本。利用移动工具把图层 3 中的人像向左移出画面，并把该层的透明度设为 0。把图层 3 副本向右移出画面，把透明度设为 0。注意，为方便在下一步操作时把图层重新移入画面，应分别保留一部分身体在画面内。

（2）制作人像动画的结束效果。选择最后一帧，即第 34 帧，在动画窗口中单击"复制当前帧"按钮，生成第 35 帧。选择第 35 帧，把人像所在的两个图层的不透明度都设置为 100%，并移到画面的右边，重叠在一起，如图 2.101 所示。

（3）制作人像动画的过渡效果。按住 Shift 键，同时选择第 34、35 帧，单击"过渡"按钮，弹出"过渡"对话框。由于该动画较长，需要的时间也较多，因此把"要添加的帧"设置为25，单击"确定"按钮。现在动画共有60帧。

图 2.101　人像动画制作界面

S_{TEP} 12 制作文字动画

（1）制作文字动画的开始效果。单击选择第 1 帧，把文字图层向上移动出画面，但保留一小部分在画面中以便在下一步骤中移入画面。

（2）制作文字动画的结束效果。选择最后一帧，即第 60 帧，在动画窗口中单击"复制当前帧"按钮，生成第 61 帧。选择第 61 帧，把文字图层的不透明度设置为 100%，并移回原先的位置。

（3）制作动画的过渡。按住 Shift 键的同时选择第 60、61 帧，单击"过渡"按钮，在弹出的对话框中，把"要添加的帧"设置为 10，单击"确定"按钮。现在动画共有 71 帧。

注意：第 1 帧中把图层 4（人像）、图层 4 副本（人像）、文字图层（羽毛球）移出画面时应保留一小部分在画面上，以便于在动画结束帧中把它们重新移入画面。由于它们的透明度都为0，如果移动时出现困难，可以利用键盘进行移动。

S_{TEP} 13 导出动画文件，完成作品

选择菜单命令"文件"→"存储为 Web 和设备所用格式"，把完成的动画效果导出为 GIF动画文件保存。

Photoshop 非常强大和灵活，本章讲述的只是其中最基础的和最重要的部分，大家可以通过浏览一些相关网站来加强实际操作能力，同时还要注意，一个好的作品，除了掌握一定的技术外，一定的美学知识及创意也是同样重要的。

2.3.14　Adobe CS5 简介

2010 年 4 月，Adobe 公司发布了 Adobe CS5（Creative Suite 5）套件，分为大师典藏版、设计高级版、设计标准版、网络高级版、产品高级版五大版本，各自包含不同的组件，总共有 15个独立程序。

 Adobe Photoshop CS5：图像处理软件，包括标准版和扩展版（新增）。

 Adobe Illustrator CS5：矢量图形处理软件。

[ID] Adobe InDesign CS5：综合的排版设计软件。

[A] Adobe Acrobat CS5：PDF 格式文档编辑和阅读软件。

[FC] Adobe Flash Catalyst CS5（新增）：让设计师能使用他们最喜欢的设计工具（Illustrator, Photoshop 或者 Fireworks）和技术来设计适合 Flex 框架的用户界面，通过高整合的平台把设计的图稿变换为具有表现力的交互式项目。

[Fl] Adobe Flash Professional CS5：动画制作软件。

[Dw] Adobe Dreamweaver CS5：网页制作软件。

[Fw] Adobe Fireworks CS5：网页图片编辑、优化软件。

[Fb] Adobe Flash Builder 4：帮助软件开发人员使用 Flex 开放源代码框架快速开发跨平台富 Internet 应用程序（RIA）和内容。

[Ct] Adobe Contribute CS5：创作、检查和发布 Web 内容，保证站点的完整性。

[Pr] Adobe Premiere Pro CS5：视频非线性编辑软件。

[Ae] Adobe After Effects CS5：高端视频特效系统的专业特效合成软件。

[En] Adobe Encore CS5：DVD 制作软件。

[Sb] Adobe Soundbooth CS5：音频编辑处理软件。

[Ol] Adobe OnLocation CS5：视频录制及监视软件。

除了上面的 15 个软件外，CS5 还包括 Bridge CS5、Flash Builder 4、Device Cnetral CS5、Dynamick Link 等相关技术和五个新增的 Adobe CS Live 在线服务。

几乎每一个 Adobe CS5 组件和技术都引入了大量的全新技术和特性，以下是几个新增功能的简介。

① Photoshop CS5 Extened 引入了改进的边缘检测技术 Truer Edge（更真实边缘），能在更短的时间内获得更好的效果，同时还有 Content-Aware Fill（内容感知填充）功能，能够移除图像中的某个元素并智能填充相应的像素。

② Photoshop CS5、Premiere Pro CS5、After Effects CS5 原生支持 64 位技术，可以更流畅地处理高分辨率对象。

③ Flash Professional CS5 增加新的 Text Layout Framework（文字排版框架）功能，提供专业级的排版印刷效果，如紧排、连字、间距、行距、多列等。

④ Illustrator CS5 增加新的描边选项，可以创建可变宽度的描边，在任何地方精确调整描边宽度。

⑤ Premiere Pro CS5 中的水银回放引擎（Adobe Mercury Playback Engine）支持 NVIDIA GPU 硬件加速，可以更快地打开对象、实时调整高清序列、无须渲染播放复杂项目。

⑥ After Effects CS5 增加新的 Roto Brush（旋转笔刷）功能，可在很短的时间内移除前景元素。

⑦ Dreamweaver CS5 支持流行的内容管理系统，如 Drupal、Joomla!、WordPress 等，可在程序内部获得精确的动态 Web 内容视图。

CS5 已经广泛在业界使用，电影大片"阿凡达"的后期制作也采用了 CS5 技术，达到精彩的效果。利用 CS5 中的工具可以方便地制作面向手机、个人计算机、网络等用户，面向 DVD、网络点播等传播方式的支持多平台的网上多媒体展示内容。如图 2.102 所示是利用 CS5 配合影视后期制作的流程。如图 2.103 所示利用 CS5 制作支持多平台的网上多媒体展示内容的流程。

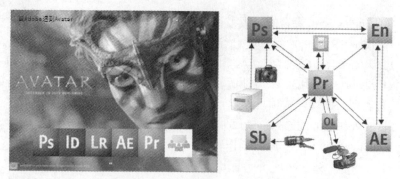

图 2.102　CS5 配合影视后期制作的流程

图 2.103　利用 CS5 制作支持多平台的网上多媒体展示内容的流程

2.4　其他图形图像制作工具

2.4.1　几种图形图像制作工具简介

1．CorelDRAW

CorelDRAW Graphics Suite 是一款由世界顶尖软件公司之一，加拿大的 Corel 公司开发的图形图像软件，因其非凡的设计能力而被广泛应用于商标设计、标志制作、模型绘制、插图描画、排版及分色输出等等诸多领域。其主界面如图 2.104 所示。

图 2.104　CorelDRAW X4 主界面

2. Fireworks

Fireworks 与后面将要介绍的 Dreamweaver 和 Flash 共同构成集成工作流程，能在直观、可定制的环境中创建和优化用于网页的图像并进行精确控制。在 Fireworks 的可视化制作环境中，无须学习代码即可创建具有专业品质的网页图形和动画，如完成大图切割、变换图像、弹出菜单和 GIF 动画等，其主界面如图 2.105 所示。

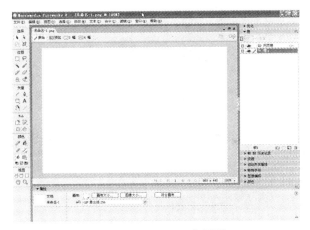

图 2.105　Fireworks 主界面

3. 美图秀秀（美图大师）

美图秀秀又称美图大师，是一款便捷的图片处理软件，能一键式打造各种影楼效果，如 LOMO 艺术照、手工人像美容、个性边框场景设计、非主流炫酷、个性照随意处理等，可以在短时间内制作出流闪图、QQ 头像、QQ 空间图片。该软件的操作和程序相对于专业图片处理软件如光影魔术手、Photoshop 等比较简单。其主界面如图 2.106 所示。

图 2.106　美图秀秀主界面

4. POCO 图客

POCO 图客是一款免费的图片加工软件，主要功能有：相片特效、动画制作、文字动画、趣味截图、分享、向导、素材管理等，可以快速地实现图片多形状裁剪、特效大头贴制作、QQ

头像 DIY 制作、论坛签名 DIY 制作、搞笑证件制作、各型号手机桌面图片生成、相片添加相框等图片加工处理。其主界面如图 2.107 所示。

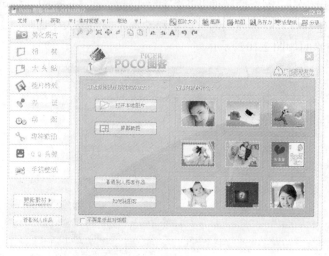

图 2.107　POCO 图客主界面

5．Adobe Illustrator

Adobe Illustrator 是一款用于出版、多媒体和在线图像的工业标准矢量插画软件。无论生产印刷出版线稿的设计者、专业插画家、生产多媒体图像的艺术家，还是互联网页或在线内容的制作者，都会发现，Illustrator 不仅仅是一个艺术产品工具，还能给线稿提供无与伦比的精度和控制，适合生产小型设计到大型的复杂项目。它的最大特征在于贝赛尔曲线的使用，使得操作简单功能强大的矢量绘图成为可能。在文字处理方面，广泛应用于插图制作、印刷制品（如广告传单，小册子）设计制作等场合。其主界面如图 2.108 所示。

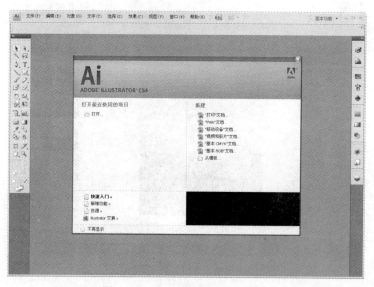

图 2.108　Adobe Illustrator 主界面

图像制作工具非常多，除了前面介绍的之外，还有用于制作网络图片的 Ulead PhotoImpact，用于自然彩绘、手绘涂鸦的 Painter Essentials，MiYa 数码照片边框伴侣等。

图像编辑处理完毕，还需要工具打开并在 Windows 中播放浏览，如：Windows 自带的 Windows 图片和传真查看器、ACDSee 专业看图软件、Photo Viewer 及一些软件附带的图片浏览器。

2.4.2 光影魔术手图形图像制作工具

光影魔术手（nEO iMAGING）是一款对数码照片画质进行改善及效果处理的免费软件，可以简便地制作出专业胶片摄影的色彩效果、精美相框、艺术照等，是摄影作品后期处理、图片快速美容、数码照片冲印整理时必备的图像处理软件。本节以 nEO iMAGING3.0 中文版为例，在 Windows XP 环境下，介绍该软件的操作和使用技能。

1．光影魔术手的运行环境
支持光影魔术手软件的 Windows 操作系统有：Windows 2003/XP/2000/NT/9x/ME/Vista。

2．光影魔术手的启动和退出
开机进入 Windows XP 后，单击任务栏中的"开始"按钮，在弹出菜单中选择"所有程序"→"光影魔术手"命令，启动该程序。选择菜单命令"文件"→"退出"（Ctrl+Q 组合键）或单击光影魔术手应用程序窗口右上角的"关闭"按钮，可以退出光影魔术手。

3．光影魔术手的窗口组成
光影魔术手程序窗口由标题栏、菜单栏、工具栏、右侧栏、编辑区和状态栏等组成，如图 2.109 所示。

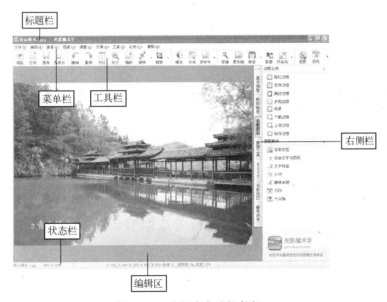

图 2.109　光影魔术手程序窗口

（1）标题栏

标题栏处于光影魔术手应用程序窗口的顶端，显示当前正在编辑的图像的文件名。

（2）菜单栏

菜单栏在标题栏的下面，包括文件、编辑、查看、图像、调整、效果、工具等菜单。单击这些菜单项可打开相应的下拉菜单，每个下拉菜单中都包含一系列命令，选择命令，执行相应的操作。

（3）工具栏

工具栏中包含了一些常用的命令，包括预览、打开、保存、撤销、重做、对比、缩放、旋转、裁剪、补光、曝光、反转片、柔光镜、美容、影楼、风格化、抠图、日历等。

（4）右侧栏

右侧栏中有基本调整、数码暗房、边框图层、便捷工具等图像调整类别，每一类别又细分为不同的调整项目。

（5）编辑区

灰色区域是光影魔术手编辑图片的区域。

（6）状态栏

状态栏位于窗口的底部，用于显示图像的各种信息。状态栏左侧的方框用于显示文件名称和文件大小，中部用于显示当前鼠标位置的相关信息，如坐标位置、RGB 值、色相、饱和度、亮度等。

4．光影魔术手的主要功能

（1）反转片效果：模拟反转片的效果，令照片反差更鲜明，色彩更亮丽。

（2）反转片负冲：模拟反转负冲的效果。

（3）黑白效果：模拟多类黑白胶片的效果。

（4）数码补光：对曝光不足的部位进行后期补光，易用、智能、过渡自然。

（5）人像褪黄：校正某些肤色偏黄的人像数码照片，一键操作，效果明显。

（6）组合图制作：可以把多张照片组合排列在一张照片中，适合网络卖家陈列商品。

（7）高ISO去噪：可以去除数码相机高 ISO 设置时照片中的红绿噪点，并且不影响照片锐度。

（8）柔光镜：模拟柔光镜片，给人像带来朦胧美。

（9）人像美容：人像磨皮的功能，使人像的皮肤像婴儿一样细腻白晰，不影响头发、眼睛的锐度。

（10）影楼风格人像：模仿主流的影楼照片的风格，冷调、高光溢出、柔化。

（11）包围曝光三合一：把包围曝光拍摄产生的三张不同 EV（曝光值）的照片合成为一张高宽容度的照片。

（12）冲印排版：证件照片排版，一张 6 寸照片上最多排 16 张 1 寸身份证照片，一键完成，极为简便。

（13）一指键白平衡：修正数码照片的色彩偏差，还原自然色彩，可以手工微调——没有调不准的照片。

（14）自动白平衡：智能校正白平衡不准确的照片的色调，其中的严重白平衡错误校正用于纠正偏色严重的、需要追补色彩溢出的照片。

（15）褪色旧相：模仿色彩黯淡，怀旧情调的老照片效果。

（16）黄色滤镜：模仿比较颓废的暖色色调的老照片效果。

（17）负片效果：模拟负片的高宽容度，增加相片的高光层次和暗部细节。

（18）晚霞渲染：对天空、朝霞晚霞类明暗跨度较大的相片有特效，色彩艳丽，过渡自然。

（19）夜景抑噪：对夜景、大面积暗部的相片进行抑噪处理，去噪效果显著，且不影响锐度。

（20）死点修补：修补 CCD 上有死点的相机所拍摄的照片上的死点。

（21）自动曝光：智能调整照片的曝光范围，令照片更迎合视觉欣赏。

（22）红饱和衰减：针对 CCD 对红色分辨率差的弱点设计，有效修补红色溢出的照片（如没有红色细节的红花）。

（23）LOMO：模仿 LOMO 风格，四周颜色暗角，色调可调。

（24）色阶、曲线、通道混合器：多通道调整，操作同PS，适用于高级用户。

（25）批量处理：支持批量缩放、批量正片等，适合大量冲印前处理。

（26）文字签名：用户可设定5个签名及背景，文字背景还可以任意设定颜色和透明度。

（27）图片签名：在照片的任意位置印上自己设计的水印，支持PNG、PSD等半透明格式的文件。

（28）轻松边框：轻松制作多种相片边框，如胶卷式、白边式等。

（29）花样边框：兼容大部分photoworks边框，提供200多种生动有趣的照片边框素材。

除此以外，还包括锐化、模糊、噪点、亮度、对比度、gamma调整、反色、去色、RGB色调等调整功能，支持任意缩放、自由旋转、裁剪等操作。

光影魔术手的使用很简单，下面，以水印制作为例来简单介绍该软件的使用。

5．利用光影魔术手制作图像的水印效果

水印是指用于信函和名片等的半透明的防伪图像，很多图形图像处理工具中都有水印功能，光影魔术手的水印功能也非常强。

（1）启动光影魔术软件

单击任务栏中的"开始"按钮，在弹出菜单中选择"所有程序"→"光影魔术手"命令，启动该程序。

（2）选择水印功能

单击光影魔术手启动页面的"向导中心"（或选择菜单命令"查看"→"向导中心"），选择"装点修饰"→"水印"项，如图2.110所示。

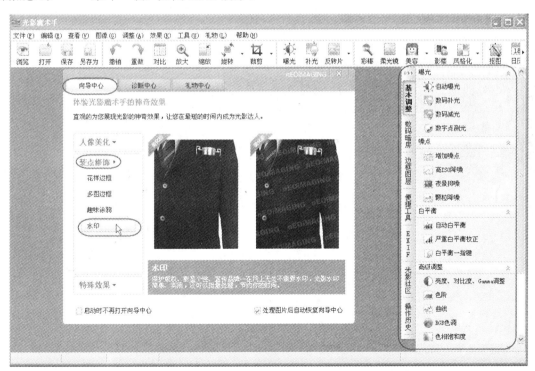

图2.110　水印功能选择

（3）打开素材文件

在弹出的"光影魔术手提醒您"对话框中，单击"打开一张图片"按钮，如图2.111所示，打开事先准备好的需要加水印效果的素材文件"碧水蓝天.jpg"。

图 2.111　打开素材文件对话框

（4）选择水印图片，设置水印参数

选择好图片后，弹出"水印"对话框，如图 2.112 所示，开始对选择的水印素材文件进行设置。

① 选择作为水印的图像，在这里，使用光影魔术手安装目录下自带的图片，参考路径为 C:\Program Files\nEO iMAGING\pictures\常用\1-0.gif，也可以单击对话框中的"下载大量水印素材"超文本，通过默认浏览器打开光影魔术手的官方网站（http://www.neoimaging.cn），下载水印素材。

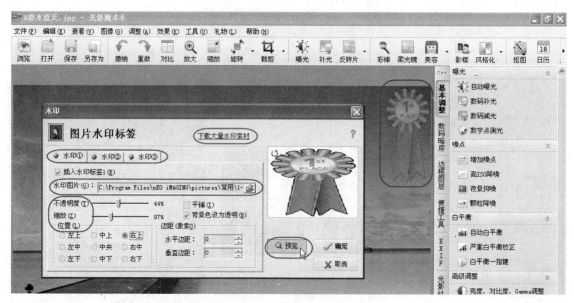

图 2.112　"水印"对话框

② 单击"预览"按钮，打开预览效果。

③ 调整水印的位置、大小、透明度等。

④ 单击"确定"按钮完成调整过程。

重复以上步骤，根据需要继续给图片加上其他水印，最多可以添加三个水印。

图像处理是多媒体软件制作的基础应用和重要领域，在后面的动画、主页、视频设计与制作中，或多或少都要使用图像处理技术来处理图片效果。在人们的生活，图片也占据着越来越重要的地位，因此，出现更多简单易用的图像处理工具，各有各的优势，大家可根据不同的应用，灵活使用不同的工具。

习题 2

一、填空题

1. 图又称像素图或_____，由若干_____组成。

2. 对_____图像，无论将其放大或缩小多少倍，其质量都不会改变。

3. PhotoShop 的源文件格式是_____。

4. 图像的色彩模式包括 RGB 模式、_____、_____、_____、_____、_____、_____及多通道模式。

5. 创建规则选区可使用的工具包括矩形选框工具、_____、_____和单列选框工具。

6. 创建不规则选区可使用的工具包括套索工具、_____、_____和魔棒工具。

7. 使用仿制图章工具时，需要先按_____键定义图案；在图案图章工具属性栏中选中_____复选框，可以绘制类似于印象派艺术画效果。

8. 填充图像区域可以选择_____菜单命令实现，描边图像区域的边缘可以选择_____菜单命令实现。

9. 在"图案创建"对话框中生成图案前必须先用_____工具选取图像区域。

二、判断题

1. 按 Ctrl+Z 组合键可以快速撤销最近的一步操作。（   ）

2. 使用历史记录面板可以随时恢复前面被撤销的操作。（   ）

3. 建立新快照的作用是当对图像进行一些操作后，可以通过建立的快照快速恢复到保存新快照时的状态下。（   ）

三、单选题

1. 选择"选择"菜单中（   ）命令可以选取特定颜色范围内的图像。
   - A. 全选　　　　　　　　B. 反选　　　　　　　　C. 色彩范围　　　　　　D. 取消选择

2. 下面（   ）的方法不能对选区进行变换或修改操作。
   - A. 执行"选择"→"变换选区"菜单命令　　B. 执行"选择"→"修改"子菜单中的命令
   - C. 执行"选择"→"保存选区"命令　　　　D. 执行"选择"→"变换选区"命令

3. 下面哪一种方法不能对选取的图像进行变换操作（   ）。
   - A. 选择"图像"→"旋转画布"子菜单中的命令
   - B. 按 Ctrl+T 组合键
   - C. 执行"编辑"→"变换"子菜单中的变换命令
   - D. 执行"编辑"→"变换选区"命令

4. 执行"编辑"→"填充"命令不能对图像区域进行（   ）填充。
   - A. 前景色　　　　　　　B. 背景色　　　　　　　C. 图案　　　　　　　　D. 渐变色

5. 在图层面板中带有眼睛图标的图层表示（   ）。
   - A. 该图层可见　　　　　　　　　　　B. 该图层与当前图层链接在一起
   - C. 该图层不可见　　　　　　　　　　D. 该图层中包含图层蒙版

6. 通过图层面板复制图层时，先选取需要复制的图层，然后将其拖动到图层面板底部的（   ）按钮上即可。
   - A. 删除图层　　　　　　B. 创建新图层　　　C. 图层效果　　　　　　D. 添加图层蒙版

7. 通过下面（   ）方法不能创建路径。

A．使用钢笔工具   B．使用自由钢笔工具

C．使用添加锚点工具   D．先建立选区，再将其转化为路径

四、简答题

1．什么是计算机图形？

2．常见的数字图像文件格式有哪几种？

3．如何拆分和组合 Photoshop 工具界面中的控制面板？

4．如何显示或隐藏工具选项栏、工具箱及各个控制面板？

5．位图与矢量图有什么区别？

6．怎样在不同的图像色彩模式之间进行转换？

7．怎样创建水平或垂直的辅助线？

8．如何使用度量工具测量两物体之间的距离？

9．如何使用拾色器和吸管工具设置前景颜色和背景颜色？

10．如何使用自定义形状工具绘制各种自选图形？

11．如何使用修复工具组中的两种修复工具修复图像中的斑点等？

12．粘贴图像与粘贴到选区有什么区别？

13．什么是图层蒙版？如何创建图层蒙版？

14．什么是路径？路径有什么作用？

15．路径和选区互换的具体操作方法是什么？

16．什么是动作？动作的作用是什么？

五、操作题

1．分别练习使用套索工具、多边形套索工具、磁性套索工具、魔棒工具和"色彩范围"命令选取图像，并使用"选择"菜单中的命令对其进行反选、羽化、变换选区等操作，观察效果。

2．打开一幅图像文件，练习使用仿制图章工具和图案图章工具复制图像。

3．练习制作如图 2.113 所示的标记图形。

提示如下：

可以先显示出标尺，然后创建辅助线，定位好"王"字的大小。

接着，绘制"王"的左半部分图像，方法是：使用矩形选框工具先创建矩形选区，再对其进行填充。在矩形与矩形的交界处，如果有多余的图像可以使用清除图像的方法将其删除。

当制作好"王"的左半部分图像后，通过复制图像的方法复制图像，然后通过变换图像的方法，将其进行水平旋转，得到另一半图像。

通过对圆形选区的描边操作制作最外层的圆圈。

4．练习制作出如图 2.114 所示的太阳花瓣相框效果。

图 2.113   制作标记

图 2.114   太阳花瓣相框

提示如下：

新建一空白图像，建立一个空白图层 1，绘制并填充一个绿色的椭圆图形。

在图层面板中拖动图层 1 到"创建新图层"按钮上，复制当前图层，然后将复制图层旋转 90°。

在图层 1 前面单击，使其出现链接图标，将链接图层合并为一个图层，然后拖动合并后的图层到"创建新图层"按钮上进行复制。

选择菜单命令"编辑"→"变换"→"菜单"，在其工具选项栏中的旋转角度文本框中输入 45，将图层旋转 45°，然后在图层面板中将所有的花瓣图层进行链接并合并为一个图层。

拖动合并后的花瓣图层到"创建新图层"按钮上进行复制，再选择菜单命令"编辑"→"变换"→"旋转"，将旋转角度设置为 22.5°。

在图层面板中将花瓣图层进行链接合并为一个图层，用椭圆选框工具在花瓣中间位置拖动画出一个圆，按 Delete 键删除选区即可。

对其添加斜面和浮雕效果，使边框具有立体感，然后在花瓣中间加上人像。

第3章　计算机动画技术

3.1　Flash 基础知识

3.1.1　动画概述

世界著名动画艺术家 John Halas 曾指出，"运动是动画的本质"。动画是一种源于生活而又以抽象于生活的形象来表达运动的艺术形式。计算机及其相关理论和技术飞速发展，为动画制作提供了强大的数字施展空间。

那么，什么是动画呢？我们先来体会一下，请翻动本章奇数页页脚，能看到什么？所谓动画，就是一种通过连续画面来显示运动和变化的技术，画面以一定的速度播放以达到连续的动态效果。也可以说，动画是一系列物体组成的图像帧的动态变化过程，其中每帧图像只是在前一帧图像基础上略加变化。这里所说的动画不仅可以表现运动过程，还可以表现非运动过程，如柔性体的变形、色彩和光的强弱变化等。

当人们在电影院里看电影或在家中看电视时，画面中人物的动作是连续的和流畅的，但仔细看一段电影胶片时，不难发现，画面并不是连续的，而是由一幅幅独立的画面组成的。我们再来翻动本章的奇数页页脚，仔细看一下每一页上的图案，只有当这些图案以一定的速度变化时才会产生运动的视觉效果。这种现象可以用"视觉滞留"原理来解释，即人的眼睛所看到的影像会在视网膜上滞留 1/10s。因此，当图像以一定速度播放时就会产生动画效果，这是电影发明的重要理论基础。动画在实际应用中有几种不同的播放速度：电影是 24fps（帧每秒），PAL 电视制式是 25fps，NSTC 电视制式是 30fps。

3.1.2　计算机动画概述

计算机动画（Computer Animation）是动态图形与图像时基媒体的一种形式，它以人眼的视觉滞留特性为依据，利用计算机二维和三维图形处理技术，并借助于动画编程与制作软件直接生成，或对一系列人工图形进行一种动态处理后生成的一系列可供实时演播的连续画面。

运动是动画的要素，计算机动画采用连续播放静止图像的方法产生物体运动的效果，因而，动画中当前帧的画面是对前一帧的部分修改，下一帧又是对当前帧的部分修改，帧与帧之间有着明显的内容上的时间延续关系。

在计算机直接生成的动画中，画面的变化不仅包括物体的运动效果和景物的运动效果，还包括虚拟摄像机的相对运动效果，以及明暗、阴影、纹理、色彩的变化等，这些都可以由计算机直接设计生成。

1. 计算机动画的特点

动画的前后帧之间在内容上有很强的相关性，因而其内容具有时间延续性，这更适合于表现时间的"过程"，也使得该类媒体具有更加丰富的信息内涵。

动画具有时基媒体的实时性，即画面内容是时间的函数。改变播放频率就可以改变动画中事物的动态频率。

与静态的图形和图像相比，动画对计算机性能有更高的要求，信息处理速度、显示速度、数据读取速度都要达到动画生成或播放的实时性（指能在确定时间内执行其功能并对外部的异步事件做出响应）要求。

计算机动画所生成的世界，是一个虚拟的世界。它是人工创造的产物，其创作水平除了依赖于创作者的素质外，更多地依赖于计算机动画制作软件及硬件的功能。因为，使用动画制作软件不需要用户更多地编程，只要通过交互式操作就能实现计算机的各种动画功能。对一系列人工图像进行动态处理后生成的动画也是计算机动画的重要类型，这种类型可以称为计算机辅助动画制作，实际上是传统动画的延续，只是制作效率已大大提高了。虽然各种软件的操作方法和功能各有不同，但动画制作的基本原理是一致的，这体现在画面创建、着色、生成、特技剪辑、后期制作等各个环节，最后形成完整的动画。

2. 计算机动画的类型

计算机动画的类型可以从多方面进行划分。

（1）从动画的生成机制划分

① 实时生成动画

实时生成动画是一种矢量型动画，由计算机实时生成并演播。在制作过程中，它对画面中的每一个活动对象分别进行设计，赋予每个对象一些特征，然后分别对这些对象进行时序状态设计，即这些对象的位置、形态与时间的对应关系进行设计。演播时，这些对象在设计要求下实时生成视觉动画。这类动画文件的存储内容主要是关于该动画演播时实时生成的一系列计算机指令的，而不是存储在存储介质上的现成的动画画面，如三维动画等。

② 帧动画

帧动画是由一幅幅在内容上连续的画面，采用接近于视频的播放机制组成的图像或图形序列动画。帧动画占用较大的存储空间，但播放时仅需要按时序调用图像序列，并进行播放、暂停、反向、快进、快退等操作，不需要大量的实时生成指令运算，因而对计算机性能要求不高，播放比较流畅。

（2）从画面对象的透视效果划分

① 二维动画

二维动画一般指计算机辅助动画，又称关键帧动画。画面构图比较简单，通常由线条、矩形、圆弧及样条曲线等基本图元构成，色彩使用大面积着色。二维动画中所有物体及场景都是二维的，不具有深度感。尽管创作人员可以根据画面的内容将对象画成具有三维感觉的画面，但不能自动生成三维动画。一旦视角或透视图需要改变，对象必须重新绘制。

② 三维动画

三维动画是指计算机生成动画。三维动画采用计算机技术模拟真实的三维空间，虽然也是由线条及圆弧等基本图元组成的，但是与二维动画相比，三维模型还增加了对于深度的自动生成与表现手段，具有真实的光照效果和材质感，因而更接近人眼对实际物体的透视感觉，成为三维真实感动画。

（3）从画面形成的规则和制作方法划分

① 路径动画

路径动画是指让每个对象根据制定的路径进行运动的动画，适合描述一个实体的组合过程或分解过程，如演示或模拟某个复杂仪器是怎样由各个部件对象组合而成的，或描述一个沿一定轨迹运动的物体等。

② 运动动画

运动动画是指通过对象的运动与变化产生的动画特效。在运动动画中，物体的真实运动一般由其物理力学规律来支配。运动动画能够真实地按照对物体的实际作用情况来描述物体运动的速度、加速度和运动轨迹，也能够在各种场景下根据物理力学公式描述和处理其他作用现象。

③ 变形动画

变形动画是将两个对象联系起来进行互相转化的一种动画形式，通过连续地在两个对象之间进行彩色插值和路径变换，可以将一个对象或场景变为另一个对象或场景。大部分变形方法与物体的表示有密切关系，如通过控制运动物体的顶点对物体进行变形等。

（4）从人与动画播放的相互关系划分

① 时序播放型动画

时序播放型动画是最基本的动画类型，其中既包括逐帧动画，也包括实时生成的动画，其共同特点就是都按照既定的方案播放，用户不能改变其播放的设定，但仍可控制动画的播放、暂停、停止、快进、快退等。

② 实时交互型动画

实时交互型动画的最大特点就是动画的显示或播放都是在与用户的实时交互下进行的。动画没有预先的显示或播放的时序，由用户随心所欲地操纵，并根据用户的指令给出智能化的反馈。

3.1.3 Flash CS4 的新增特性

Flash CS4 与之前版本相比有极大的改进。骨骼工具和 3D 旋转工具，加上动画形式的彻底改变及更加完善的 ActionScript 3，这些使 Flash CS4 不仅只是网页动画工具了，更趋于一款专业的动画制作软件。下面，我们来一起看一下这 4 方面的改进。

（1）改进的 UI 界面

工具面板和浮动面板在伸展时显示全部功能，收缩时采用单列突变的方式，如图 3.1 所示。预设的基本功能工作区域作为默认的状态出现，时间轴窗口放到了下方，并将工具栏和原本下方的属性检查器都放到了右侧。此外，Flash CS4 还增加了动画编辑和动画预设两个窗口。

图 3.1　工具面板和浮动面板伸缩

另外，经过改进的库面板提供了搜索功能、排序功能及一次性设置多个库项目属性的功能。

（2）绘图与动画方面的增强

① 基于对象的动画新增功能

使用基于对象的动画对手臂运动属性实现全面控制，补间将直接应用于对象而不是关键帧。用户可以使用贝塞尔手柄轻松更改运动路径，从而精确控制每个单独的动画属性。

② 3D 转换新增功能

使用 3D 旋转和移动工具，用户可以沿 x、y、z 轴任意旋转和移动对象，也可以通过变形面板来调整 3D 变形参数。

③ 使用 Deco 工具和喷刷新增功能

用户可以将任何元件作为喷刷，可以创建后使用刷子工具或填充工具应用图案，还可以通过将一个或多个原件与 Deco 对称工具一起使用来创建类似万化筒的效果。如图 3.2 所示，为用 Deco 默认形状之下蔓藤的效果。

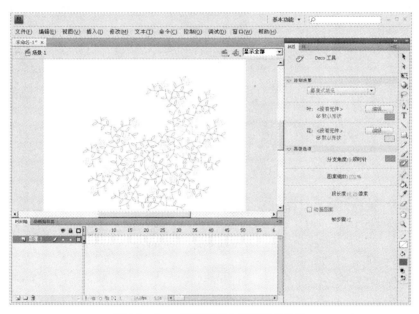

图 3.2　Deco 默认形状之下蔓藤的效果

④ 反向运动和骨骼工具新增功能

骨骼工具不仅可以控制元件的联动，还可以控制单个形状的扭曲及变化。

⑤ 动画编辑器新增功能

动画编辑器可以对动画元件的参数进行控制，参数包括旋转、大小、缩放、位置和滤镜等。

（3）视频的增强

借助 Adobe Media Encoder 编码为 Adobe Flash Player 运行时可以识别的任何格式，其他 Adobe 视频软件也提供这个工具，现在新增了 H.264 支持。

（4）编程方面的改进

Flash CS4 支持 ActionScript 3.0，提供了一个可靠的编程模型，使用功能强大的新的 ActionScript 调试器测试内容。Adobe Device Central 现在集成在所有 Adobe CS4 组件中，使用它可以设计、预览和测试移动内容。另外，可以创建和测试可供 Flash Lite 浏览的交互式应用程序和界面。

3.1.4　Flash 中的基本概念

1．位图与矢量图

在 Flash 中应用的图形，根据其显示原理的不同，主要分为位图和矢量图两种。在制作 Flash 动画时，应尽量采用矢量图形，这样不但可以减小动画文件的大小，而且更适合在网络上的播放和传播。

2．帧与图层

帧与图层是构成动画的基本元素，其基本概念如下。

帧是组成 Flash 动画的最基本单位，如图 3.3 所示。与电影的成像原理一样，Flash 动画也是通过对帧的连续播放实现动画效果的。动画的制作和编辑过程实际上就是对连续的帧进行操作的过程，对帧的操作实际就是对动画的操作。

图层就像一张透明的纸。每一个图层之间相互独立，有自己的时间轴，包含自己独立的帧，如图 3.4 所示。修改某一图层时，不会影响到其他图层上的对象，图层间彼此独立。制作者可以将一系列复杂的动画进行划分，将它们分别放在不同的图层上，然后依次对每个图层上的对象进行编辑，这样不但可以简化烦琐的工作，也方便以后的修改，从而有效地提高工作效率。

图 3.3　帧　　　　　　　　　　　　　　图 3.4　图层

3．元件与库

在 Flash 动画制作过程中，善于利用元件和库是提高工作效率的重要途径之一。

元件是动画中可以反复使用的某一个部件。动画中需要多次用到的图形或影片片断应转换为元件，需要使用时直接调用元件即可。另外，部分动画效果的生成也仅针对元件才有效。Flash 中的元件有 3 种，如图 3.5 所示。

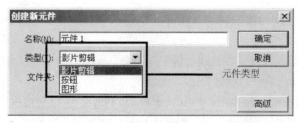

图 3.5　元件

① 图形元件：用于创建可反复使用的图形，是制作动画的基本元素之一。

② 影片剪辑元件：影片剪辑元件是一段可独立播放的动画，是主动画的一个组成部分。主动画播放时，影片剪辑元件也在循环播放。

③ 按钮元件：按钮元件主要用于创建动画的交互控制按钮，完成一系列鼠标事件的操作，

如单击等。

库主要用于存放和管理动画中可重复使用的元件、位图、声音和视频文件等，利用库对这些资源进行管理，可有效地提高工作效率。调用某一个元件时，可以直接将该元件从库中拖放到场景中。除了对元件进行管理外，还可在库中对元件的属性进行更改，如图 3.6 所示。

图 3.6　库

3.1.5　Flash CS4 工作界面

好的工作环境是成功的软件的基础，对一个软件的学习，也应该从熟悉操作环境开始。

在安装并启动 Flash CS4 后，即可进入如图 3.7 所示的工作界面。在该界面中，主要由菜单栏、工具栏、时间轴、图层区、属性面板、动作面板、场景等几部分组成。

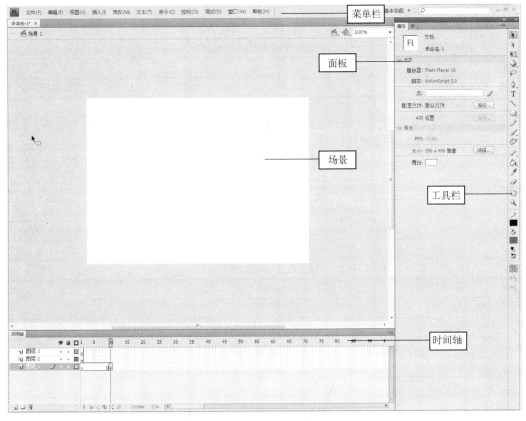

图 3.7　Flash CS4 工作界面

菜单栏用于 Flash CS4 常用命令的执行，如新建文件、设置绘图环境、图形翻转和动画发布等。

工具栏集中了绘画、文字及修改等常用工具。使用这些工具，可以十分方便地绘制、选取、喷涂及修改作品。工具栏分为 6 个区域：选择区、绘图工具区、填充区、查看区、颜色区和工具选项。其中，工具选项区的内容随当前所选工具的不同而变化，用于对绘图工具进行细节上的设置。工具栏中各工具说明见表 3.1。

图层区主要用于对动画中的各个图层进行管理，如图层的新建、命名和锁定等操作。当动画中有很多图形对象，需要将它们按一定的上下层顺序放置时，就可以利用图层区对这些不同图层中的图形对象进行管理。

表3.1 工具栏

图 标	工 具	说 明
1. 选择区		
	选择工具	用于对场景中图形或元件对象的选择、拖动，以及对矢量线条和色块的调整等操作
	部分选取工具	用于对场景中图形的选择，利用部分选取工具选中图形后，可通过图形上出现的节点，对图形的形状进行调整
	任意变形工具	用于对所选中的图形对象进行缩放、变形及旋转等操作
	填充变形工具	用于对图形内填充的渐变色的填充范围和区域进行调整
	3D 旋转工具	在全局 3D 空间中旋转影片剪辑对象
	套索工具	用于选择非规则区域或多个对象
2. 绘图工具区		
	线条工具	用于绘制各种长度和不同角度的矢量直线段
	钢笔工具	用于绘制精确的路径或平滑流畅的曲线
	文本工具	用于输入字符和文字对象
	矩形工具	用于绘制矩形，将矩形工具切换为多角星形工具时，还可以绘制多边形和星形
	铅笔工具	用于画矢量直线、曲线、任意线
	刷子工具	类似于铅笔工具，共有 5 种模式，分别为：常规喷涂、喷涂填充、喷涂后面、喷涂选择和喷涂内部
	喷涂刷工具	它可以一次将形状图案喷涂到舞台上，同时可以将影片剪辑或图形元件作为该工具的图案使用
	Deco 工具	可以对舞台上的选定对象应用蔓藤式填充、网格填充和对称刷子填充
3. 填充区		
	骨骼工具	单击要成为骨骼的根部或头部的元件，然后拖动到单独的元件上，将其链接到根部
	绑定工具	编辑单个骨骼和形状控制点之间的链接
	墨水瓶工具	用于改变线条颜色、风格、粗细等
	颜料桶工具	用于擦除线条和填充颜色
	滴管工具	用于对颜色进行取样
	橡皮擦工具	用于对矢量线条和色块进行擦除
4. 查看区		
	手形工具	用于移动图形
	缩放工具	直接使用时为放大，按住 Alt 键使用时为缩小
5. 颜色区		
	笔触颜色	用于笔触颜色的设置
	填充色	用于图形填充颜色的设置

在 Flash CS4 中，图层分为 6 种：普通层、引导层、被引导、遮罩层、被遮罩层和文件夹，可以建立图层文件夹对图层进行管理。引导层中的内容在播放时是看不见的，利用这一特点，可以单独定义一个不含"被引导层"的"引导层"，该引导层中可以放置一些文字说明、元件位置参考等，此时，引导层的图标显示为，如图 3.8 所示。各种图层文件夹图标见表 3.2。

时间轴主要用于创建动画和控制动画的播放等操作。时间轴的左侧是图层区，右侧是时间线控制区，由播放指针、帧、时间轴标尺及状态栏组成。

普通层
遮罩层
被遮罩层
引导层
被引导层
图层文件夹
普通层
引导层

图 3.8　各种图层

表 3.2　图层文件夹图标

图　标	说　　明
👁	显示/隐藏所有图层
🔒	锁定/解锁所有图层
□	显示所有图层轮廓
✏	当前正在编辑的图层
🔲	在时间轴上新建一个图层
✚	为当前图层新建一个引导层
📁	建立图层文件夹，对图层进行管理
🗑	删除当前图层或文件夹

动画的时间通过时间轴上的帧来体现，帧以其在时间轴上出现的次序从左到右依次水平排列。如果动画设置为每秒 12 帧，则 2 秒长的动画共有 24 帧，第 2 秒的影片将出现在第 13 帧中。Flash 时间轴中的帧是有数量限制的，如果没有足够的帧，可以通过场景和影片剪辑来实现。

帧在时间轴上的表示有所不同，详细说明见表 3.3。

表 3.3　帧在时间轴上的表示

图　标	名　　称	说　　明
	空白帧	为方便辨认，在时间轴上对 5 的整数倍的空白帧加深颜色并进行编号
	关键帧	插入关键帧之后，可以对那一帧的场景进行编辑
	空白关键帧	没有任何内容的关键帧
	补间	在两个关键帧之间创建补间动画
	结束帧	代表一段内容相同的帧的最后一帧

Tips　空白帧与空白关键帧是两个不同的概念：空白关键帧能够被编辑，添加内容后成为关键帧；而空白帧不能被编辑，也不能为其添加任何内容。

另外，在时间轴面板的下方还有几个功能按钮，其功能见表 3.4。

表 3.4　时间轴功能按钮

图　标	按　　钮	说　　明
	帧居中	表示可以将播放头（用于显示、查看当前帧的控制轴）的位置居中。这个按钮在动画较长且播放头位于最多可显示的帧总数的一半以上的位置时才有效
	绘图纸外观	也称为洋葱皮按钮，在显示播放头所在帧内容的同时显示其前后数帧的内容。按下该按钮时，播放头周围会出现方括号形状的标记，显示出所包含的帧，有利于编辑时参考前后帧的内容和观察它们的变化过程
	绘图纸外观轮廓	其功能类似于"绘图纸外观"按钮，但只显示各帧图形的轮廓线，以加快显示的速度
	修改绘图纸标志	用于改变洋葱皮的状态和设置
	编辑多个帧	用于逐帧动画的多个帧的同时编辑。对渐变动画无效，因为渐变动画是通过定义关键帧再补间的方法实现的，所以，其中补间的帧是无法编辑的

场景是设计者直接绘制帧图的场所，是从外部导入图形之后进行编辑处理形成的单独的帧图的场所，是把单独的帧图合成动画的场所。场景就像舞台，舞台由特定的大小、音响、灯光等条件组成，同样，一幕场景需要固定的分辨率、帧频、背景等。在编辑 Flash 动画之前应先在属性面板中设置好所需的参数。

Flash CS4 可根据使用需求的不同，转换不同的工作区，从而得到不同的面板布局。Flash CS4 包括6种工作区模式：基本功能、开发人员、设计人员、传统、动画、调试。

Flash CS4 的默认界面中包括了多个常用面板，如属性面板、动作面板、混色器面板等，见表 3.5。这些面板主要用于设置舞台中图形对象的属性，还可以通过"窗口"菜单中的相关命令将一些界面中没有显示的面板打开。

表 3.5　常用面板

英　　文	中　　文	英　　文	中　　文
Properties	属性面板	Transform	变形面板
Answers	帮助面板	Actions	动作面板
Align	对齐面板	Debugger	调试面板
Color Mixer	混色器面板	Stroke	笔触面板
ColorSwatches	色彩样本面板	Reference	参数面板
Info	信息面板	Output	输出面板
Scene	场景面板	Sound	声音面板
Components	控件面板	Movie Explorer	影片探索器
Fill	填充面板	Historical Records	历史记录面板

3.1.6　文件的基本操作

1．新建文件

启动 Flash 后，系统默认新建一个名为"场景 1"的新文件，可直接在绘图区域中进行各种操作。要添加场景，可以执行"插入"→"场景"命令进行添加。

2．打开文件

执行"文件"→"打开"命令（Ctrl+O 组合键），在打开的对话框中将显示出所有 Flash CS4 支持的格式文件，双击需要打开的文件即可。

3．保存文件

执行"文件"→"保存"命令（Ctrl+S）或"文件"→"另存为"（Ctrl+Shift+S 组合键）命令，打开"另存为"对话框，输入文件名后，单击"保存"按钮，保存为*.fla 的文件。执行"文件"→"关闭"（Ctrl+W组合键）命令，关闭当前文件，但不退出 Flash 程序。

3.2　Flash 动画制作

看完一个精彩的 Flash 动画或 MTV 后，除了拥有愉快的心情之外，是不是也有一种创作的欲望？但很多人因为自己不会画画，而放弃"闪客"这件战衣，因为绘画的好坏将直接影响动画影片是否成功。如果想了解这门特殊的绘画技术——鼠绘，想了解 Flash 的动画制作方法与技巧，本节将带您走进它的幕后。

3.2.1　Flash 绘画的方法

Flash CS4 中的绘图工具主要包括线条工具、铅笔工具、钢笔工具、选择工具、部分选取工具、椭圆工具、矩形工具、颜料桶工具及文本工具，这些工具都可以在工具栏中找到。Flash 绘画的方法主要有以下 3 种。

1. 几何图形法

利用几何图形组合来绘制卡通形象，如图 3.9 所示。可以看出，图 3.9（a）由几个圆形及椭圆组成，只要将其中的虚线去掉就可以得到图 3.9（b），也就是卡通人物的白描简笔图，最后用辅助线上色法进行调整上色，就可以得到如图 3.9（c）所示的一幅可爱的卡通漫画。

2. 移动组合法

移动组合法其实就是将卡通的整体细分为若干个局部进行绘制，再将已画好的几个局部移动组合成一个整体。这种方法在绘制同一个层的卡通形象时帮助很大，绘制的过程如图 3.10 所示。

3. 辅助线上色法

通常，给图像上色时常用的工具有：画笔和颜料桶。颜料桶工具上色比较均匀，使用较多，但必须在闭合或趋向闭合的区域中填充。因此，可以借用辅助线在卡通形象上划分区域，分别上不同的颜色，填完颜色后再将辅助线删除，调整出最后的结果，如图 3.11 所示。图中，为便于区分，把辅助线设为虚线，在实际绘画时也可用实线（颜色最好与描线区分开来）。

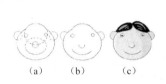 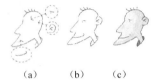 

（a）　（b）　（c）　　　　　（a）　（b）　（c）

图 3.9　几何图形法　　　图 3.10　移动组合法　　　图 3.11　辅助线上色法

前面介绍的是制作上的技术与方法，但这只能提高在操作上的技能，如果真要学好鼠绘，建议大家平时多看看这方面的 Flash 作品，了解它的构图、颜色处理、动画特效、卡通动作等，这些感觉与理解是今后绘制图像的无形素材。

3.2.2　简单鼠绘

下面通过实例来体验 Flash 中的鼠绘。

1. 制作目的
利用画笔制作动画。

2. 制作要点
① 画出月亮、星星等元件。
② 画出树叶形状并上色。
③ 画出白云形状。
④ 合成作品。

3. 作品效果
作品效果如图 3.12 所示。

4. 制作步骤

Step 1　新建文档

新建一个 Flash 文档，在属性面板中把背景的颜色设为黑色，文档大小为 550×400 像素，如图 3.13 所示。

图 3.12　作品效果　　　　　　　　　　　　　图 3.13　新建 Flash 文档

S TEP 2　创建"月亮"、"星星条"、"星星"、"蓝色星"和"红色星"图形元件

①　执行"插入"→"新建元件"命令，在打开的对话框中，把元件命名为"月亮"，并选择图形，然后单击"确定"按钮，进入元件编辑区。选择工具箱中的椭圆工具，按下 Shift 键，在场景中央绘制满圆图形，如图 3.14 所示。

②　执行"插入"→"新建元件"命令，在打开的对话框中，把元件命名为"星星条"，并选择图形，然后单击"确定"按钮，进入元件编辑区。选择工具箱中的矩形工具，在元件编辑区的中心画一个矩形，并执行"窗口"→"颜色"命令打开颜色对话框，在"类型"下拉列表

图 3.14　绘制满圆图形

中选择"放射状"，利用色块的增加与色块颜色的选择，把矩形的填充颜色设置为白、黄、黑的放射状渐变，如图 3.15 所示。

③　新建元件，命名为"星星"，将"星星条"元件中的对象拖放到当前元件中，并摆放成如图 3.16 所示的形状，然后执行"修改"→"组合"命令，对"星星"元件进行组合。

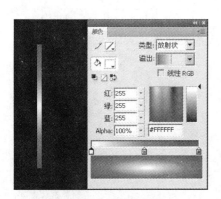

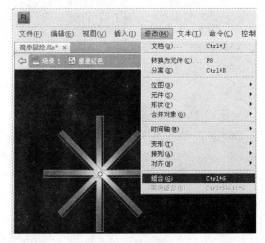

图 3.15　填充颜色　　　　　　　　　　　　　图 3.16　组合元件

重复以上步骤，分别制作"蓝色星"和"红色星"元件。

S TEP 3　创建"树叶"图形元件

①　新建元件，命名为"树叶"。使用线条工具 ✐ 绘制直线，通过选择工具改变线条成为曲

线，形成一个树叶形状，然后将其组合，如图 3.17 所示。

图 3.17　绘制树叶形状

Tips

在绘制树叶时，树叶的轮廓线可以通过圆形变形而成，树叶内部的脉络线条可以使用画笔工具绘制。

② 对"树叶"元件进行变形操作。选择任意变形工具 ，单击舞台上的树叶，这时树叶被一个方框包围着，中间有一个小圆圈，即变形点，以它为中心对树叶进行旋转缩放，如图 3.18（a）所示。变形点是可以移动的，将光标移到其上，光标右下角会出现一个圆圈，按住鼠标左键拖动，将它拖到叶柄处，使树叶绕叶柄进行旋转，如图 3.18（b）所示。

将光标移动到方框的右上角，光标变成旋转圆弧状，此时可以进行旋转，按住鼠标左键向下拖动，叶子绕变形点旋转，到合适位置时松开，如图 3.18（c）所示。

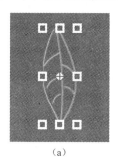
（a）

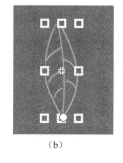
（b）

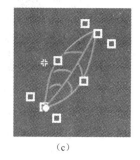
（c）

图 3.18　调整树叶

③ 填充颜色。选中舞台上的树叶，从右键快捷菜单中选择"分离"命令，连续分离两次，把树叶的属性由组分离成形状。选择墨水瓶工具 填充树叶的轮廓和脉络，选择颜料桶工具 对树叶填充颜色，效果如图 3.19 所示。

④ 制作树枝。使用选择工具 ，选中树叶，执行"编辑"→"复制"命令，再执行 9 次"编辑"→"粘贴"命令，复制 9 个树叶。接着，利用任意变形工具对各树叶进行调整，排列成如图 3.20 所示的样子。

图 3.19　填充颜色

图 3.20　复制排列树叶

STEP **4** 制作"白云"图形元件

① 新建元件，命名为"白云"，进入白云元件编辑区，把填充色设置为白色，笔触颜色设为无，用椭圆工具画一个椭圆。

② 通过复制多个椭圆形成云朵效果，方法是：选中该椭圆，按住 Ctrl 键，移动椭圆，可以复制一个椭圆，如图 3.21 所示；连续复制，直到绘制成如图 3.22 所示的效果。

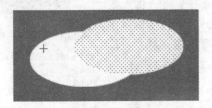

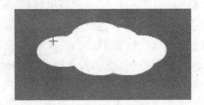

图 3.21　复制椭圆　　　　　　　　　　　　图 3.22　连续复制椭圆

STEP **5** 合成作品

① 回到场景中，按 Ctrl+L 组合键打开库面板。

② 在库面板中，把"白云"、"星星"、"红色星"、"蓝色星"元件拉进场景，并放到适当的位置。

③ 新建一个图层，把"月亮"元件拉进场景，并放到适当的位置。

④ 再新建一个图层，把"树叶"元件拉进场景，并放到适当的位置。用文字工具在舞台的左下方添加文字"静静的夜"，填充色为彩色。

3.2.3　逐帧动画的制作

1．制作目的

利用静止的豹子系列图制作一只正在奔跑的豹子。

2．制作要点

① 导入图像序列。

② 编辑多个帧。

③ 素材与舞台的对齐。

④ 使用逐帧动画。

3．作品效果

作品效果如图 3.23 所示。

图 3.23　奔跑的豹子

4．制作步骤

STEP **1** 新建文件，并导入素材

① 按快捷键 Ctrl+N，打开一个空白的 Flash 文档，保存文件名为 frame.fla。

② 执行"文件"→"导入"→"导入到舞台"命令，在打开的"导入"对话框中选择"豹1.png"文件。

　　单击"打开"按钮，会出现一个提示对话框，询问是否导入序列图像？回答"是"导入序列中的所有图像，如图 3.24 所示。

图 3.24　导入序列图像

STEP 2　选择所有帧

① 单击时间轴下面的"编辑多个帧"按钮，然后把"开始绘图纸外观"拉到第一帧，"结束绘图纸外观"拉到最后一帧，如图 3.25 所示。

② 在最后一帧上单击鼠标右键，从右键快捷菜单中选择"选择所有帧"命令，如图 3.26 所示。

STEP 3　调整素材与舞台的位置

执行"窗口"→"对齐"命令，打开对齐面板，选择"相对于舞台"、"水平中齐"和"垂直中齐"，如图 3.27 所示。这样所有素材的中心全部对齐在舞台中心。再次单击"编辑多个帧"按钮（见图 3.25），取消编辑多个帧。

图 3.25　编辑所有帧　　　　图 3.26　选择所有帧　　　　图 3.27　对齐选项

制作完毕，按 Ctrl+Enter 组合键测试影片。

3.2.4　变形动画的制作

1．制作目的

本例制作一个从左下角飞到右上角的飞机动画。

2．制作要点

本例主要学习动作补间动画的制作及对元件的控制，要求如下：

① 设置文档属性。

② 引入库的概念，把飞机素材引入库中。

③ 引入关键帧的概念，设置飞机的起始和终止位置及相应的透明度。

④ 创建动画图层。

⑤ 创建动画补间。

3．作品效果

作品效果如图 3.28 所示。

图 3.28　飞机动画

4．制作步骤

STEP 1　新建文件，导入背景材料

① 按快捷键 Ctrl+N，新建一个 Flash 文件，保存为 airplane.fla。

② 执行"文件"→"导入"→"导入到舞台"命令，在打开的"导入"对话框中，选择背景文件"山.jpg"，单击"打开"按钮，回到场景。

> **Tips**　由于 Flash 默认大小为 550×400 像素，而本例所用的背景素材大小为 645×253 像素，因此需要更改文档的大小。

STEP 2　设置舞台大小使之符合背景图片的大小

图 3.29　背景图片的属性面板

① 确定背景图片的大小。选择工具箱中的选择工具，选中背景图片，在属性面板中可以看到图片的宽度和高度，如图 3.29 所示。

② 设置舞台的大小使之与背景图片大小一致。单击舞台中的任一空白位置，按 Ctrl+J 组合键，出现"文档属性"对话框，如图 3.30 所示。在其中更改尺寸大小，使舞台与背景图片大小一样。

③ 采用上例的方法，把背景图片与舞台对齐。

④ 设置动画的长度：在图层 1 的第 30 帧位置单击鼠标右键，从快捷菜单中选择"插入关键帧"命令。

STEP 3　把动画素材导入库中

执行"文件"→"导入"→"导入到库"命令，在打开的"导入"对话框中，选择"飞机.png"文件。

STEP 4　制作飞机动画

① 新建一个图层为动画图层。单击时间轴左边的"新建图层"按钮，新建一个"图层 2"，

如图 3.31 所示。

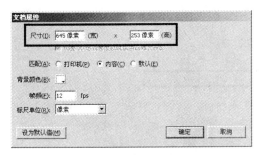

图 3.30　更改舞台大小　　　　　　　　　　　　　　图 3.31　新建图层

　　② 从库中导入飞机。选择图层 2 的第一帧，执行"窗口"→"库"命令，打开库面板，在库面板中把飞机元件拖到舞台左下角。

　　③ 使飞机水平翻转。使用选择工具选中"飞机"图片，执行"修改"→"变形"→"水平翻转"命令，把飞机水平翻转，翻转后如图 3.32 所示。

图 3.32　使飞机水平翻转

　　④ 编辑飞机的最终位置。在图层 2 的第 30 帧上添加一个关键帧，把飞机的元件拖到舞台的右上角，作为飞机的最终位置。

　　⑤ 制作飞机的最终位置的效果，即飞机飞到远处变小变模糊。单击图层 2 的第 30 帧，在工具箱中选择任意变形工具，把飞机的元件缩小到一定的比例，然后执行"修改"→"转换成元件"命令，把图像转变成图形元件，在属性面板中，设置"色彩效果"栏中的"Alpha"项，设置为 31% 的透明度，如图 3.33 所示。

STEP 5　创建补间动画

　　选择图层 2 的第 1～30 帧中的任意一帧，执行"插入"→"传统补间"命令，这时图层 2 的第 1～30 帧间的背景变为蓝色，同时有条黑色带右箭头的线从第 1 帧指向第 30 帧，这是补间动画的标志，如图 3.34 所示。

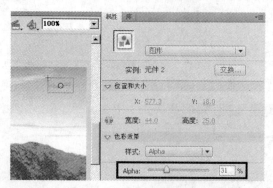

图 3.33　修改 Alpha 值

图 3.34　传统补间动画

在 Flash CS4 中，还可以通过更简便的方式实现该补间动画，在图 3.32 的状态下，选择图层 2 中的任意一帧，执行"插入"→"补间动画"命令，选择第 30 帧，将元件飞机的圆心拖拉到场景的右上角，并在右边的属性面板里修改其大小及色彩效果。场景中出现运动轴线及每一帧停留的圆点。

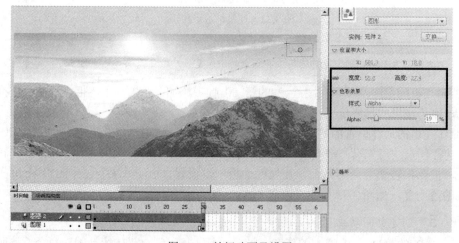

图 3.35　补间动画及设置

STEP 6　作品完成，按 Ctrl+Enter 组合键测试效果

3.2.5　文字变形动画的制作

1．制作目的

本例制作一个由灯笼变字体的动画，学会用 Flash 绘制图形，同时运用变形和分离两个选项对字体进行编辑。

2．制作要点

① 用绘图工具绘图。

② 创建矢量文字。

③ 创建补间形状动画。

3．作品效果

作品效果如图 3.36 所示。

图 3.36　作品效果

4．制作步骤

STEP 1　新建文件，导入背景素材

按 Ctrl+N 快捷键，新建一个空白 Flash 文档，保存为 lantern.fla。执行"文件"→"导入"→"导入到舞台"命令，导入背景图片"beijing.jpg"。

STEP 2　设置文件大小，并使背景与舞台对齐

与上例一样，根据背景图片的大小设置舞台大小。在本例中，背景图片大小为宽 402 像素，高 331 像素，并使背景与舞台对齐。

STEP 3　绘制灯笼

① 绘制椭圆。新建一个图层，在工具箱中选择椭圆工具，在颜色选项区中，设置笔触颜色为无色，填充颜色为任意色，如图 3.37 所示。然后执行"窗口"→"颜色"命令，调出颜色面板，在"类型"下拉列表中选择"放射状"，颜色为#EE1700，如图 3.38 所示。在舞台上单击并拖动鼠标绘制一个椭圆。

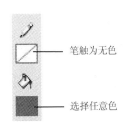

图 3.37　设置笔触与填充颜色

图 3.38　混色器面板

② 绘制矩形。在工具箱中选择矩形工具，在混色器面板的"类型"下拉列表中选择"线性"，颜色为#FFFF00，来制作渐变，用同样方法绘制出灯笼上的几个矩形图案。

③ 绘制线条。最后用铅笔工具画出一些线条作为灯笼穗，如图 3.39 所示。

STEP 4 制作文字

① 输入文字。在图层 3 的第 30 帧处添加空白关键帧，用文字工具输入"庆"字，并在属性面板中改变它的字号大小和颜色等，如图 3.40 所示。

图 3.39 绘制完成的灯笼

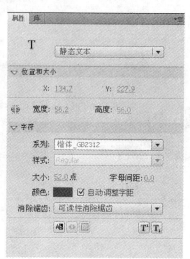

图 3.40 设置字体属性

② 矢量化文字。用选择工具选中文字，从右键快捷菜单中选择"分离"命令，把文字变成矢量图。

STEP 5 创建灯笼和文字的形状补间动画

单击图层 2 中的任意一帧，执行"插入"→"补间形状"命令，创建灯笼和文字的形状补间动画。

STEP 6 合成作品

用同样方法制作另外三个灯笼和字，最后完成"庆祝国庆"的动画，按 Ctrl+Enter 组合键测试效果。

3.2.6 路径动画的制作

1. 制作目的

本例制作一个球随着引导线（英文字母 W 的轮廓）运动的动画。

2. 制作要点

本例主要用引导层引导球的运动。

① 创建小球圆形元件。

② 创建运动路径为引导线。

③ 创建补间动画。

3. 作品效果

作品效果如图 3.41 所示。

图 3.41　作品效果

4. 制作步骤

STEP 1 新建文件，创建小球圆形元件

① 用快捷键 Ctrl+N，新建一个 Flash 文档，保存为 "route.fla" 文件。

② 画图形。选择椭圆工具 ⊙，笔触颜色为无色，填充颜色为绿色，按住 Shift 键用鼠标在舞台上画一个小圆球。

③ 转换文件。选中小球，从右键快捷菜单中选择 "转换为元件" 命令，打开 "转换为元件" 对话框，从 "类型" 下拉列表中选择 "图形"，如图 3.42 所示，把小球转换为元件。

图 3.42　"转换为元件" 对话框

④ 插入关键帧。在第 30 帧处插入关键帧。

STEP 2 制作动画路径

① 添加传统运动引导层。右键单击图层 1，从快捷菜单中选择 "添加传统运动引导层" 命令，新建一个引导层。选择引导层的第 1 帧，用文字工具在舞台上输入英文字母 W，并在属性面板中设置字体的属性，如图 3.43 所示。

图 3.43　设置字体的属性

Tips　通常，可以用铅笔工具来制作运动路径。例如，首先用铅笔工具绘制一条直线，使用选择工具靠近线条，这时，鼠标指针会变成 形状，在线条上需要形成曲线的位置按住鼠标左键拖动，形成曲线。同时，也可以利用文字的轮廓来作为引导线。

② 矢量化文字。选中字母 W，右键单击，从快捷菜单中选择"分离"命令，把字母打散。然后选择笔触颜色为红色，用墨水瓶工具在字母的边缘部分单击，就会出现红色的字母轮廓，如图 3.44 所示。

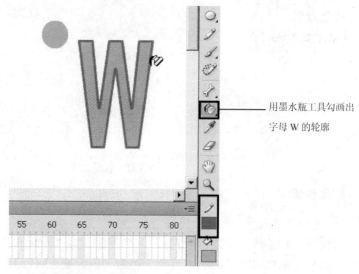

用墨水瓶工具勾画出
字母 W 的轮廓

图 3.44　给轮廓上色

③ 删除文字填充颜色。使用选择工具选中字母内部绿色部分，按 Delete 键，把绿色部分去掉，只留下红色的轮廓，如图 3.45 所示。

④ 新建一个图层，系统把它自动命名为图层 3。

⑤ 选择引导层的第 1 帧，把引导层的第 1 帧复制到图层 3 的第 1 帧中，然后右键单击图层 3，从快捷菜单中选择"属性"命令，在打开的"图层属性"对话框中把图层 3 的类型设置为"一般"，如图 3.46 所示。

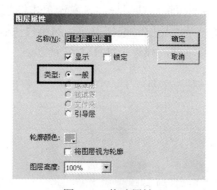

图 3.46　修改属性

图 3.45　删除绿色部分

> **Tips**
>
> 　　引导层是不可见的，即在生成的 swf 文件中看不见引导线。因此，在本例中，创建图层 3 以便在动画播放时能够看到引导线。当然，如果在动画要求中不需要显示引导线，本步骤可省略。

STEP 3　创建动画

① 选中图层 1 的第 1 帧，把小球放到字母轮廓的左上角，然后分别在第 10、20、30 帧处插入关键帧，并调整小球在字母轮廓上的位置，如图 3.47 所示。

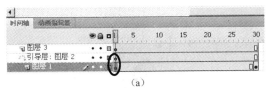

（a）

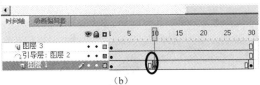

（b）

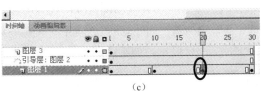

（c）

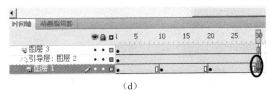

（d）

图 3.47　添加关键帧并调整小球的位置

> **Tips**
>
> 　　在把小球放在字母轮廓上时，要注意小球的圆心一定要在引导线上，即字母轮廓上，否则小球无法按照引导线运动。

　　② 分别选择图层 1 的第 1 帧、第 10 帧、第 20 帧，执行"插入"→"传统补间"命令，创建动画补间，如图 3.48 所示。

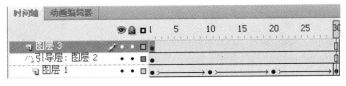

图 3.48　创建补间动画

STEP **4**　制作完毕，按 Ctrl+Enter 组合键测试影片

3.2.7　遮罩动画的制作

1．制作目的

本例制作一个具有放大镜效果的遮罩动画。

2. 制作要点

本例主要利用图层的遮罩作用制作放大镜。

① 新建"文字"图层作为底层，放大镜在其上可以遮住与其重叠的小字。

② 新建"大字"图层在放大镜图层上方，使遮罩层上只对大字起作用，对其他层不起任何作用。

3. 作品效果

作品效果如图 3.49 所示。

图 3.49 作品效果

4. 制作步骤

STEP **1** 新建文件，制作"文字"图层

新建一个 Flash 文件，打开"文档属性"对话框，修改文档的大小为 400×200 像素。将第 1 层命名为"文字"。利用文本工具输入"FLASH"，字号为 19，字间距为 35，并使其对齐舞台，并在第 35 帧处插入普通帧，使小字在整个动画过程中一直显示。如图 3.50 所示。

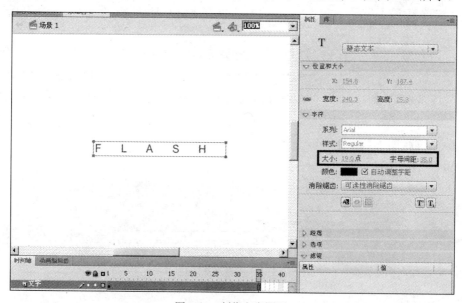

图 3.50 制作文字图层

STEP **2** 建立"放大镜"图层

① 制作"放大镜"元件。制作一个放大镜元件"fdj"，在元件编辑区用椭圆工具和矩形工具画一个如图 3.51 所示的放大镜，并对放大镜的颜色进行适当的调整。

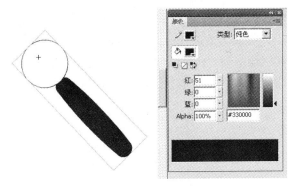

图 3.51　制作"放大镜"图层

② 建立"放大镜"图层。新建图层，命名为"放大镜"。打开库面板，把"fdj"元件拖入场景中。

STEP 3　制作放大镜运动效果

① 选择"放大镜"图层的第 1 帧，把放大镜移动到字母"F"上，确定动画的起始位置。

② 在第 35 帧上单击右键，从快捷菜单中选择"插入关键帧"命令，把放大镜移动到字母"H"上，确定动画的结束位置。

③ 创建补间动画，执行"插入"→"传统补间"命令。

STEP 4　建立"大字"图层

① 新建一图层，命名为"大字"。

② 输入文字。利用文本工具输入"FLASH"，适当调整文字的大小，其字号应大于"文字"图层中的字符，而又能被放大镜的镜头罩住。在该图层的第 35 帧处插入关键帧，调整大字的位置和字符间距使相应的大小字符中心对齐，且放大镜的起始和结束位置分别将两个图层中的字母"F"和"H"同时罩在其中，如图 3.52 所示。

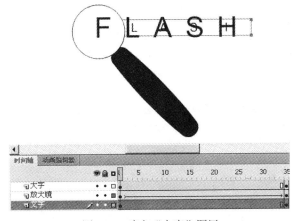

图 3.52　建立"大字"图层

STEP 5　创建遮罩层

① 新建一个图形元件"ball"。画一个圆形，圆形的大小可以遮住"大字"图层中的单个字符而又小于放大镜的镜头。

② 新建一个图层名为"遮罩圆"，打开库面板，将元件"ball"拖入场景，并与放大镜重合。

③ 创建动画。在第 35 帧处插入关键帧，移动元件"ball"的位置，使其与放大镜重合，执行"插入"→"传统补间"命令，在第 1～35 帧之间建立其位移动画。

④ 设置遮罩层。在"遮罩圆"图层名称处单击右键，从快捷菜单中选择"遮罩层"命令，将该层设置为"大字"图层的遮罩层，如图 3.53 所示。

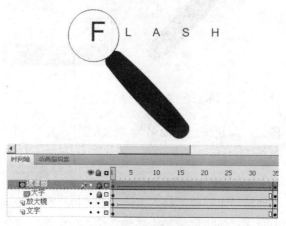

图 3.53　创建遮罩层

Ṣᴛᴇᴘ **6**　作品完成，按 Ctrl+Enter 组合键，测试动画效果

3.2.8　骨骼动画的制作

1. 制作目的

学会使用骨骼工具。

2. 制作要点

① 定义骨骼。

② 用颜料桶、墨水瓶、部分选取工具编辑章鱼触须的形状。

③ 用部分选取工具编辑骨骼和骨架。

④ 修改姿势图层的属性检查器设置，实现"运行时骨架"和"创作时骨架"动画的制作。

3. 作品效果

作品效果如图 3.54 所示。

图 3.54　作品效果

4．制作步骤

① 新建一个 Flash 文档，通过鼠绘画出章鱼头及触须，如图 3.55 所示。复制多条触须，调整大小位置，将章鱼组合好，并将需要运动的触须放在 arm1 的图层中，将章鱼头放在 body 的图层中，其他触手放在 staticarms 图层中，添加一个背景图层，用渐变颜色填充。效果如图 3.56 所示。

图 3.55　章鱼头及触须

② 锁定除 arm1 图层之外的所有其他图层，并选取 arm1 图层的内容。

③ 选择骨骼工具，在 arm1 图层中单击触须的底部，并朝着触须的顶端向下拖出第一个骨骼，如图 3.57 所示。

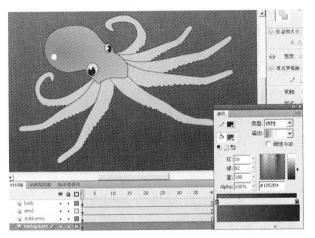

图 3.56　图层及背景

图 3.57　定义第一个骨骼

④ 这样就定义了第一个骨骼，并把 arm1 图层的内容分隔到新的姿势图层中，如图 3.58 所示。

⑤ 单击第一个骨骼的末尾，并朝着触须的顶端再向下拖出第二个骨骼，如图 3.59 所示。

图 3.58　姿势图层

图 3.59　定义第二个骨骼

⑥ 继续构建骨架，它总共包含 4 个骨骼，如图 3.60 所示。

⑦ 当骨架构建完成后，使用选择工具单击并拖动最后一个骨骼，查看触须怎样根据骨架的骨骼变形，如图 3.61 所示。

图 3.60　定义所有骨骼

图 3.61　骨骼变形

STEP 2　编辑形状

在编辑包含骨骼的形状时，无须使用任何特殊的工具。用户可以使用工具面板中的许多相同的绘图和编辑工具（如颜料桶、墨水瓶和部分选取工具），编辑填充、笔触或轮廓线。

① 选择颜料桶工具 🖌️。

② 填充颜色选择深桃红色（见图 3.62）。

③ 单击姿势图层中的形状，触须的填充颜色将变成深桃红色，如图 3.63 所示。

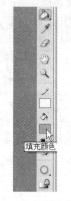

图 3.62　选择填充颜色

图 3.63　触须填充颜色变为深红色

④ 选择墨水瓶工具 🖌️。

⑤ 笔触颜色选择深红色，如图 3.64 所示。

⑥ 单击姿势图层中的形状，触须的轮廓线将变成深红色，如图 3.65 所示。

图 3.64　选择笔触颜色

图 3.65　触角轮廓线变为深红色

⑦ 选择部分选取工具 ▸。

⑧ 单击形状的轮廓线，在形状的轮廓线周围将出现锚点和控制句柄，如图 3.66 所示。

⑨ 把锚点拖动到新位置，或者单击并拖动句柄，以编辑触须的形状，如图 3.67 所示。

> **Tips** 可以利用添加锚点工具在形状的轮廓线上添加新的点，也可以利用删除锚点工具删除形状的轮廓线上的点。

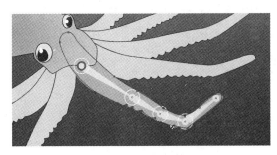

图 3.66 部分选取工具选择轮廓线

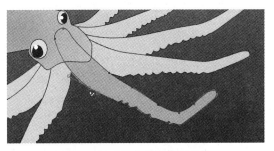

图 3.67 拖动锚点编辑触须形状

STEP 3 编辑骨骼和骨架

利用部分选取工具可以移动形状内的连接点，而任意变形工具 ▦ 则可以移动或旋转整个骨架。

① 选择部分选取工具。

② 单击形状内的连接点，并把它拖到一个新位置，如图 3.68 所示。

③ 按住 Alt 键，用鼠标把整个骨架拖到一个新位置；也可以选择任意变形工具，并且旋转或移动整个骨架。

> **Tips** 用户可以轻松地删除骨骼。使用选择工具单击要删除的骨骼，然后按 Delete 键，即可删除所选的骨骼及其所有的子级骨骼。

STEP 4 创作时骨架和运行时骨架

创作时骨架是指那些沿着时间轴创建姿势的骨架，它们将作为直观的动画播放。运行时骨架是指交互式骨架，它们允许用户移动骨架。用户可以把任何骨架制作成创作时骨架或运行时骨架，无论它们是利用一系列影片剪辑制作成的，还是利用形状制作成的。不过，运行时骨架仅限于只有一种姿势的骨架。

① 选择姿势图层，如图 3.69 所示。

图 3.68 拖动连接点

图 3.69 选择姿势图层

② 在属性检查器中，从"选项"栏的"类型"下拉列表中选中"运行时"选项，如图 3.70 所示。

该骨架就变成运行时骨架，允许用户直接操纵章鱼的触须。姿势图层中的第 1 帧会显示骨架图标，表示选择了"运行时"选项，并且不能添加额外的姿势，如图 3.71 所示。

图 3.70　属性检查器

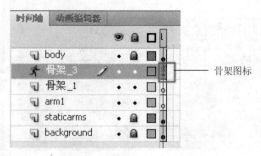

图 3.71　骨架图标

③ 执行"控制"→"测试影片"命令，测试影片。

用户可以单击并拖动触须，交互式地在"舞台"上移动它。

STEP 5　控制缓动

动画编辑器及其对缓动的高级控制不能用于骨架，但属性检查器中提供了几种标准的缓动，可以将其应用于骨架。缓动可以通过对骨架的运动进行加速或减速，给移动提供重力的感觉。

① 选择姿势图层。

② 在"属性"检查器中，从"选项"栏的"类型"下拉列表中取消选择"运行时"选项，该骨架将再次变成创作时骨架。选择所有图层的第 40 帧，然后执行"插入"→"时间轴"→"帧"命令。

这将在所有图层中插入帧，为用户提供了时间轴上的空间，用于为触须创建额外的姿势，如图 3.72 所示。

图 3.72　插入帧

③ 把红色播放头移动到第 40 帧，利用选择工具抓取触须的顶部，向上卷曲它，并把它移到一边。这将在第 40 帧中为触须骨架插入一种新姿势，如图 3.73 所示。

④ 选取第 1 帧中的第一种姿势。在属性检查器中，在"缓动"栏的"类型"下拉列表中选择"简单（中）"选项，如图 3.74 所示。

"简单"缓动的变体（从"慢"到"最快"）代表缓动的程度，代表在动画编辑器中为补间动画提供的相同程度。

图 3.73 插入新姿势

图 3.74 在属性检查器选择"简单（中）"选项

⑤ 将"强度"设置为–100，如图 3.75 所示。强度代表缓动的方向，其中负值表示缓入，正值表示缓出。

⑥ 执行"控制"→"测试影片"命令，预览动画。此时触须将向上卷曲，并逐渐缓入其运动中。

⑦ 关闭"测试影片"窗口。选择第 1 帧中的第一种姿势，把"强度"值更改为 100，并再次测试影片。触须将向上卷曲，但是运动现在是缓动的，并且会逐渐停止。

⑧ 关闭"测试影片"窗口。选择第 1 帧中的第一种姿势，在属性检查器"缓动"栏的"类型"下拉列表中选择"停止并启动（中）"选项，如图 3.76 所示。

图 3.75 设置"强度"

图 3.76 在属性检查器中选择"停止并启动（中）"选项

"停止并启动"缓动的变体（从"慢"到"最快"）代表缓动的程度。"停止并启动"缓动在运动的两端都具有曲线，因此缓动值将会影响运动的开始和结束。

⑨ 把"强度"值设置为–100。执行"控制"→"测试影片"命令，预览动画。触须将向上卷曲，并且会逐渐缓入其运动中，也会逐渐缓出其运动中。

3.3 Flash 中的音频和视频

3.3.1 Flash 中的音频

无论制作 MTV 和游戏，还是精美的 Flash 动画，都不可避免地要使用到各种声音（音频），使动画作品更吸引观众。Flash CS4 可以直接应用的音频文件格式主要有 WAV、MP3、AIFF、AU、ASND、Sound Designer、只有音频的 QuickTime 影片、System 7 音频，其中，WAV 和 MP3 应用最多。通常在使用 WAV 或 AIFF 文件时，最好使用 16 位 22kHz 单声（立体声使用的数据量是单声的两倍）。在 Flash CS4 中，对音频（声音）的操作主要包括声音的导入、添加、编辑和属性设置 4 项基本操作。

1. 导入声音

① 执行"文件"→"导入"→"导入到库"命令，打开"导入到库"对话框，如图 3.77 所示。

② 在"查找范围"下拉列表中指明声音文件的路径，在显示的声音文件列表中选择需要导入的文件，单击"打开"按钮即可。

③ 按 F1 键打开库面板，在列表中可以看到喇叭图标 ，表示已成功地把声音文件从硬盘上导入库中，如图 3.78 所示。

图 3.77 "导入到库"对话框

图 3.78 库面板

> **Tips** 用户在导入声音的时候，如果提示"读取文件出现问题，一个或多个文件没有导入"，这表示该文件可能不符合 Flash 的导入要求，可以转换为 WAV 文件，或者利用转换格式软件设置 MP3 的编码质量为恒定码率 CBR，128kbps，然后再重新导入。

2. 添加声音

在 Flash CS4 中添加声音的方法主要有以下两种。

方法 1：通过属性面板添加声音。

① 选中时间轴中需要添加声音的关键帧。

② 在属性面板的"声音"栏中，从"名称"下拉列表中选择需要的声音文件（该列表中的声音均为事先导入的声音素材，如果用户没有导入过声音，则该列表中没有内容），如图 3.79 所示。添加声音文件后，时间轴如图 3.80 所示。

方法 2：通过鼠标拖动添加声音。

① 选中时间轴中需要添加声音的关键帧。

② 在库面板中选择要添加的声音，按住鼠标左键不放，将声音拖动到场景中。

图 3.79　选择音频文件

图 3.80　插入声音素材后的时间轴

③ 释放鼠标左键，声音立即添加到相应的帧中。

3．编辑声音

在 Flash CS4 中编辑声音的具体操作方法如下。

在时间轴中选择添加了声音的帧，即可在属性面板中看到与声音有关的设置。

在属性面板的"声音"栏中，单击"效果"下拉列表右侧的 🖉 图标，打开"编辑封套"对话框，如图 3.81 所示。

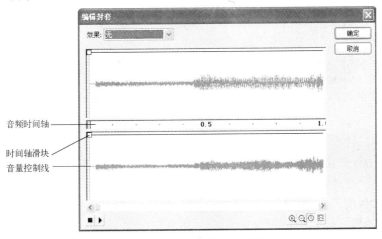

图 3.81　"编辑封套"对话框

"编辑封套"对话框中显示了声音的波形，它被分成上、下两部分，分别代表声音的左、右声道。两个声道窗口之间的标尺表示声音的长度。如果面板底部的 图 按钮为按下状态，则表示声音长度的刻度单位是帧；如果 ⏱ 按钮为按下状态，则表示声音长度的刻度单位是秒。拖动标尺中的滑块可以设定声音播放的起始位置，如图 3.82 所示。

单击 🔍 按钮和 🔍 按钮可以放大和缩小显示刻度，以控制声音波形的显示范围。

改变音量控制线的位置，可以编辑音量的大小。音量控制线的位置越低，该声道的音量越小，如图 3.83 所示。

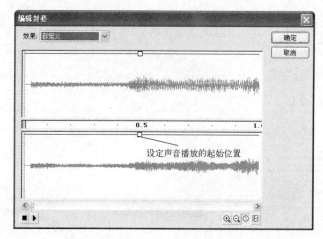

图 3.82　设定声音播放的起始位置

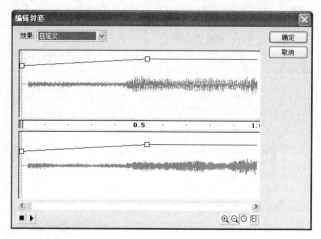

图 3.83　调整声音的音量大小

4．设置声音属性

除了对声音进行必要的编辑外，还可以通过属性面板对声音的播放进行属性设置。

① 在时间轴上选择要设置属性的声音所在的帧。

② 在属性面板的"声音"栏的"效果"下拉列表中，设置声音的播放效果。"效果"下拉列表中各选项的含义见表 3.6。

表 3.6　声音的播放效果

播 放 效 果	说　　明
无	不使用任何效果
左声道	只在左声道播放音频
右声道	只在右声道播放音频
向右淡出	声音从左声道传到右声道
向左淡出	声音从右声道传到左声道
淡入	逐渐增大声强
淡出	逐渐减小声强
自定义	自己创建声音效果，并可利用"音频编辑"对话框编辑音频

③ 在属性面板的"声音"栏的"同步"下拉列表中，可以选择声音的播放方式。"同步"下拉列表中各选项的含义见表3.7。

表 3.7　声音的播放方式

播 放 方 式	说　　　　明
事件	使声音与事件的发生合拍。当动画播放到声音的开始关键帧时，事件音频开始独立于时间轴播放，即使动画已停止，声音也要继续播放直到完毕
开始	开始播放另一指定的声音
停止	停止播放指定的声音
数据流	用于在 Internet 上播放流式音频，Flash 自动调整动画和音频，使它们同步播放，在输出动画时，数据流式音频混合在动画中一起输出

3.3.2　Flash 中的视频

Flash CS4 的视频应用得到进一步加强，比以前的版本支持更多格式的视频文件。从 Flash 8 开始，Flash 软件引入了专门的 FLV 格式。在 Flash CS4 中，引入了 F4V 格式，它支持 H.264 标准，使 Flash 可以回放利用 H.264 编码的任何视频，因此视频文件不必具有.f4v 或.flv 扩展名。例如，通过 QuickTime Pro with H.264 编码的具有.mov 扩展名的视频与 Flash 兼容。

1．视频的导入

① 执行"文件"→"导入"→"导入视频"命令，打开"导入视频"对话框，单击"浏览"按钮，在打开的对话框中选择要导入的视频文件。

② 选择 FLV 文件视频后，选择"在 SWF 中嵌入 FLV 并在时间轴中播放"项。

③ 单击"下一步"按钮，打开对话框，在对话框中设置视频素材的嵌入方式，一般使用默认设置。

④ 单击"下一步"按钮，将显示视频的信息、位置，单击"完成"按钮，即可显示出已导入的视频。

2．视频的添加

首先，选择时间轴中需要添加视频的关键帧，在库面板中单击要添加的视频素材，按住鼠标左键不放，将视频素材拖动到场景中，释放鼠标左键，视频文件即添加到指定的帧中，Flash 自动在该帧的后面插入与视频素材长度相当的普通帧。

3.4　组件

组件就是能够提供丰富的 Internet 应用程序的构建块。一个组件就是一段带有参数的影片剪辑，这些参数使用户可以修改组件的外观和行为。组件所带的参数由用户在创建时设置，所带的动作脚本 API 供用户在运行时自定义组件。组件可以提供创建者想要的任何功能，它既可以是简单的用户界面控件（如按钮），也可以包含内容（如滚动窗格），还可以处于不可见状态（例如，FocusManager 用于控制应用程序中接收焦点的对象）。组件使 Flash 可以制作出极富感染力的 Web 内容。

ActionScript 2.0 和 ActionScript 3.0 的组件面板是不同的，如图 3.84 所示。为了便于读者更好的理解组件，下面以 ActionScript 3.0 的组件面板为例具体介绍 User Interface 组件类中各个组件的含义。

User Interface 组件包含 17 种常用的组件分别是：Button 组件、CheckBox 组件、ColorPicker 组件、ComboBox 组件、DataGrid 组件、Label 组件、List 组件、TileList 组件、UILoader 组件、

NumericStepper 组件、ProgressBar 组件、RadioButton 组件、ScrollPane 组件、Slider 组件、TextArea 组件、TextInput 组件和 UIScrollBar 组件。当然，API（程序编程接口）还允许用户自己定义组件。对所有的组件都可以单独设置其属性，方法是：执行"窗口"→"组件检查器"命令，在打开的组件检查器面板中进行设置。下面对这些组件进行简单介绍。

（a）ActionScript 2.0 的组件面板　　　　　　（b）ActionScript 3.0 的组件面板

图 3.84　ActionScript 2.0 的组件面板与 ActionScript 3.0 的组件面板

3.4.1　常用 UI 组件

1．Button（按钮）组件

Button 组件是一个可调整大小的矩形用户按钮，可以改变按钮的形状和状态。Button 组件的属性如图 3.85 所示，具体说明见表 3.8。

图 3.85　Button 组件的属性

表 3.8　Button 组件的主要属性

名　称	说　明
emphasized	是指按钮的边框是否加粗，以示强调
label	设置按钮上的标签，默认值是 Button
labelPlacement	确定按钮上的标签文本相对于图标的方向
selected	如果 toggle 参数的值是 ture，则该参数指定按钮处于按下状态（ture）还是释放状态（false）。默认值为 false
toggle	将按钮转变为切换开关。如果值为 ture，则该按钮在单击后保持按下状态，并在再次单击时返回弹起状态；如果值为 false，则按钮行为与一般按钮相同。默认值为 false
enabled	指示组件是否可以接收焦点和输入，默认值为 true
visible	指示对象是否可见，默认值为 true

2．CheckBox（复选框）组件

复选框是一个可以选中或取消选中的方框，被选中后，框中会出现一个复选标记。复选框可以添加一个文本标签，并将它放在其左侧、右侧、顶部或底部。CheckBox 组件的属性如图 3.86 所示，具体说明见表 3.9。

图 3.86　CheckBox 组件的属性

表 3.9　CheckBox 组件的主要属性

名　称	说　明
enabled	指示组件是否可以接收焦点和输入，默认值为 true
label	设置复选框的标签文本，默认值为 CheckBox
labelPlacement	设置复选框的标签文本的方向
selected	初始值设置。在初始状态下，设置复选框是否被选中。默认值为 false
visible	指示对象是否可见，默认值为 true

3．ComboBox（下拉列表）组件

使用下拉列表组件可以产生一个下拉列表，从而在其中选择需要的选项。ComboBox 组件的属性如图 3.87 所示，具体说明见表 3.10。

表 3.10　ComboBox 组件的主要属性

名　称	说　明
dataProvider	设置下拉列表的标签值。单击该参数右侧的🔍按钮，将弹出"值"对话框，在其中可设置 date 值和 label 值，以此来决定下拉列表中显示的内容。单击右上角的➕按钮，可以为下拉列表添加一个选项；单击➖按钮，可以删除当前选中的选项；单击▼或▲按钮，可以改变选项顺序
editable	确定 ComboBox 组件是否允许被编辑。如果设置为 true，那么该组件允许被编辑；如果设置为 false，那么该组件只能被选择。默认值为 false
rowCount	设置下拉列表中最多可以显示的项数。默认值为 5
restrict	指示用户可以在组合框的文本字段中输入的字符集
prompt	设置 ComboBox 组件的提示
enabled	指示组件是否可以接收焦点和输入，默认值为 true
visible	指示对象是否可见。默认值为 true，即可见

图 3.87　ComboBox 组件的属性

4．Label（文本标签）组件

一个 Label 组件实际上就是一行文本，它没有边框，不能具有焦点，并且不产生任何事件，只是起到显示文本的作用。Label 组件的属性如图 3.88 所示，具体说明见表 3.11。

5．List（列表）组件

List 组件的功能类似于 ComboBox 组件，它是一个可滚动的单选或多选列表，列表中可以显示图形及其他组件。List 组件的属性如图 3.89 所示，具体说明见表 3.12。

表 3.11　Label 组件的主要属性

图 3.88　Label 组件的属性

名　称	说　明
autoSize	指示如何调整标签的大小并对齐标签以适合文本。默认值为 none
condenseWhite	用于设置是否应从包含 HTML 文本的 label 中删除额外空白，如空格和换行符
enabled	指示组件是否可以接收焦点和输入，默认值为 true
htmlText	设置标签是否采用 HTML 格式，默认值为 false
selectable	用于设置 Label 组件显示的文本是否可选
text	设置标签文本，默认值为 Label
visible	设置对象是否可见，默认值为 true
wordWrap	用于设置文本是否换行，默认值为 true，表示可以自动换行

表 3.12　List 组件的属性

图 3.89　List 组件的属性

名　称	说　明
allowMultipleSelection	用于设置能否选择多个列表项目，其参数为布尔值，true 表示可以一次选择多个项目，false 表示一次只能选择一个项目。默认值为 false
dataProvider	设置列表中的选项内容，以及传送的数据
enabled	指示组件是否可以接收焦点和输入，默认值为 true
horizontalLineScrollSize	用于设置单击水平方向上滚动条时，水平移动的数量。其单位为像素，默认值为 4
horizontalPageScrollSize	用于设置在滚动条上单击时，水平滚动条上滚动滑块要移动的像素数。当该值为 0 时，该属性检索组件的可用宽度
horizontalScrollPolicy	用于设置水平滚动条是否始终打开
verticalLineScrollSize	用于设置单击滚动箭头时，要在垂直方向上滚动多少像素。其单位为像素，默认值为 4
verticalPageScrollSize	用于设置在滚动条上单击时，垂直滚动条上滚动滑块要移动的像素数。当该值为 0 时，该属性检索组件的可用高度
verticaScrollPolicy	设置垂直滚动条是否始终打开
visible	设置对象是否可见。默认值为 true

6．UILoader（加载）组件

UILoader 组件是一个用于显示 SWF、JPEG、渐进式、JPEG 文件 PNG 和 GIF 文件的容器，通过缩放加载器中的内容或调整加载器自身的大小来匹配内容。在默认情况下，将会调整内容的大小以适应加载器。在运行时也可以加载内容，并监控加载进度。UILoader 组件的属性如图 3.90 所示，具体说明见表 3.13。

7．NumericStepper（数字输入框）组件

NumericStepper 组件允许用户逐个选择一组经过排序的数字，它只处理数值数据。该组件由显示在小箭头按钮旁边的文本框中的数字组成。按下按钮时，数字将根据 stepSize 参数中指定的单位递增或递减，直到用户释放按钮或达到最大值或最小值为止。如果需要显示两个以上的数值位置，则必须调整步进器的大小。NumericStepper 组件的属性如图 3.91 所示，具体说明见表 3.14。

图 3.90　UILoader 组件的属性

表 3.13　UILoader 组件的属性

名　称	说　明
autoLoad	设置是否应该自动加载，默认值为 true
enabled	指示组件是否可以接收焦点和输入，默认值为 true
maintainAspectRatio	强制另一个 resize 事件保持高宽比，默认值为 true
scaleContent	如果将该属性设置为 true，那么对内容进行缩放以适合加载器的边界，并在调用 setSize()时重新进行缩放；如果将该属性设置为 false，那么对加载器进行缩放以适合内容大小，并且 setSize()和调整大小属性都会失去作用
source	用于设置要加载的图像或 swf 文件
visible	设置对象是否可见。默认值为 true

图 3.91　NumericStepper 组件的属性

表 3.14　NumericStepper 组件的属性

名　称	说　明
enabled	用于设置组件是否可以接收用户交互
maximum	设置可在步进器中显示的最大值，默认值为 10
minimum	设置可在步进器中显示的最小值，默认值为 0
stepSize	设置每次单击时，步进器增大或减小的单位，默认值为 1
value	设置在步进器的文本区域中显示的值，默认值为 0
visible	设置对象是否可见，默认值为 true

8．ProgressBar（加载进程）组件

ProgressBar 组件用于显示加载内容的进度。ProgressBar 组件的属性如图 3.92 所示，具体说明见表 3.15。

图 3.92　ProgressBar 组件的属性

表 3.15　ProgressBar 组件的属性

名　称	说　明
direction	设置进度栏填充的方向
enable	指示组件是否可以接收焦点和输入，默认值为 true
mode	设置进度栏进行的模式，可以是下列值之一：event、polled 或 manual。默认值为 event
source	设置对加载内容的引用，ProgressBar 将测量对此内容的加载操作进度
visible	设置对象是否可见，默认值为 true

9．RadioButton（单选按钮）组件

使用 RadioButton 组件可以强制用户只能选择一组单选按钮中的一个，用于至少包含两个 RadioButton 实例的组的选择。无论在什么情况下，只有一个单选按钮允许被选中，选择组的其他单选按钮将取消当前选中按钮的选中状态。RadioButton 组件的属性如图 3.93 所示，具体说明见表 3.16。

图 3.93　RadioButton 组件的属性

表 3.16　RadioButton 组件的属性

名　称	说　明
enabled	指示组件是否可以接收焦点和输入，默认值为 true
groupName	单选按钮的组名称，处于同一个组中的单选按钮只能选择其中的一个统一的名称
label	设置单选按钮的文本标签
labelPlacement	确定单选按钮上标签文本的方向。该参数可以是下列 4 个值之一：left、right、top 或 buttom，默认值为 right
selected	设置单选按钮在初始化时是否被选中，如果组内有多个单选按钮被设置为 true，则会选中最后实例化的单选按钮
value	为按钮设置一个值，以便程序调用
visible	设置对象是否可见，默认值为 true

10．ScrollPane（滚动窗格）组件

ScrollPane 组件用于在一个可滚动区域中显示影片剪辑、JPEG 文件和 SWF 文件。通过使用滚动窗格，可以限制某些媒体类型所占用的屏幕区域的大小。ScrollPane 组件的属性如图 3.94 所示，具体说明见表 3.17。

图 3.94　ScrollPane 组件的属性

表 3.17　ScrollPane 组件的属性

名　称	说　明
enabled	指示组件是否可以接收焦点和输入，默认值为 true
horizontalLineScrollSize	设置每次单击箭头按钮时，水平滚动条移动多少个像素，默认值为 4
horizontalPageScrollSize	设置每次单击轨道按钮时，水平滚动条移动多少个像素。当该值为 0 时，该属性检索组件的可用宽度
horizontalScrollPolicy	设置水平滚动条
verticalLineScrollSize	指示每次单击滚动箭头时，水平滚动条移动多少个像素，默认值为 4
verticalPageScrollSize	指示每次单击滚动轨道时，垂直滚动条移动多少个像素，默认值为 0
verticalScrollPolicy	显示垂直滚动条，该值可以为 on、off 或 auto
scrollDrag	确定当用户在滚动窗格中拖动内容时是否发生滚动
source	设置滚动区域内的图像文件或 swf 文件
visible	设置对象是否可见，默认值为 true

11．TextArea（文本域）组件

TextArea 组件比较简单，其效果相当于多行的 TextField 对象，属性如图 3.95 所示，具体说明见表 3.18。

12．TextInput（输入文本框）组件

TextInput 组件是单行文本组件，用于输入文本。TextInput 组件的属性如图 3.96 所示，具体说明见表 3.19。

13．ColorPicker（调色板）组件

ColorPicker 组件包含一个或多个颜色的调色板，用户可以从中选择颜色。在舞台中添加 ColorPicker 组件后，可以通过参数面板设置 ColorPicker 组件相关参数，属性如图 3.97 所示，具体说明见表 3.20。

表 3.18 TextArea 组件的属性

名　称	说　明
CondenseWhite	设置是否从包含 html 文本的 TextArea 组件中删除额外空白
editable	设置 TextArea 组件是否可编辑
enabled	指示组件是否可以接收焦点和输入，默认值为 true
horizontalScrollPolicy	设置水平方向的滚动条，包含 auto、on 和 off 3 个参数值
htmlText	设置文本是否采用 HTML 格式
verticalScrollPolicy	设置垂直方向的滚动条，包含 auto、on 和 off 3 个参数值
visible	设置对象是否可见，默认值为 true
text	设置 TextArea 组件的内容
wordWrap	设置文本是否可以自动换行
maxChars	设置文本区域最多可以容纳的字符数
restrict	指示用户可以输入文本区域中的字符集

图 3.95　TextField 组件的属性

图 3.96　TextInput 组件的属性

表 3.19 TextInput 组件的属性

名　称	说　明
editable	设置 TextInput 组件是否可编辑
displayAsPassword	设置字段是否显示为密码字段
text	设置 TextInput 组件的内容
enabled	指示组件是否可以接收焦点和输入，默认值为 true
maxChars	设置用户可以在文本字段中输入的最大字符数
restrict	设置文本字段从用户处接收的字符串
visible	设置对象是否可见，默认值为 true

图 3.97　ColorPicker 组件的属性

表 3.20 ColorPicker 组件的属性

名　称	说　明
enabled	指示组件是否可以接收焦点和输入，默认值为 true
selectedColor	设置 ColorPicker 组件的调色板中当前加亮显示的颜色
showTextField	设置是否显示 ColorPicker 组件中选择颜色的颜色值，其参数为布尔值
visible	设置对象是否可见，默认值为 true

14．DataGrid（数据网格）组件

DataGrid 组件是基于列表的组件，提供呈行和列分布的网格。可以在该组件顶部指定一个可选标题行，用于显示所有属性名称。每一行由一列或多列组成，其中每一列表示属于指定数据

对象的一个。DataGrid 组件用于查看数据，但不适合用做类似于 HTML 表格的布局。DataGrid 组件属性如图 3.98 所示，具体说明见表 3.21。

表 3.21　DataGrid 组件的属性

名　称	说　明
allowMultipleSelection	设置能否一次选择多个列表项目，其参数为布尔值
editable	设置用户能否编辑数据中的项目
headerHeight	设置 DataGrid 标题的高度，单位为像素
horizontalLineScrollSize	设置每次单击箭头按钮时，水平滚动条移动多少个像素。默认值为 4
horizontalPageScrollSize	设置每次单击轨道按钮时，水平滚动条移动多少个像素。当该值为 0 时，该属性检索组件的可用宽度
horizontalScrollPolicy	设置水平滚动条
resizableColumns	设置用户能否更改列的尺寸
rowHeight	设置 DataGrid 组件中每一行的高度，单位为像素
showHeaders	设置是否显示列标题，单位为像素
sortableColumns	设置用户能否通过单击列标题单元格对数据提供者中的项目进行排序
verticalLineScrollSize	指示每次单击滚动箭头时，水平滚动条移动多少个像素。默认值为 4
verticalPageScrollSize	指示每次单击滚动轨道时，垂直滚动条移动多少个像素。默认值为 0
verticalScrollPolicy	显示垂直滚动条，该值可以为 on、off 或 auto

图 3.98　DataGrid 组件的属性

15．Slider（滑块）组件

使用 Slider 组件，用户可以在滑块轨道的端点之间移动滑块来选择相应的数值，Slider 组件的当前值有滑块的相对位置确定，端点对应于 Slider 组件的 minimum 和 maximum 值。在舞台中添加 Slider 组件后，可以通过参数面板设置 Slider 组件的相关参数，组件属性如图 3.99 所示，具体说明见表 3.22。

图 3.99　Slider 组件的属性

表 3.22　Slider 组件的主要属性

名　称	说　明
direction	设置滑块轨道是水平还是垂直
maximum	设置 Slider 组件实例所允许的最大值
minimum	设置 Slider 组件实例所允许的最小值
snapInterval	设置用户移动滑块时值增加或减小的量
tickInterval	设置相对于组件最大值的刻度值间距
value	设置 Slider 组件的当前值

16．TileList（平铺列表）组件

TileList 组件提供呈行和列分布的网格，通常用来以"平铺"格式设置并显示图像。在舞台

中添加 TileList 组件后，可以通过参数面板设置 TileList 组件的相关参数，组件属性如图 3.100 所示，具体说明见表 3.23。

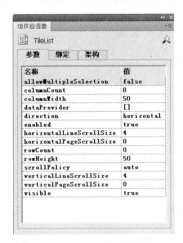

图 3.100　TileList 组件的属性

17．UIScrollBar（UI 滚动条）组件

UIScrollBar 组件包括所有滚动条功能，此组件可以被附加到 TexField 组件实例中。在舞台中添加 UIScrollBar 组件后，可以通过参数面板设置 UIScrollBar 组件的相关参数，组件属性如图 3.101 所示，具体说明见表 3.24。

图 3.101　UIScrollBar 组件的属性

表 3.23　TileList 组件的主要属性

名　　称	说　　明
allowMultipleSelection	设置是否一次选择多个列表项目，其参数为布尔值：true 表示可以一次选择多个项目；false 表示一次只能选择一个项目
columnCount	设置在列表中可见的列的列数
columnWidth	设置应用于列表中的列的宽度，以像素为单位
dataProvider	设置要查看的项目列表的数据模型
direction	设置 TileList 组件是水平滚动还是垂直滚动
horizontalLineScrollSize	在显示水平滚动条下，单击水平方向上滚动条时水平移动的数量。其单位为像素，默认值为 4
horizontalPageScrollSize	设置单击滚动条时，水平滚动条上滚动滑块要移动的像素数。当该值为 0 时，该属性检索组件的可用宽度
rowCount	设置在列表中可见的行的行数
rowHeight	设置应用于列表中每一行的高度，以像素为单位
scrollPolicy	设置 TileList 组件的滚动策略
verticalLineScrollSize	在显示垂直滚动条下，单击垂直方向上滚动条时垂直移动的数量。其单位为像素，默认值为 4
verticalPageScrollSize	设置单击滚动条时，垂直滚动条上滚动滑块要移动的像素数。当该值为 0 时，该属性检索组件的可用高度

表 3.24　UIScrollBar 组件的主要属性

名　　称	说　　明
direction	设置滚动条是水平还是垂直
scrollTargetName	设置被附加滚动条的对象的实例名称

3.4.2　组件综合利用实例

1．制作目的
使用各种组件制作一个新用户资料的登记表。

2．制作要点
利用 TextInput 组件、RadioButton 组件、ComboBox 组件、List 组件、Check 组件和 Button 组件来进行制作。

3．作品效果
作品效果如图 3.102 所示。

4. 制作步骤

STEP 1 新建 Flash 文档

新建一个 Flash 文档，并用文本工具在文档中输入需要登记的内容，如图 3.103 所示。

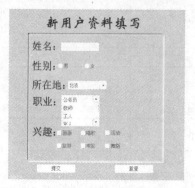

图 3.102　作品效果

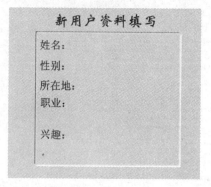

图 3.103　输入文本

STEP 2 放置组件

① 放置 TextInput 组件

执行"窗口"→"组件"命令，打开组件面板。在组件面板中找到"User Interface"→"TextInput"，将 TextInput 组件拖动到"姓名"旁边，如图 3.104 所示。

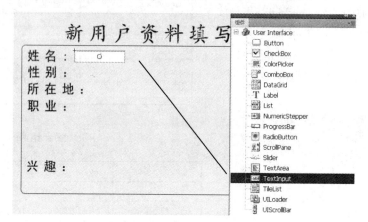

图 3.104　放置 TextInput 组件

② 放置 RadioButton 组件

在组件面板中找到"User Interface"→"RadioButton"，将 RadioButton 组件拖到"性别"旁边。打开属性面板的"参数"选项卡，将 label 属性设置为"男"，selected 属性设置为"true"，如图 3.105 所示。使用同样的方法再拖放一个 RadioButton 组件，将 label 属性设置为"女"，其他不变。

③ 放置 ComboBox 组件

在组件面板中找到"User Interface"→"ComboBox"，将 ComboBox 组件拖动到"所在地"旁边。打开属性面板的"参数"选项卡，单击 label 属性旁的 **[ ]**，弹出值面板。单击"+"按钮，添加值，将编号为 0 的值设为"北京"，编号为 1 的值设为"上海"，编号为 2 的值设为"天津"，然后单击"确定"按钮，如图 3.106 所示。

图 3.105　放置 RadioButton 组件

④ 放置 List 组件

在组件面板中找到"User Interface"→"List"，将 List 组件拖动到"职业"旁边。打开属性面板的"参数"选项卡，单击 labels 属性旁的**[ ]**，弹出值面板。单击"+"按钮，添加值，分别输入"公务员"、"教师"、"工人"、"军人"、"学生"、"农民"，然后单击"确定"按钮，如图 3.107 所示。

图 3.106　放置 ComboBox 组件

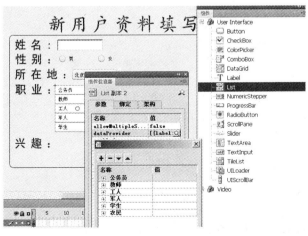

图 3.107　放置 List 组件

⑤ 放置 CheckBox 组件

在组件面板中找到"User Interface"→"CheckBox"，将 CheckBox 组件拖动到"兴趣"旁边。打开属性面板的"参数"选项卡，将 label 属性设置为"画画"。用同样的方法拖动几个 CheckBox 组件到舞台上，分别将它们的 label 属性设置为"唱歌"、"运动"、"旅游"、"电影"和"舞蹈"。最后打开对齐面板，将这些复选框控件排列整齐，如图 3.108 所示。

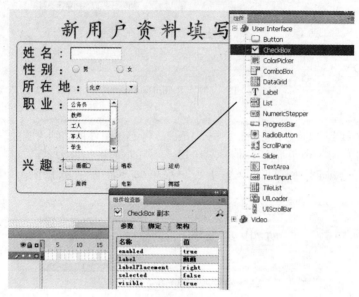

图 3.108　放置 CheckBox 组件

⑥ 放置 Button 组件

在组件面板中找到"User Interface"→"Button"，将 Button 组件拖动到舞台左下方，将 label 属性设置为"提交"。使用同样的方法在舞台右下方放置一个 Button 组件，将 label 属性设置为"重置"，如图 3.109 所示。

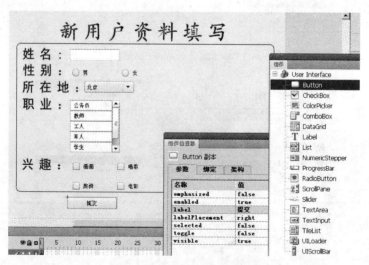

图 3.109　放置 Button 组件

STEP **3** 完成作品，按 Ctrl+Enter 组合键测试效果

3.5 ActionScript 基础

每次 Flash 升级，基本都会带来 ActionScript 脚本语言的升级，在 Flash CS4 中，同时也更加完善了 ActionScript 3.0 脚本语言，使得 Flash 的编程方式更加趋向传统程序。利用 ActionScript 进行编程，制作交互式动画，它既可以应用在帧上，也可以应用在元件上。动作面板就是专门用来编写 ActionScript 语句的部件，如图 3.110 所示。执行"窗口"→"动作"命令即可打开动作面板。动作面板中的重要按钮说明见表 3.25。

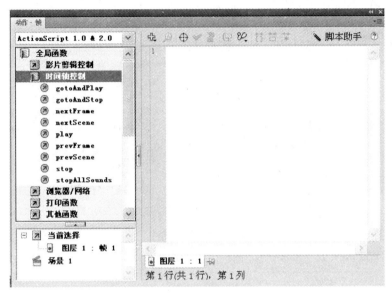

图 3.110　动作面板

表 3.25　动作面板中的重要按钮

图　标	名　称	说　明
⊹	将新项目添加到脚本中	用于添加代码，单击后出现一个放置了所有代码的下拉式菜单
⌕	查找	用于查找和替换代码
⊕	插入目标路径	用于指定动作的名称和地址，以控制影片或者下载地址
✓	语法检查	用于核对代码的正确性。如果发现错误的代码，将出现提示信息
▤	自动套用格式	用于将杂乱无章的代码按书写规则自动排版
⊡	显示代码提示	当用户无法记起某个参数时，单击该按钮将给予提示
⊗	调试选项	用于对编写完的代码进行调试，单击该按钮将出现下拉菜单
⦃⦄	折叠成对的大括号	添加成对的大括号，用于划分代码区域
⊞	折叠所选	折叠用户选中的代码，以缩写省略的形式显示
⊛	展开全部	展开折叠的代码，恢复原始状态
⦿	应用块注释	添加注释/**/
⊙	帮助文件	用于查看 ActionScript 的帮助信息
✎ 脚本助手	脚本助手	单击该按钮，将进入另外一种模式的动作面板，该面板比较适合初学者使用

3.5.1　插入 ActionScript 代码

在 Flash CS4 中，可以将 ActionScript 代码放置在 FLA 文件中时间轴的关键帧上或者外部脚本文件中。

1．在 FLA 文件中时间轴的关键帧上插入 ActionScript 代码

① 执行"文件"→"新建"命令，打开"新建文档"对话框。在"类型"栏中选择"Flash 文件（ActionScript3.0）"选项，单击"确定"按钮，如图 3.111 所示。

② 选中图层的第 1 帧，打开动作面板，即可为该 FLA 文件添加脚本。此时，添加了脚本的那一帧上会出现符号 a，如图 3.112 所示。

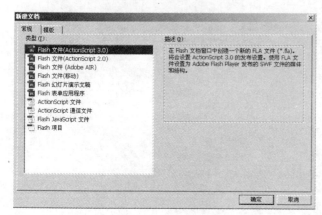

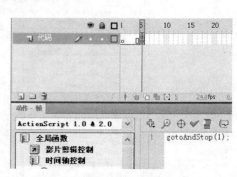

图 3.111　新建文档　　　　　　　　　　图 3.112　在动作面板中输入 ActionScript 代码

注意：在 FLA 文件中，只能将脚本添加在关键帧中。如果尝试在其他地方添加代码，脚本编辑窗口中会出现错误提示"无法将动作应用于当前所选内容"。

在编写 ActionScript 代码时，最好将代码放置在一个特定的图层中，这样可以使图层结构更加清楚。

2．外部脚本 ActionScript 文件

① 执行"文件"→"新建"命令，打开"新建文档"对话框。在"类型"栏中选择"ActionScript 文件"选项，单击"确定"按钮，如图 3.113 所示。

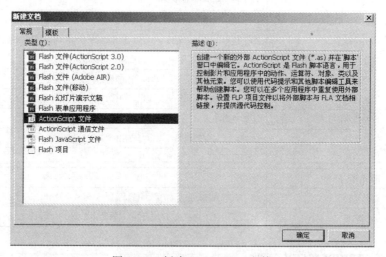

图 3.113　新建 ActionScript 文件

② 在打开的脚本编辑窗口中，添加脚本即可，如图 3.114 所示。

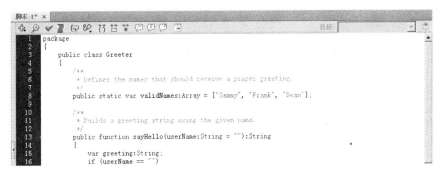

图 3.114　ActionScript 文件编辑窗口

3.5.2　编辑 ActionScript 脚本

在 Flash CS4 中，可以通过以下几种方式来创建脚本语句。

1. 脚本助手模式

在使用 ActionScript 脚本时，可以借助一些工具来帮助编写。"脚本助手"就是一个很好的选择，它可以帮助用户在 FLA 文件中添加代码。在使用过程中，它会提供一个输入参数的窗口，用户并不需要知道详细的语法规则，只要知道自己在完成项目的时候会用到哪些函数就可以了。

在动作面板中单击"脚本助手"按钮，切换至脚本助手模式。在脚本助手模式下，工具栏也发生一些变化，见表 3.26。

表 3.26　脚本助手模式下的工具栏按钮

图　　标	介　　绍	使　用　方　法
	将新的属性、事件或者方法添加到脚本中去	单击按钮，在菜单中选择需要添加的动作
	查找和替换内容	单击按钮，打开"查找替换"窗口，输入需要查找或替换的内容，执行对应操作
	插入目标路径	单击按钮，显示当前舞台中所有实例的相对或绝对路径，选中实例，单击"确定"按钮，该实例的目标路径便会在脚本编辑窗口中出现
	上下移动所选动作	选中需要移动的语句，单击按钮即可
	打开或者关闭面板左侧的工具箱	单击按钮，打开或者关闭工具箱

下面使用一个简单的函数 trace( )来说明脚本助手的使用方法，具体步骤如下。

① 选中图层的第 1 帧，打开动作面板，并切换至脚本助手模式。

② 单击脚本工具箱中的"语言元素"，找到其下"全局函数"中的 trace 函数，双击它或者直接拖入脚本编辑窗口中。在动作面板的上方，可以看见对函数功能的简单介绍和一个"参数"输入栏，如图 3.115 所示。

③ 在"参数"输入栏中输入"Welcome to Flash!"。注意，这是文本并不是表达式，不要选中"表达式"复选框，如图 3.116 所示。

图 3.115　脚本助手模式

图 3.116　输入参数

按照以上步骤，再配合使用工具栏中的相应工具，用户便可以轻松地创建 ActionScript 语句。脚本助手模式更适合 ActionScript 初学者和 Flash 动画师使用。

2．用户编辑模式（标准模式）

对于对 ActionScript 比较熟悉的高级用户来说，可以使用用户编辑模式创建 ActionScript 语句，方法非常简单，在脚本编辑窗口中直接输入代码即可。当然，工具栏及动作工具箱中的功能依然适用。例如，回到动作面板中，在未选择脚本助手的情况下，在脚本编辑窗口输入：

```
trace("Welcome to ActionScript!");
```

3．组件

组件是 Flash CS4 中的一个内置功能，可以利用组件实现诸如视频播放器、滚动条等功能。通过 ActionScript 3.0，可以控制组件的功能，并且自定义组件的用户界面。关于这一部分的知识，已经在前面的章节有介绍。

3.5.3　脚本辅助

当用户创建 ActionScript 语句遇到困难时，可以通过以下几种方式解决。

① 动作工具箱。只要知道需要的功能，即可在工具箱中找到相应的属性或函数。

② 代码提示。通过在动作面板的首选参数和脚本选项菜单中打开代码提示，可以获得 Flash 对全局函数、语句和内置类的方法或属性的提示。这时，当用户输入一个关键字时，Flash 会自动识别该关键字并自动弹出适用的属性或方法列表供用户选择。

例如，输入"trace("，Flash 会给出如图 3.117 所示提示。

图 3.117　参数提示

输入 "for("，Flash 会给出如图 3.118 所示提示。

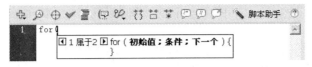

图 3.118　语法提示

当需要为变量声明数据类型时，输入 "："后，Flash 会给出如图 3.119 所示提示。

图 3.119　数据类型提示

当实例化出某个类的对象，需要调用该类的具体方法时，输入 "."后，Flash 会给出如图 3.120 所示的提示。

图 3.120　方法提示

Tips

如果知道需要查找的方法或属性名称的前几个字母，代码提示的效率会更高。例如，使用 TextField 类的 background 属性，输入 "."出现代码提示菜单后，继续输入 "b"，则代码提示菜单自动选择以字母 b 开头的属性，用键盘的上下键或鼠标选择，按回车键或双击即可使用。

③ 使用后缀。可以通过为变量添加后缀名称，而不是指定数据类型来获得代码提示。例如，可以获得 Button 类代码提示的后缀是_btn，如图 3.121 所示。

图 3.121　使用后缀

注意：这种方法源自 ActionScript 3.0 之前的版本，为了更好地体现 ActionScript 3.0 的面向对象特性，不建议采用这种方式。

④ 帮助文档。执行"帮助"→"帮助"命令（快捷键 F1）即可打开帮助文档。在左侧窗口中，针对自己需要查看的问题打开相应目录即可。也可以直接在"搜索"栏中输入问题关键字，单击"搜索"按钮开始查找。

⑤ 如果在编写代码的过程中遇到了问题，例如，不清楚某个函数的使用方法，可以直接选中整个函数，然后按快捷键 F1 或右击，从弹出的快捷菜单中选择"查看帮助"命令进行查找。

3.5.4　ActionScript 编程基础

与其他图形动画制作软件相比，Flash 的最大优势在于类似 C++语言环境的编程系统。借助如此有力的工具，可以在制作动画的时候锦上添花。

1．数据类型

ActionScript 3.0 中的数据类型包括原始数据类型和复杂数据类型两种。原始数据类型包括布尔、数值和字符串等，是 ActionScript 在最低抽象层中存储的值，这意味着对原始数据类型的操作比对复杂数据类型的操作往往更快、更高效。复杂数据类型也称引用数据类型，包括影片剪辑和对象。还有两类特殊的数据类型：空值和未定义。ActionScript 3.0 中的数据类型见表 3.27。

表 3.27　ActionScript 3.0 中的数据类型

数 据 类 型	说　　明
布尔（Boolean）	布尔数据类型只包括两个值 true 和 false。在 Flash CS4 脚本中，需要将 true 和 false 转换为 1 和 0。布尔值常用于逻辑运算
数字（Number）	ActionScript 3.0 包含三种特定的数据类型：①Number：任何数值，包含小数部分或没有小数部分的值；②Int：一个整数（不带小数部分的整数）；③Uint：一个"无符号"整数，即不能为负数的整数
字符串（String）	字符串数据类型表示 16 位字符（字母、数字和标点符号）的序列，可以将一系列字符串放置在单引号或双引号之间，赋值给某个变量
影片剪辑（MovieClip）	数据类型允许使用 MovieClip 类的方法控制影片剪辑元件
对象（Object）	对象是属性的集合，属性用于描述对象的特性。每个属性都有名称和值，属性的值可以是任意 Flash 数据类型，甚至是对象数据类型
空值与未定义类型	空值数据类型只有一个值，即 NULL。可以用来表明变量或函数还没有接收到值或变量不再包含值。未定义数据类型只有一个值，即 undefined，用于尚未分配值的变量

2．变量声明

在 ActionScript 3.0 中，声明变量时需要声明数据类型，声明方式如下：

　　var 变量名:数据类型;
　　变量名=值

或者　　　var 变量名:数据类型 = 值

例如：

　　var count: Number;
　　count = 10

或者　　　var count: Number = 10

对于类类型的变量，使用 new 关键字进行初始化，类类型的变量又称为对象，或者引用类型变量，例如：

　　var box:Sprite=new Sprite();

ActionScript 3.0 中，变量在代码中是有严格的作用范围限制的。只有在作用范围内，变量才有效；出了作用范围，变量就不存在了。变量只有先声明才能使用。决定变量作用范围的因素有两个：一个是变量声明的位置，一个是修饰变量可见性的关键字。

根据变量声明的位置判别变量作用范围很简单，变量只在它被声明时所在的代码块中有效，例如：

```
for (var i:int=0;i<10;i++){
    if(i==8){
        var j=i+100;
    }   trace(j);
}
trace(i);
```

上面这个判断只对局部变量（在函数或者判断、循环等语句中声明的变量）有效，对类变量就要以修饰变量的关键字来判定变量的有效范围了。

> **Tips**　ActionScript 3.0 和 ActionScript 2.0 有一个很大的不同，以前在用 AS2 编程的时候可以把代码放在 Flash 第一帧。里面可以放顺序执行的代码，也可以放函数，什么都可以放。而 AS3 的程序，必须有一个默认类为起始，有点像 C 语言的 Main 函数。默认类是可以设置的（右键快捷菜单中），但默认启动类都必须在项目根目录下。在项目中，默认类的文件图标会多一个小箭头。AS3 的代码都被组织到不同的类中。

3．常量
常量是一个属性，在程序的编写过程中，它的值不能改变。

4．区分大小写
编写 ActionScript 时，代码是区分大小写的。

5．关键字
关键字是 ActionScript 中用于执行一项特定操作的单词，不能用做标识符。表 3.28 中列出的是 ActionScript 中的关键字。

表 3.28　ActionScript 中的关键字

break	for	new	var	else	in
continue	function	return	void	typeof	with
delete	if	this	while		

6．函数
函数是为了实现某个功能而设计的指令集合，ActionScript 中的函数声明都使用 Function，其定义如下：

Function　函数名　（参数 1：类型，参数 2：类型，……）；返回值类型 {　语句　}

函数名是调用此函数的字符串，参数作为该函数的输入，参加函数体内部的运算或者操作，返回值由函数体决定。例如：

Function　getmin (a:Number, b:Number):Number{//定义 a、b 的数据类型为 Number

　　if　(a>b)　{

```
        return   b;                              //当满足条件 a>b 时，函数返回值 b
    } else {
        return   a;                              //否则返回值 a
    }
}
```

函数的返回类型声明，在 ActionScript3.0 中不是必须的，但是建议大家还是使用严谨的语法比较好。

ActionScript3.0 的函数的参数可以设置默认值。当函数的参数有默认值的时候，调用者就可以不传递有默认值的参数。例如：

```
function Add(a:Number=2,b:Number=3):void{
    Trace(a+b);
}
```

现在可以直接调用 Add()，这时将输出 5，也可以调用 Add(4)，这时 a 将被赋值为 4，输出结果为 7。

ActionScript 3.0 的函数必须在类中声明，函数作为类的一个功能或者行为被描述。

7. 类和包

包是 ActionScript 3.0 中用来组织代码的形式，包使用 package 关键字声明，包必须与其所在目录名相同，根目录下的包没有名字。在 ActionScript 3.0 中声明类使用 class 关键字，并且类名要和文件名一致。现在声明一个影片剪辑类：

```
package Test{
    public class Document{
    }
}
```

在使用类类型的变量的时候需要使用 new 关键字进行对象初始化。在程序执行时，new 关键字会引发运行环境调用类的构造函数。构造函数是一种特殊的函数，它同样使用 function 关键字声明，它的名字和类名一样。构造函数不需要声明返回类型。现在为影片剪辑类加上构造函数：

```
package Test{
    public class Document({
        public function Document(name:String,alpha:int=50){
    }
}
```

实例化影片剪辑类如下：

```
var myMC1:Document=new Documents("Document1");
var myMC2:Document=new Documents("Document2",50);
```

上面声明类和构造函数时都用到了 public 关键字，这就是可见性修饰关键字。

可见性修饰关键字包括以下几种。

① public：公有的。当类声明为公有的时候，它在其他所有类中都可以被使用。当变量和函数被声明为公有时，它们将可以被外部访问和调用，并且子类可以继承父类声明为公有的变量和函数。

② private：私有的。private 只用在变量和函数上，当声明为私有的时候，它们将只能在这个类中被使用。外部类不知道这些私有成员的存在，也不能调用和使用它们，并且子类不能继承和访问到父类声明为 private 的变量和函数。当类变量和函数没有显示的声明，为别的可见类型时，它将默认为 private 类型。

③ protected：受保护的。protected 也只用在变量和函数上，当声明为 protected 时，它们将不能被外部类使用。但是和 private 不同，子类能以父类声明为 protected 的变量和函数。

④ internal：内部的。当声明为 internal 时，它将只能在所在的包的范围内被使用，其他包中的类不知道另一个包中的 internal 类型的类的存在。当函数或者变量被声明为 internal 时，它们一样只能在所在包范围内被使用。

⑤ function：关键字在类中还有别的用途，它用来声明类属性。有时可能需要让外部访问一个类变量，但是不希望外部修改这个变量的值；或者当外部对一个类变量赋新值的时候，需要同步更新另外一个变量；又或者类的变量是通过外部的值和内部的一个私有值间接计算得来的。像这些应用场景，都可以使用属性。

属性分为两种，一种是"读"属性，另一种是"写"属性。"读"属性使用 function 加 get 关键字；"写"属性使用 function 加 set 关键字，并需要声明返回值。现在给影片剪辑类加上两个属性，并顺便试一试可见性修饰关键字。

```
package Test{
  public class Document({
      public function Document(name:String,alpha:int=50){
          this._name=name;
          this._alpha=alpha;
      }
      public function get Name():String{
          return   this._name;
      }
      public function set Name(name:String) {
          this._name=name;
      }
      public function get Alpha():int{
          return   this._alpha;
      }
  }
```

访问属性和访问公有的变量没有区别，例如：

```
var myDC:Document=new Document("Document1");
trace(myDC.Name);//输出 Document1;
myDC.Name="YY";
trace(myDC.Name);//输出 YY
```

上面还使用了一个 this 关键字，this 关键字是对类的当前实例的引用。与变量和函数作用范围相关的关键字还有 static。

⑥ static：静态的。当变量或函数被声明为 static 时，它们将只能通过类访问。而不是类的实例。并且静态的函数只能使用静态的变量。static 关键字可以与 public、private 等关键字一起使用。

假设把 Name 属性声明为公有静态的：

```
public static function get Name():String
```

这时候就不能使用原有的_name 内部变量了，需要把_name 也声明为静态的，才能让 Name 属性访问得到：

```
private static var _name:String;
public static function get Name():String{
    return _name;
}
public static function set Name(name:String){
    this._name=name;

}
```

而外部要使用 Name 属性的时候变成这样：

```
DC.Name="Alpha1";
Trace(DC.Name);
```

静态函数不能访问实例变量，但是实例函数却可以访问静态变量，静态变量在这个类中只有一个，可以让这个类的所有的实例共享。这点很像全局变量。被 static 修饰的方法和属性，可以在不能被实例化的情况下使用，因此这些方法和属性是不能被继承的。可以直接通过类名加属性名或者类名加属性的方式，来调用静态的方法或属性。

8．运算符

与一般的编程语言相同，ActionScript 也使用运算符对操作数（运算符处理的值）进行运算。运算符分为数值运算符、关系运算符、赋值运算符、逻辑运算符、等于运算符和位运算符 6 种，下面分别介绍。

（1）数值运算符

数值运算符可以执行加、减、乘、除及其他数学运算。数值运算符参见表 3.29。数值运算符的优先级别与一般的数学公式的优先级别相同。

表 3.29　数值运算符

运　算　符	执行的运算	运　算　符	执行的运算	运　算　符	执行的运算
%	取模	－	减	++	递增
*	乘	|	除	－－	递减
+	加或连接（合并）字符串				

（2）关系运算符

关系运算符用于对两个表达式进行比较，根据比较的结果，得到一个 true 值或 false 值。关系运算符参见表 3.30。

表 3.30　关系运算符

运　算　符	执行的运算	运　算　符	执行的运算	运　算　符	执行的运算
<	小于	>=	大于等于	<=	小于等于
>	大于	instanceof	检查原型链	in	检查对象属性

（3）赋值运算符

赋值运算符用于给变量赋值，它可以根据一个操作数的值对另一个操作数进行赋值，或者使用赋值运算符给相同表达式的多个变量赋值，还可以使用混合赋值运算符。混合赋值运算符可以先对两边的数进行操作，然后将新值赋给第一个操作数。例如，以下的两个表达式是完全等价的，都是先在变量 y 上加上 5，然后将新值赋值给 y：

　　　　y=y+5　等同于　y+=5

赋值运算符参见表 3.31。

表 3.31　赋值运算符

运　算　符	执行的运算	运　算　符	执行的运算
=	赋值	<<=	按位左移位并赋值
+=	相加并赋值	>>=	按位右移位并赋值
—=	相减并赋值	>>>=	按位无符号右移位赋值
*=	相乘并赋值	^=	按位"异或"赋值
%=	取模并赋值	|	按位"或"赋值
/=	相除并赋值	&=	按位"与"赋值

（4）逻辑运算符

逻辑运算符用于对布尔值进行比较，然后根据比较结果返回一个新的布尔值。

如果两个操作数都为 true，则逻辑"与"运算符（&&）返回 true；除此以外的情况都返回 false。如果其中一个操作数为 true 或两个操作数都为 true，则逻辑"或"运算符（||）将返回 true。逻辑运算符见表 3.32。

表 3.32　逻辑运算符

运　算　符	执行的运算	运　算　符	执行的运算符	运　算　符	执行的运算符
&&	逻辑"与"	!	逻辑"非"	||	逻辑"或"

（5）等于运算符

使用等于运算符可以确定两个操作数的值或标识符是否相等，返回一个布尔值。如果操作数是字符串、数字或布尔值，它们将通过值来进行比较；如果操作数是对象或数组，将通过引用来进行比较。等于运算符见表 3.33。

表 3.33　等于运算符

运　算　符	执行的运算	运　算　符	执行的运算
==	等于	!=	不等于
===	全等	!==	完全不等于

（6）位运算符

位运算符对一个浮点数的每一位进行计算并产生一个新值。位运算符又分为按位移位运算符和按位逻辑运算符，它们都有两个操作数。按位移位运算符将第一个操作数的各位按第二个操作数指定的长度移位。按位逻辑运算符执行位级别的逻辑运算。位运算符见表 3.34。

表 3.34　位运算符

运　算　符	执行的运算	运　算　符	执行的运算
&	按位"与"	<<	左位移
^	按位"异或"	>>	右位移
|	按位"或"	>>>	右位移填零
~	按位"非"		

9．ActionScript 中的基本语句

（1）条件语句

① if 条件语句

最简单的 if 条件语句如下：

```
if(条件 1) {
    语句 1                    //当满足条件 1 时，执行语句 1
}
```

一般，else 都与 if 一起使用表示较为复杂的条件判断：

```
if(条件 1) {
    语句 1                    //当满足条件 1 时，执行语句 1
} else {
    语句 2                    //否则执行语句 2
}
```

以下是包括 else if 的条件判断的完整语句：

```
if(条件 1) {
    语句 1                    //当满足条件 1 时，执行语句 1
} else if(条件 2)    {        //否则判断是否满足条件 2
    语句 2                    //如果满足条件 2，就执行语句 2
    } else {
        语句 3                //如果都不满足，就执行语句 3
    }
```

来看一个简单的例子：

```
if(a==b) {
    trace("a 和 b 相等");
} else {
    trace ("a 和 b 不相等");
}
```

程序中，a==b 用于判断 a 和 b 是否相等。如果相等，则执行语句 trace（"a 和 b 相等"）；否则执行语句 trace（"a 和 b 不相等"）。

② 特殊条件判断语句

特殊条件判断语句一般用于赋值，其本质是一种计算形式，格式为：

变量 a = 判断条件？表达式 1:表达式 2;

如果判断条件成立，a 就取表达式 1 的值；如果不成立，就取表达式 2 的值。例如：

```
var a : Number = 1;
var b : Number = 2;
var max : Number = a > b ? a : b;
```

执行以后，max 为 a 和 b 中较大的值，即值为 2。

（2）循环语句

① for 循环

for 循环语句的完整格式如下：

```
for (初始化;条件;改变变量) {
            语句
        }
```

其中，在"初始化"中定义循环变量的初始值，"条件"用于确定什么时候退出循环，"改变变量"是指循环变量每次改变的值。例如：

```
Sum = 0
for (var   i = 1 ; i <= 30; i + + ){
        Sum = Sum + 1;
    }
```

初始化循环变量 i 为 1，每循环一次，i 就加 1，并且执行一次 Sum = Sum + 1，直到 i=30 时，停止增加 Sum。

Sum 最后的结果是 465。

② while 和 do while 循环

for 语句的特点是，具有确定的循环次数，而 while 和 do while 语句没有确定的循环次数，具体格式如下：

```
while (条件) {
        语句
    }
```

以上代码只要满足"条件"，就一直执行"语句"的内容。

```
do {
        语句
    } while    (条件)
```

以上代码先执行一遍"语句"内容，然后再判断"条件"，只要满足"条件"，继续执行

"语句" 内容。例如：

```
var i :Number = 0;
var flag : Boolean = false;
while (flag!=true)    {
    if   (myAge [i] = = 23)    {
        flag = true;
        break;
    }
    i ++;
}
```

在这段代码中，只有 flag 变成 true 时，才退出循环。确切来说，这段代码的作用是寻找 myAge 数组中的值为 23 的数组编号。

 break 语句用来强行退出循环语句，这个语句对 while, do while, for, for…in 等语句都是有作用的。

另外一个相关的语句是 continue，它的作用是跳过循环语句中在 continue 语句之后的部分，直接跳到判断语句处进行判断。例如：

```
for    (var i = 0 ; i < = 100; i + + )    {
    if (myFault [i] = = true)    {
        continue;
    }
    myMoney + = 100;
}
```

以上代码表示，除了 myFault[i]为 true 的记录外，其他的都给 myMoney 加 100。

③ switch 语句

switch 也是一个常用的循环判断语句，完整形式如下：

```
switch   (变量)    {
    case    值 1:
            语句 1
            break;
    case    值 2:
            语句 2
            break;
            ……
    default:
            语句
}
```

switch 语句根据变量值的不同而执行不同的语句。如果当前值不是 case 中所列举的值，就执行 default 后面的语句。例如：

```
switch    (number)    {
    case    1:
```

```
                    trace("case 1 tested true");
                    break;
            case    2:
                    trace("case 2 tested true");
                    break;
            case    3:
                    trace("case 3 tested true");
                    break;
            default:
                    trace("no case tested true")
        }
```

以上代码所测试的 number 是一个数字。当 number 为 1 时，就弹出 case 1 tested true；当 number 为 2 时，就弹出 case 2 tested true；当 number 为 3 时，就弹出 case 2 tested true；如果不是这 3 个值，就弹出 no case tested true。

3.5.5 ActionScript 例子

1. ActionScript 2.0 应用——计算器

通过本例，学习并掌握在 Flash CS4 中利用 ActionScript 2.0 语句制作类似计算器的基本思路和方法，并了解相关 ActionScript 2.0 语句的用法。

本例主要运用 ActionScript 2.0 中的 on(release){PressNum()if} 语句设置影片属性。

① 制作用于表现计算器按钮的“按钮”元件。

② 将图片放置到主场景中，然后新建“按钮”图层，将制作好的“按钮”元件放置到主场景中，并将其复制多个，然后为每个按钮添加相应的语句。

③ 新建“文本框”图层，在场景中拖出一个用于显示数字的文本区域。

④ 新建“控制”图层并在该图层中添加 ActionScript 语句。

作品效果如图 3.122 所示。

制作步骤如下。

STEP **1** 新建 Flash 文档并导入素材

新建一个 Flash 文档，选择 ActionScript 2.0 版。在属性面板中设置文档大小为 210×285 像素，背景颜色设置为白色，如图 3.123 所示。执行“文件”→“导入”→“导入到库”命令，将“面板.jpg”和“输入声.wav”文件导入到库中，如图 3.124 所示。

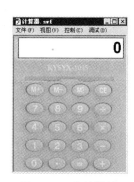

图 3.122　作品效果

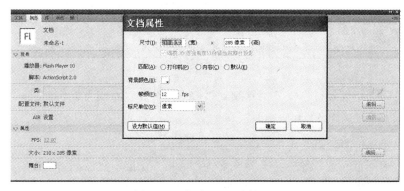

图 3.123　新建 Flash 文档

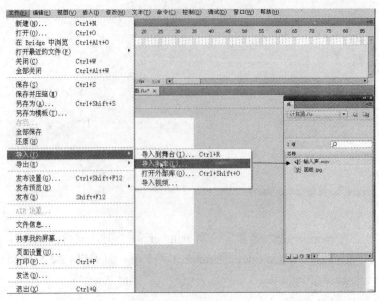

图 3.124　导入素材

STEP 2　绘制按钮

① 绘制图形

新建"按钮"元件，在"指针经过"帧中插入空白关键帧，然后使用椭圆工具在编辑场景中绘制一个 Alpha 值为 35 的黄色椭圆，如图 3.125 所示。

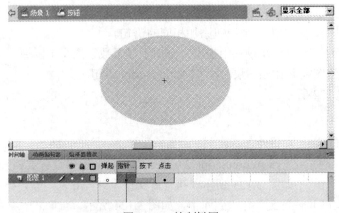

图 3.125　绘制椭圆

> **Tips**　用椭圆工具画好椭圆之后，要先把它转换为元件后才能在属性面板中设置它的透明度。

② 声音设置

将"指针经过"帧分别复制到"按下"帧和"点击"帧中，然后选中"按下"帧，在属性面板中进行如图 3.126 所示的设置。

STEP 3　调整场景

返回主场景，将图层 1 重命名为"面板"图层，然后在库面板中将"面板.jpg"拖动到场景中央，并将其调整到能完全覆盖场景的大小。

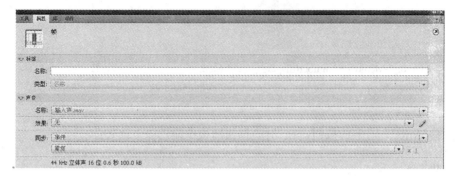

图 3.126 设置声音

新建"按钮"图层,在库面板中将"按钮"元件拖动到场景中,将其复制 19 个并拖放到各按钮的相应位置,如图 3.127 所示。

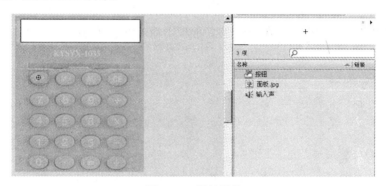

图 3.127 调整场景

STEP 4 输入按钮脚本

① 选择数字"0"对应的按钮,在动作-按钮面板中输入以下语句:

```
On(release) {
        PressNum("0")
}
```

类似地,为数字"1"～"9"对应的按钮输入相应的语句。

② 选择符号"+"对应的按钮,在动作-按钮面板中输入以下语句:

```
On(release) {
        PressOpen("1")
}
```

类似地,为符号"."、"−"、"*"、"÷"、"="对应的按钮输入相应的语句。

③ 选择符号"M+"对应的按钮,在动作-按钮面板中输入以下语句:

```
On(release) {
    Memory=Memory+Number(display);    //将 Memory 的值加上显示的数字后重新赋值给它
    Display=0;                        //在文本框中显示 0
}
```

④ 选择符号"M−"对应的按钮，在动作-按钮面板中输入以下语句：

```
On(release) {
    Memory=Memory−Number(display);   //将 Memory 的值减去显示的数字后重新赋值给它
    Display=0                         //在文本框中显示 0
}
```

⑤ 选择"MRC"对应的按钮，在动作-按钮面板中输入以下语句：

```
On(release) {
    Display=Memory;                   //在文本框中显示 Memory 的值
    Memory=0;                         //将 Memory 的值置为 0
    Clear=true;
}
```

⑥ 选择"CE"对应的按钮，在动作-按钮面板中输入以下语句：

```
On(release) {
    Display="0";
    Dot=false;
}
```

STEP 5 制作显示框

新建"文本框"图层，选中文本工具，在属性面板中进行如图 3.128 所示的设置。

使用文本工具在场景中拖出一个与计算器显示屏同样大小的文本区域，如图 3.129 所示。

图 3.128 设置文本参数   图 3.129 画出文本区域

STEP 6 输入控制脚本

新建"控制"图层，选中第 1 帧，然后在动作-帧面板中输入以下语句：

```
stop();          //停止播放
```

```
Memory = 0;
Display = "0";   //设置 Memory 和 Display 的初始值
Function PressNum(Num) { //定义 PressNum 自定义函数，并在按数字键和 "." 键时调用函数
    if (Clear) {
            Clear = false;
            Dot = false;
            Display = "0";
    }
    if (Display == "0" and Num != ".") {
            Display = Num;
    } else {
            Display = Display+Num;
    }
}
Function PressOper(Oper) {
//自定义 PressOper 函数，并在按 "+"、 "−"、 "*"、 "÷" 键时调用函数
    if (Operator == "+") {
            Display = Number(Opernum)+Number(Display);
    }
    if (Operator == "−") {
            Display = Opernum−Display;
    }
    if (Operator == "*") {
            Display = Opernum*Display;
    }
    if (Operator == "÷") {
            Display = Opernum|Display;
    }
    Clear = true;   //将数值清零
    Dot = false;
    Operator = Oper;
    Opernum = Display;
    if (Oper != "=") {
            Display = Oper;
    }
}
```

STEP **7** 完成作品，按 Ctrl+Enter 键测试效果

2. ActionScript 3.0 应用——文本输出

① 执行 "文件" → "新建" 命令，创建 ActionScript 3.0 文件，命名为 ASTest.fla。

② 执行 "文件" → "新建" 命令，创建 ActionScript 文件，存放到和 ASTest.fla 相同的目录下，命名为 TextShow.as。

③ 打开 ASTest.fla 文件，在属性面板的 "类" 文本框中输入 TextShow。

④ 打开 TextShow.as 文件，确保目标文件为 ASTest.fla。

⑤ 在 TextShow.as 中添加如下代码并保存：

```
Package {
    import flash.display.MovieClip;
    import flash.text.TextField;
    import flash.text.TextFormat;
    public class TextShow extends MovieClip{
    private var text:TextField;
    public function TextShow():void {
    text = new TextField();
    text.multiline = true;
    text.wordWrap = true;
    text.width = stage.stageWidth;
    text.height = stage.stageHeight;
    text.text = "Hello! Welcome to ActionScript 3.0 !";
    var format:TextFormat = new TextFormat();
    format.font = "_sans";
    format.size = 40;
    text.setTextFormat(format);
    addChild(text);
        }
    }
}
```

⑥ 按 Ctrl+Enter 组合键测试影片，弹出以下窗口，如图 3.130 所示。

图 3.130　输出窗口

习题 3

一、填空题

1. 动画是一种通过_____来显示运动和变化的技术，并通过一定速度播放画面以达到连续的动态效果。

2. 从动画的生成机制看，动画分为_____动画和_____动画两种。

3. 从画面对象的透视效果看，动画分为_____动画和_____动画两种。

4. _____是组成 Flash 动画的最基本的单位。

5. 在运用椭圆工具画圆时，同时按住_____键，可以画出正圆形。

6. 在 ActionScript 2.0 中，_____的作用是停止播放动画效果。

二、单选题

1. （　　）属于二维动画制作软件。

    A．Flash CS4　　　　　　　　　　　B．Maya

    C．Softimage 3D　　　　　　　　　　D．3D Max

2. 在 Flash CS4 的工具箱中，主要包含（　　）。

    A．常用的动画效果工具　　　　　　　B．声音工具

    C．绘图工具　　　　　　　　　　　　D．效果工具

3. 假如动画的速度设置为每秒 12 帧，而且对象在每一帧画面中移动 12 个像素（pixel），那么在 Flash 中，处于匀速运动状态的对象的速度就是（　　　）。

    A．1pps
    B．12pps
    C．144pps
    D．288pps

4. 对元件的透明度调整，需要调整属性中的（　　　）值。

    A．亮度
    B．色调
    C．Alpha
    D．渐变色

三、简答题

1. 什么是计算机动画？

2. 图形和影片剪辑两种元件类型有什么不同？

3. 普通帧和关键帧有什么不同？

4. 在 Flash CS4 中，可以插入哪些视频的格式？

5. 什么是帧？什么是图层？

6. 计算机动画是怎样分类的？

四、操作题

1. 制作 3 个按钮，每个按钮的"弹起"、"鼠标经过"、"按下"、"单击"状态各不相同，并且按下的时候有不同声音。

2. 使用矩形工具、线条工具和椭圆工具绘制一个闹钟，如图 3.131 所示。

图 3.131　闹钟

3. 利用逐帧动画的原理，制作一个红绿灯变化的动画，如图 3.132 所示。

图 3.132　红绿灯

4. 利用绘图工具，画出图 3.133 所示的图形。

图 3.133　音符

第4章　网页制作概述

4.1　网页制作简介

在制作网页之前，应该了解有关网页的基本概念，制作网页的常用软件，以及制作网页的基本流程等。

4.1.1　网页的基础知识及常用术语

1．网页的概述

总体来说，与网页有关的基本概念包括网页、网站和主页。

（1）网页：是纯文本格式的 HTML 文件，用任何文本编辑器都可以打开编辑。它也是一种可以在 WWW 网上传输，并被浏览器认识和翻译成页面显示出来的文件。

（2）网站：由一个一个页面构成，是网页的有机结合体。

（3）主页：是网站的第一页，浏览者可以通过主页链接到网站的其他页。

2．网页常用术语

网页常用术语包括域名、IP 地址和超级链接等，分别介绍如下。

（1）域名：是 Internet 上的一个服务器或一个网络系统的名字。域名具有唯一性，在全世界范围内，没有重复的域名。域名分为国内域名和国际域名两种。国内域名由中国互联网络信息中心（CNNIC，China Internet Network Information Center）审批并维护，国际域名由专门的国际机构审批并维护。从技术上讲，域名只是 Internet 中用于解决与 IP 地址对应问题的一种方法。

（2）IP（Internet Protocol）地址：是在网络上分配给每台计算机或网络设备的 32 位数字标识。在 Internet 上，每台计算机或网络设备的 IP 地址是全世界唯一的。一个 IP 地址实际上由网络 ID 号和主机 ID 号两部分组成。IP 地址的格式是 xxx.xxx.xxx.xxx，其中 xxx 是 0～255 之间的任意整数。例如，某网站主机的 IP 地址是 212.22.42.54。

（3）HTTP（Hyper Text Transfer Protocol，超文本传输协议）：是 WWW 浏览器和 WWW 服务器之间的应用层通信协议。HTTP 协议是基于 TCP/IP 之上的协议，它不仅保证正确传输超文本文档，还确定传输文档中的哪一部分，以及哪一部分内容首先显示（如文本先于图形）等。

（4）FTP（File Transfer Protocol，文件传输协议）：是在计算机和网络之间交换文件的最简单的方法。FTP 的主要功能是上传、下载文件，查询文件目录，更改文件名称及删除文件等。

（5）Web 服务器：Web 服务器是放在网络中某个节点上的计算机，其装有某种服务系统，拥有独立的 IP 地址。当客户向 URL 所指定的 Web 服务器发出请求时，Web 服务器根据请求的程序返回相应的内容至客户端，按 HTTP 协议进行交互。

（6）URL（Uniform Resource Locator，统一资源定位器）：用一种统一的格式来描述各种信息资源，包括文件、服务器的地址和目录等，语法是：

<服务类型>://<主机 IP 地址或域名>/<资源在主机上的路径>

（7）超级链接：又叫超链接，指站点内不同网页之间、站点与 Web 之间的链接关系，由链接载体（源端点）和链接目标（目标端点）两部分组成，可以使站点内的网页成为有机的整体，

还能够使不同站点之间建立联系。

（8）导航条（Navigation）：导航条相当于网站的目录，指通过一定的技术手段，为网站的访问者提供一定的途径，使其可以方便地访问到所需的内容。主页的导航条就是它最上面的那些包括网站所有内容的链接。

（9）表单：供浏览者提交填写的信息的交互网页，例如，申请邮箱时在网上填写的各个页面就是表单。

（10）发布：将制作好的网页传到网上的过程就是发布。

4.1.2　网页制作常用软件

要制作一个内容丰富精彩，页面引人入胜的网页，需要使用一些功能强大的软件。这些软件主要有 3 类：网页布局软件，如 Dreamweaver 和 Frontpage 等；图像处理软件，如 Fireworks 和 Photoshop 等；动画制作软件，如 Flash 等。

1．网页布局软件

FrontPage 与 Office 系列软件的其他成员一起组成一个有机的整体，其操作方式与 Office 中的其他组件没有太大的差异，可以非常容易地在网页中插入图表、电子表格、图像等内容，使制成的网页效果更加出色。其规范的界面、简单的操作，更适合初学者使用。

Macromedia 推出的 Dreamweaver 更是一个广受好评的网页设计软件。Dreamweaver 是集网页制作和网站管理于一身的所见即所得的网页编辑器。它是一套针对专业网页设计师特别设计的可视化网页开发工具，利用它可以轻而易举地制作出跨平台和浏览器的充满动感的网页。

2．图像处理软件

Macromedia 公司推出的网页图片制作软件 Fireworks 具有强大的功能，而且操作简便，在网页图像处理中占有无可替代的地位。Fireworks 能够让用户在制作网页素材、处理网页图片、制作导航条及按钮等方面得心应手，游刃有余。同时它又保证用户的网页体积很小，让其在网络中的传输做到呼之即来，随叫随到。

3．动画制作软件

Macromedia Flash 是制作 Web 动画电影的专业标准创作工具。无论创建动画徽标、Web 站点导航控制、长篇动画、完整的 Flash Web 站点，还是 Web 应用程序，Flash 的强大功能和灵活性都使得它成为动画制作工具中的首选。

4.1.3　网站制作的基本流程

要设计出一个精美的网站，前期工作必不可少。一个网站的成功与否，很重要的一个因素就在于它的构思，好的创意及丰富翔实的内容才能够让网站充满勃勃生机。

1．网站的内容

在制作自己的网站之前，首先要确定自己网站的内容。个人网站的设计内容可以从自己的专业或兴趣爱好方面考虑。

2．网站的组织结构

这是网站设计能否成功的关键所在。如果对网站的总体结构了如指掌，设计起来就会得心应手，但是如果网站的总体结构比较混乱，在设计的过程中也就会颠三倒四，无法将自己的想法表达出来，这样的网站一般不会成功。一般网站的组织结构都采用树状结构。

3．资料的收集与整理

在对自己未来的网站有了一个初步的构思后，还需要有丰富的内容去充实它。网页的基本组成元素有三个：文字内容、图片和超链接。而 Internet 的最迷人之处在于它信息的极大丰富性。如果网页只有漂亮的外观而实质内容很少，就不会有人在网页中停留。还要注意的一点是，网站的内容必须合法。

4．选择网站的设计方法

要建立一个网站，还需要选择用哪种方法来实现它。目前，能够用于设计网站的方法有很多，可以使用 HTML 语言来编写，也可以使用网页制作工具（如 FrontPage）来制作。对于一个初学者来说，建议使用所见即所得的网页制作工具来设计网站的框架，然后再用 Java 和 JavaScript 等编程语言来对网站进行修饰。

4.2　HTML 概述

4.2.1　HTML 文档

HTML（Hyper Text Markup Language，超文本置标语言）是一种用来制作超文本文档的简单标记语言。用 HTML 编写的超文本文档称为 HTML 文档，它能独立于各种操作系统平台（如UNIX，Windows 等）。自 1990 年以来，HTML 就一直被用做 World Wide Web 上的信息表示语言，用于描述 Homepage 的格式设计及它与 WWW 上其他 Homepage 的连接信息。

HTML 文档，即 Homepage 的源文件，是一个放置了标记的 ASCII 文本文件，通常它带有.html 或.htm 的文件扩展名。生成一个 HTML 文档主要有以下三种途径：

- 手工直接编写（例如，用 ASCII 文本编辑器或其他 HTML 编辑工具）；
- 通过某些格式转换工具将现有的其他格式文档（如 Word 文档）转换成 HTML 文档；
- 由 Web 服务器（或称 HTTP 服务器）一方实时动态生成。

HTML 是一种描述文档结构的语言，但它不能描述实际的表现形式。HTML 语言使用描述性的标记符（称为标记或标签）来指明文档的不同内容。标记是区分文本各个组成部分的分界符，用来把 HTML 文档划分成不同的逻辑部分（或结构），如段落、标题和表格等。标记描述了文档的结构，它向浏览器提供该文档的格式化信息，以传送文档的外观特征。

用 HTML 语言编写的页面是普通的文本文档（ASCII 码），不含任何与平台和程序相关的信息，它们可以被任何文本编辑器读取。HTML 文档中包含两种信息：

- 页面本身的文本，表示页面元素、结构、格式和其他超文本链接的 HTML 标记；
- 标记。

HTML 标记规定 Web 文档的逻辑结构，并且控制文档的显示格式，也就是说，设计者用标记定义 Web 文档的逻辑结构，但是文档的实际显示由浏览器负责解释。设计者可以使用 HTML 标记来设置链接、标题、段落、列表和字符加亮区域等。

标记的名字用尖括号括起来。HTML 标记一般有起始标记和结束标记两种，分别放在它作用的文档的两边。起始标记与结束标记非常相似，只是结束标记在"<"号后面多了一个斜杠"/"。起始标记告诉 Web 浏览器从此处开始执行该标记所表示的功能，而结束标记告诉 Web 浏览器在这里结束该功能。这类标记的语法格式是：

　　　　<标记> 相应内容 </标记>

其中，"相应内容"部分就是要被这对标记施加作用的部分。例如，想突出某段文字的显示，就

将此段文字放在一对…标记中：

text to emphasize

起始标记中可以包含属性（Attribute）域，其位置从标记名之后空一格的地方开始，在结束符"＞"之前结束。属性域向客户端提供了关于页面元素内容及如何处理的附加信息。

另外，还有些标记称为"单标记"，因为它单独使用就能完整地表达意思，这类标记的语法是：<标记>。

最常用的单标记是<p>，它表示一个段落（Paragraph）的结束，并在段落后面加一空行。又如，换行标记，由于其不包含内容，所以只使用
就可以了。还有一些元素的结束标记是可以省略的，如分段结束标记</>、列表项结束标记</li>、词语结束标记</dt>和定义结束标记</dd>等。

4.2.2 描述页面整体结构的标记

HTML 定义了 3 种标记用于描述页面的整体结构，以及浏览器和 HTML 工具对 HTML 页面的确认。页面结构标记不影响页面的显示效果，它们帮助 HTML 工具对 HTML 文件进行解释和过滤。这些标记是可选的，即使不使用，浏览器通常都仍能读取页面。一般的页面结构如下：

```
<html>
    <head>
            头部信息
    </head>
    <body>
            文档主体，正文部分
    </body>
</html>
```

下面对各标记进行详细说明。

（1）<html>标记

<html>标记是 HTML 文档的第一个标记，它通知客户端该文档是 HTML 文档。结束标记</html>应该出现在 HTML 文档的尾部。

（2）<head>标记

<head>标记出现在文档的起始部分，标明文档的题目（或介绍）、标题或主题信息，该部分包含的是文档的无序信息。若不需要头部信息，可省略此标记。结束标记</head>指明文档标题部分的结束之处。

（3）<body>标记

html 文档中的<body>标记用来指明文档的主体区域，表示正文开始，通常包含其他字符串（如标题、段落、列表等），也可简单地理解成标题以外的所有部分。使用结束标记</body>指明主体区域的结束之处。

4.2.3 HTML 的主要头部标记

在<head>标记对中，通常会包含这样一些标记：<base>、<basefont>、<isindex>、<link>、<meta>、<nextid>、<style>、<title>。

下面，介绍一些常用的头部标记的作用。

（1）<base>：当前文档的 url 全称，即基底网址，使用方法如下。

① <base href="原始地址">：设置本文档的原始地址，使读者知道下载的地址。

例如，在 html 中使用<base href="http://www.myweb.com">语句，链接相对位置为<a href="abc.htm">，这时，浏览器的状态栏的地址将是：http://www.myweb.com/abc.htm。

② <base target="目的框架名">：帮助在本地机上制作网页的时候，能够模拟上传后网页所处的位置，检测网站的目录结构非常方便。

例如，以下语句用于把当前框架中的链接显示到 content 框架中：

<base target="content">

（2）<basefont>：设置整个文档资料使用同一种指定的字体、字号和颜色。

例如，<basefont face="宋体" size=9pt>指定网页的文字默认字体是宋体，大小是 9pt。

（3）<title>：用来设定显示在浏览器左上方的标题内容。一对<title>标记表明了一个网页的总标题，是<head>标记对里面的必须标记。<title>的格式是：

<title>标题文本</title>

其中，标题文本不超过 64 个字符，一般显示在窗口顶端的标题栏中。

（4）<isindex>：用于设置文档的搜索关键字，由服务器自动产生一个可用于检索的网关脚本。

（5）<style>：用于在网页文本中设定 css 层叠样式表代码内容。

（6）<link>：用于显示本文档和其他文档之间的链接关系。这个标记最有用的应用就是外部层叠样式表的定位。

（7）<script>：用于设定页面中程序脚本的内容。

（8）<meta>：无信息标记，位于 html 文档的<head>标记对中，用于描述不包含在标准 html 里的一些文档信息，包括网页关键字、描述、刷新、指定服务器和客户端的可用信息等。它不显示在 html 页面上，但起着重要的作用。例如：

<meta name="keywords" content="yourkeyword">

<meta name="description" content="your homepage's description">

以上语句设置页面的关键字和描述，以便搜索引擎记录并提供给用户查询。

又如：

<meta http-equiv="refresh" content="60"; url="new.htm">

表示浏览器将在 60 秒后自动转到 new.htm 页面。利用这个功能可以使网页在设定时间之后，自动跳转到目录页中。如果缺少 url 项，浏览器将刷新当前页面，例如，www 聊天室的定期刷新。

4.2.4　HTML 的内部主体标记

HTML 的内部主体常用标记介绍如下。

（1）文档整体属性标志

<body bgcolor="">　设置背景颜色，使用名字或 RGB 的十六进制值。

<body text="">　设置文本颜色，使用名字或 RGB 的十六进制值。

<body link="">　设置链接颜色，使用名字或 RGB 的十六进制值。

<body vlink="">　设置已使用的链接的颜色，使用名字或 RGB 的十六进制值。

<body alink="">　设置正在被击中的链接的颜色，使用名字或 RGB 的十六进制值。

（2）格式标记

<p>…</p>　创建一个段落。

<p align="">　将段落按左、中、右对齐。

　插入一个回车换行符。

<blockquote></blockquote>　从两边缩进文本。

<dl>…</dl>　定义列表。

<dt>　放在每个定义术语词前。

<dd>　放在每个定义之前。

<ol>…</ol>　创建一个标有数字的列表。

<ul>…</ul>　创建一个标有圆点的列表。

<li>　放在每个列表项之前。若在<ol>…</ol>之间，则每个列表项前都要加上一个数字；若在<ul>…</ul>之间，则每个列表项前都要加上一个圆点。

<div align="">…</div>　用来排版大块 HTML 段落，也用于格式化表。

（3）文本标记

<pre>…</pre>　预先格式化文本。

<h1>…</h1>　最大的标题。

<h6>…</h6>　最小的标题。

<b>…</b>　黑体字。

<i>…</i>　斜体字。

<tt>…</tt>　打字机风格的字体。

<cite>…</cite>　引用，通常是斜体。

<em>…</em>　强调文本（通常是斜体加黑体）。

<strong>…</strong>　加重文本（通常是斜体加黑体）。

<font size="">…</font>　设置字体大小，从 1 到 7。

<font color="">…</font>　设置字体的颜色，使用名字或 RGB 的十六进制值。

（4）图像标志

<img src="name">　在 HTML 文档中嵌入一个图像。

<img src="name" align="">　排列对齐一个图像：左、中、右或上、中、下。

<img src="name" border="">　设置图像的边框的大小。

<hr>　加入一条水平线。

<hr size="">　设置水平线的厚度。

<hr width="">　设置水平线的宽度，可以是百分比或绝对像素点。

<hr noshade>　没有阴影的水平线。

（5）表格标记

<table>…</table>　创建一个表格。

<tr>…</tr>　表格中的每一行。

<td>…</td>　表格中一行中的每一个格子。

<th>…</th>　设置表格头：通常是黑体居中文字。

<table border="">　设置边框的宽度。

<table cellspacing="">　设置表格单元格之间空间的大小。

<table cellpadding="">　设置表格单元格边框与其内部内容之间空间的大小。

<table width="">　设置表格的宽度，可以是绝对像素值或总宽度的百分比。

<tr align="">　设置表格单元格的水平对齐方式（左中右）。

<tr valign="">　设置表格单元格的垂直对齐方式（上中下）。

<td colspan="">　设置一个表格单元格跨占的列数（默认值为1）。

<td rowspan="">　设置一个表格单元格跨占的行数（默认值为1）。

<td nowrap>　禁止表格单元格内的内容自动断行。

（6）链接标记

<a href="URL">…</a>　创建超文本链接。

<a href="mailtEMAIL">…</a>　创建自动发送电子邮件的链接。

<a name="name">…</a>　创建位于文档内部的书签。

<a href="#name">…</a>　创建指向位于文档内部书签的链接。

（7）表单标记

<form>…</form>　创建表单。

<select multiple name="name" size="">…</select>　创建滚动菜单。size 属性用于设置在滚动前可以看到的表单项数目。

<option>…</option>　设置每个表单项的内容。

<select name="name">…</select>　创建下拉菜单。

<textarea name="name" cols=40 rows=8>…</textarea>　创建一个文本框区域。cols 属性用于设置宽度，rows 属性用于设置高度。

<input type="checkbox" name="name">　创建一个复选框，文字在标志后面。

<input type="radio" name="name" value="">　创建一个单选框，文字在标志后面。

<input type=text name="foo" size=20>　创建一个单行文本输入区域。size 属性用于设置字符串的宽度。

<input type="submit" value="name">　创建提交（Submit）按钮。

<input type="image" border=0 name="name" src="name.gif">　创建一个使用图像的提交按钮。

<input type="reset">　创建重置（Reset）按钮。

（8）帧标记

<frameset>…</frameset>　放在一个帧文档的<body>标记之前，也可以嵌在其他帧文档中。

<frameset rows="value,value">　定义一个帧内的行数，可以是绝对像素值或高度的百分比。

<frameset cols="value,value">　定义一个帧内的列数，可以是绝对像素值或宽度的百分比。

<frame>　定义一个帧内的单一窗口或窗口区域。

<noframes>…</noframes>　定义在不支持帧的浏览器中要显示的提示。

<frame src="URL">　规定帧内显示的 HTML 文档。

<frame name="name">　命名帧或区域，以便别的帧可以指向它。

<frame marginwidth="">　定义帧左右边缘的空白大小，必须大于等于1。

<frame marginheight="">　定义帧上下边缘的空白大小，必须大于等于 1。

<frame scrolling="">　设置帧是否有滚动栏，其值可以是 yes，no 或 auto。

<frame noresize>　禁止用户调整帧的大小。

（9）<body>标记

<body>标记中有些属性是用于定义页面内的显示效果的。下面对这些标记进行简单说明。

① alink、link、text 和 vlink：用于设置文字的颜色。

● alink：当前激活的链接文字的颜色。

● link：链接的颜色。

● text：链接文字的颜色。

● vlink：浏览过的链接文字的颜色。

> **Tips**　文字的颜色要与背景色有明显的差别，即存在一定的反差，方便读者浏览。

② background、bgproperties 和 bgcolor：用于设置页面的背景。

● background：背景图案，该图案在页面内平铺。

● bgproperties：若设置成 fixed，则背景图案不滚动。

● bgcolor：设置背景色。

> **Tips**　颜色设置在主页制作时至关重要。例如，采用深色调背景图案和浅颜色的文字时会发生什么情况呢？由于浏览器调用页面的顺序是"背景色—文字—背景图案"，网页的默认背景色是白色，在背景图案没有显示的情况下，浅颜色的文字在白色背景下很难阅读，因此，应该定义一个与背景图案颜色一致的背景色。

③ leftmargin（左边的页边空白）、topmargin（顶端的页边空白）、marginwidth（左右两边的页边空白宽度）和 marginheight（上下两边的页边空白高度）：用于设置页边距。

4.3　Dreamweaver CS4 的编辑环境

Dreamweaver CS4 是建立 Web 站点和应用程序的专业工具。它将可视布局工具、应用程序开发功能和代码编辑支持组合在一起，其功能强大，使得各个层次的开发人员和设计人员都能够快速创建界面吸引人的、基于标准的网站和应用程序。从对基于 CSS 设计的领先支持到手工编码功能，Dreamweaver 提供了专业人员在一个集成、高效的环境中所需的工具。开发人员可以使用 Dreamweaver 及所选择的服务器技术来创建功能强大的 Internet 应用程序，从而使用户能连接到数据库、Web 服务和旧式系统。

4.3.1　新建和保存文件

（1）新建网页文件。运行 Dreamweaver CS4 程序，进入开始页面，选择"新建"→"HTML"，如图 4.1 所示。也可以执行"文件"→"新建"命令，打开"新建文档"对话框，如图 4.2 所示，在"空白页"标签页中，从"页面类型"列表框中选择"HTML"项，创建一个新的网页文档，自动命名为 Untitled-1。

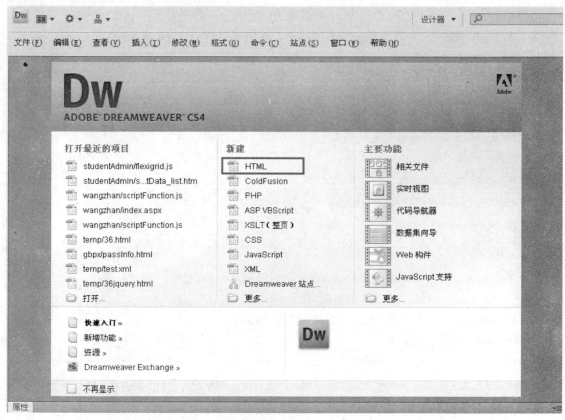

图 4.1　Dreamweaver 开始页面

图 4.2　"新建文档"对话框

（2）编辑网页。进入主界面后，就可以直接在文档窗口中进行编辑了。例如，在文档窗口中输入文字："欢迎使用 Dreamweaver CS4"，接着，选择文字，在窗口下方的属性面板中设置文字的相关属性，如图 4.3 所示。

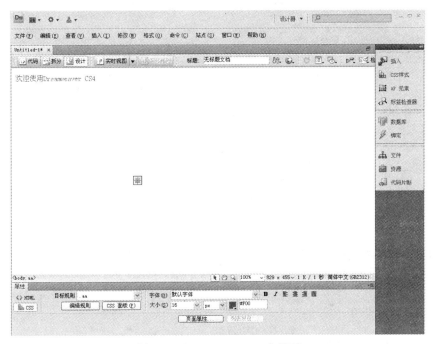

图 4.3　Dreamweaver CS4 主界面

（3）保存文件。执行"文件"→"保存"命令，弹出"另存为"对话框，如图 4.4 所示，在其中输入需要保存的文件名及路径，设置保存类型，设置完毕后，单击"保存"按钮即可。

图 4.4　"另存为"对话框

4.3.2　工作区

1．工作区布局

Dreamweaver 工作区使用户可以查看文档和对象属性，还将许多常用操作放置于工具栏中，使用户可以快速编辑文档。Dreamweaver 提供了将全部元素置于一个窗口中的集成布局。在集成的工作区中，全部窗口和面板都被集成到一个更大的应用程序窗口中，如图 4.5 所示。

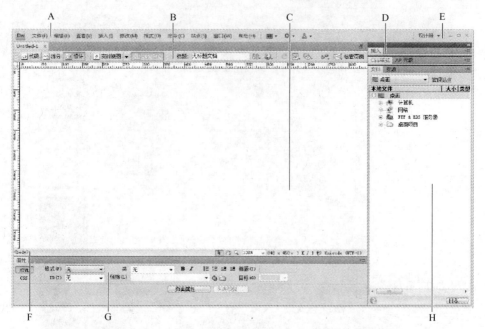

A—应用程序栏（菜单栏），B—文档工具栏，C—文档窗口，D—面板组
E—工作区切换器，F—标签选择器，G—属性检查器（属性面板），H—文件面板

图 4.5　Dreamweaver 工作区布局

2．工作区元素

工作区中包括以下元素。

欢迎屏幕　用于打开最近使用过的文档或创建新文档，还可以通过产品介绍或教程了解关于 Dreamweaver 的更多信息。

应用程序栏　应用程序窗口顶部包含一个工作区切换器、几个菜单及其他应用程序控件。

文档工具栏　包含一些按钮，它们提供各种文档窗口视图（如"设计"视图和"代码"视图）的选项、各种查看选项和一些常用操作（如在浏览器中预览）。

标准工具栏（在默认工作区布局中不显示）　包含一些按钮，可执行"文件"和"编辑"菜单中的常见操作，包括：新建、打开、在 Bridge 中浏览、保存、全部保存、打印代码、剪切、复制、粘贴、撤销和重做。要显示标准工具栏，选择菜单命令"查看"→"工具栏"→"标准"。

编码工具栏（仅在"代码"视图中显示）　包含可用于执行多项标准编码操作的按钮。

样式呈现工具栏（默认为隐藏状态）　包含一些按钮，如果使用依赖于媒体的样式表，则可使用这些按钮查看用户的设计在不同媒体类型中的呈现效果。它还包含一个允许用户启用或禁用层叠式样式表(CSS)样式的按钮。

文档窗口　显示用户当前创建和编辑的文档。

属性检查器　用于查看和更改所选对象或文本的各种属性。每个对象具有不同的属性。在"编码器"工作区布局中，属性检查器默认是不展开的。

标签选择器　位于文档窗口底部的状态栏中，用于显示环绕当前选定内容的标签的层次结构。单击该层次结构中的任何标签可以选择该标签及其全部内容。

面板 帮助用户监控和修改工作，例如，插入面板、CSS 样式面板和文件面板。要展开某个面板，双击其标签即可。

插入面板 包含用于将图像、表格和媒体元素等各种类型的对象插入到文档中的按钮。每个对象都是一段 HTML 代码，允许用户在插入它时设置不同的属性。例如，用户可以在插入面板中单击"表格"按钮，以插入一个表格。如果用户愿意，可以不使用插入面板，而是使用"插入"菜单来插入对象。

文件面板 用于管理文件和文件夹，无论它们是 Dreamweaver 站点的一部分还是位于远程服务器上。文件面板还使用户可以访问本地磁盘上的全部文件，类似 Windows 资源管理器。

3. 文档工具栏

使用文档窗口工具栏中的按钮可以在文档的不同视图之间快速切换，工具栏中还包含一些与查看文档、在本地和远程站点间传输文档有关的常用命令和选项。图 4.6 显示展开的文档工具栏。

A—显示代码视图，B—显示代码视图和设计视图，C—显示设计视图，D—实时视图
E—实时代码视图，F—文档标题，G—文件管理，H—在浏览器中预览/调试
I—刷新设计视图，J—视图选项，K—可视化助理，L—验证标记，M—检查浏览器兼容性

图 4.6　文档工具栏

文档工具栏中各选项说明如下。

显示代码视图 只在文档窗口中显示"代码"视图。

显示代码视图和设计视图 将文档窗口拆分为"代码"视图和"设计"视图。当选择了这种组合视图时，"视图选项"下拉列表中的"顶部的设计视图"选项变为可用。

显示设计视图 只在文档窗口中显示"设计"视图。

实时视图 显示不可编辑的、交互式的、基于浏览器的文档视图。

> **Tips** 如果处理的是 XML、JavaScript、Java、CSS 或其他基于代码的文件类型，则不能在"设计"视图中查看文件，而且"设计"和"拆分"按钮将会变灰不可用。

实时代码视图 显示浏览器用于执行该页面的实际代码。

文档标题 允许用户为文档输入一个标题，它将显示在浏览器的标题栏中。如果文档已经有了一个标题，则该标题将显示在标题栏中。

文件管理 显示"文件管理"下拉列表。

在浏览器中预览/调试 允许用户在浏览器中预览或调试文档。从下拉列表中选择一个浏览器。

刷新设计视图 在"代码"视图中对文档进行更改后刷新文档的"设计"视图。在执行某些操作（如保存文件或单击该按钮）之后，在"代码"视图中所做的更改才会自动显示在"设计"视图中。

> **Tips** 刷新过程也会更新依赖于 DOM（文档对象模型）的代码功能，如选择代码块的开始标签或结束标签的能力。

视图选项 允许用户为"代码"视图和"设计"视图设置选项，包括设置这两个视图中的哪一个居上显示。该下拉列表中的选项会应用于当前视图："设计"视图、"代码"视图或同时应用于这两个视图。

可视化助理 用户可以使用各种可视化助理来设计页面。

验证标记 用于验证当前文档或选定的标签。

检查浏览器兼容性 用于检查用户的 CSS 是否对各种浏览器兼容。

4．状态栏

文档窗口底部的状态栏提供与用户正创建的文档有关的其他信息，如图 4.7 所示。

标记选择器 显示环绕当前选定内容的标记的层次结构。单击该层次结构中的任何标记可以选择该标记及其全部内容，例如，单击<body>可以选择文档的整个正文。要在标记选择器中设置某个标记的 class 或 ID 属性，右键单击该标记，然后从列表中选择一个类或 ID。

选取工具 启用和禁用手形工具。

手形工具 用于在文档窗口中单击并拖动文档。

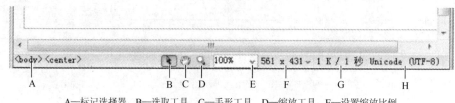

A—标记选择器，B—选取工具，C—手形工具，D—缩放工具，E—设置缩放比例
F—窗口大小，G—文档大小和估计的下载时间，H—编码指示器

图 4.7　状态栏

缩放工具和"设置缩放比例"下拉列表 为文档设置缩放比例。

"窗口大小"下拉列表（在"代码"视图中不可用）　用于将文档窗口的大小调整到预定义或自定义的尺寸。

文档大小和下载时间 显示页面（包括所有相关文件，如图像和其他媒体文件）的预计文档大小和预计下载时间。

编码指示器 显示当前文档的文本编码。

5．编码工具栏

编码工具栏包含可用于执行多种标准编码操作的按钮，例如，折叠和展开所选代码、高亮显示无效代码、应用和删除注释、缩进代码、插入最近使用过的代码片断等。编码工具栏垂直显示在文档窗口的左侧，仅当显示"代码"视图时才可见，如图 4.8 所示。

不能取消停靠或移动编码工具栏，但可以将其隐藏起来（选择菜单命令"视图"→"工具栏"→"编码"），还可以编辑编码工具栏来显示更多按钮（如自动换行、隐藏字符和自动缩进）或隐藏不想使用的按钮。不过，需要编辑生成该工具栏的 XML 文件。

图 4.8　编码工具栏

6．属性检查器

属性检查器使用户可以检查和编辑当前选定页面元素（如文本和插入的对象）的常用属性。

属性检查器中的内容根据选定的元素不同会有所不同。例如，如果用户选择页面上的一个图像，则属性检查器将改为显示该图像的属性（如图像的文件路径、图像的宽度和高度、图像周围的边框等），如图 4.9 所示。

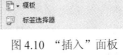

图 4.9 "属性"检查器

在默认情况下，属性检查器位于工作区的底部边缘，但是可以将其取消停靠并使其成为工作区中的浮动面板。

7. 插入面板

插入面板包含用于创建和插入对象（如表格、图像和链接）的按钮，如图 4.10 所示。这些按钮按类别进行组织，可以从类别列表中选择所需类别来进行切换。当前文档包含服务器代码时（如 ASP 或 CFML 文档），还会显示其他类别。

某些类别具有带下拉箭头的按钮。从下拉列表中选择一个选项时，该选项将成为按钮的默认操作。例如，如果从"图像"按钮的弹出菜单中选择"图像占位符"，下次单击"图像"按钮时，Dreamweaver 会插入一个图像占位符。每当从下拉列表中选择一个新选项时，该按钮的默认操作都会改变。

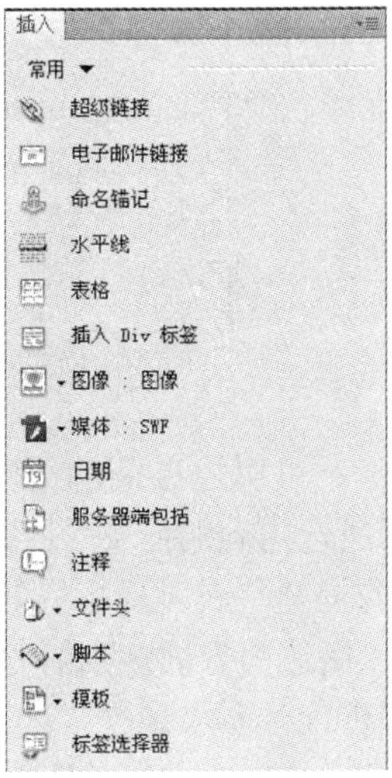

插入面板按以下的类别进行组织。

常用类别 用于创建和插入最常用的对象，如图像和表格。

图 4.10 "插入"面板

布局类别 用于插入表格、表格元素、div 标签、框架和 Spry 构件。用户还可以选择表格的两种视图：标准（默认）表格和扩展表格。

表单类别 包含一些按钮，用于创建表单和插入表单元素（包括 Spry 验证构件）。

数据类别 使用户可以插入 Spry 数据对象和其他动态元素，如记录集、重复区域及插入记录表单和更新记录表单。

Spry 类别 包含一些用于构建 Spry 页面的按钮，包括 Spry 数据对象和构件。

InContext Editing 类别 用于生成 InContext 编辑页面，包括用于可编辑区域、重复区域和管理 CSS 类的按钮。

文本类别 用于插入各种文本格式和列表格式的标签，如 b、em、p、h1 和 ul。

收藏夹类别 用于将插入面板中最常用的按钮分组和组织到某一公共位置。

服务器代码类别 仅适用于使用特定服务器语言的页面，这些服务器语言包括 ASP、CFML Basic、CFML Flow、CFML Advanced 和 PHP。这些类别中的每一个都提供了服务器代码对象，用户可以将这些对象插入"代码"视图中。

> **Tips** 与 Dreamweaver 中的其他面板不同，可以将插入面板从其默认停靠位置拖出并放置在文档窗口顶部的水平位置，如图 4.11 所示。这样做之后，插入面板将改为工具栏（尽管无法像其他工具栏一样隐藏和显示）。插入工具栏也是"经典"工作区的默认部分。要切换到"经典"工作区，从菜单栏右侧的工作区切换器中选择"经典"即可。

8. CSS 样式面板

使用 CSS 样式面板可以跟踪影响当前所选页面元素的 CSS 规则和属性（"正在"模式），或影响整个文档的规则和属性（全部）。使用 CSS 样式面板顶部的切换按钮可以在两种模式之间切换。使用 CSS 样式面板还可以在"全部"和"正在"模式下修改 CSS 属性，如图 4.12 所示。

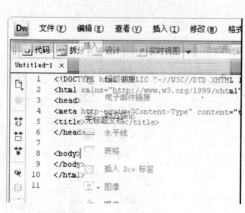

图 4.11　拖出插入面板

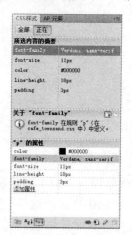

图 4.12　CSS 样式面板

可以通过拖动边框来调整各区的大小。在"正在"模式下，CSS 样式面板将显示三个区："所选内容的摘要"区，其中显示文档中当前所选内容的 CSS 属性；规则区，其中显示所选属性的位置（或所选标签的一组层叠的规则，具体取决于用户的选择）；属性区，允许用户编辑、定义所选内容的规则的 CSS 属性。在"全部"模式下，CSS 样式面板显示两个区："所有规则"区（顶部）和"属性"区（底部）。"所有规则"区显示当前文档中定义的规则以及附加到当前文档的样式表中定义的所有规则的列表。使用"属性"区可以编辑"所有规则"区中任何所选规则的 CSS 属性。

对"属性"区所做的任何更改都将立即应用，使用户可以在操作的同时预览效果。

4.4　创建和管理站点

1．建立新站点

一旦创建好站点结构，就必须在 Dreamweaver 8 中指定新站点。然后可以使用带 FTP 功能的 Dreamweaver 8 将站点上传到 Web 服务器中，自动跟踪和维护链接，协调共享文件。因此，在创建页面之前最好在 Dreamweaver 8 中建立本地站点，站点的本地根目录应该是一个专门为该站点创建的文件夹。以下是建立新站点的步骤。

（1）执行"站点"→"新建站点"命令，出现站点定义向导的第一个界面。单击"基本"选项卡，输入站点名称，如图 4.13 所示。

> **Tips**　本实例切换到"基本"选项卡中设置站点，建议初学者先以此方式建立站点，再通过"高级"选项卡对站点进行更详细的设置。

（2）单击"下一步"按钮，进入向导的下一个界面，询问是否使用服务器技术，如图 4.14 所示。

> **Tips**　选择"否，我不想使用服务器技术"项，表明目前该站点是一个静态站点，没有动态页。

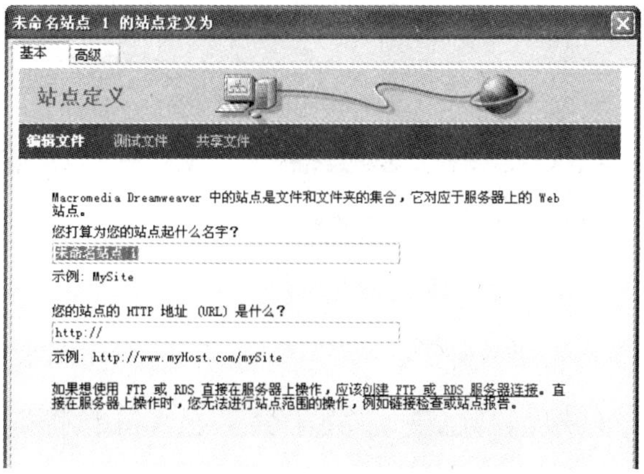

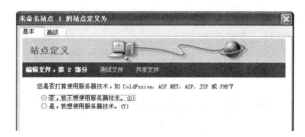

图 4.13　定义站点名称

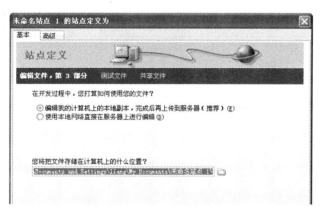

图 4.14　选择是否使用服务器技术

（3）单击"下一步"按钮，进入向导的下一个界面，询问要如何使用文件，如图 4.15 所示。

Tips　　初学者可以选择"编辑我的计算机上的本地副本，完成后再上传到服务器（推荐）"项，单击下面文本框旁边的"浏览"按钮，打开"选择站点的本地根文件夹"对话框，在其中设置新建站点的存放路径。

图 4.15　设置文件使用方法

（4）单击"下一步"按钮，进入向导的下一个界面，询问如何连接到远程服务器，如图 4.16 所示。

Tips　　由于目前的本地站点信息对于开始创建网页已经足够了，因此，这里选择"无"项，可以稍后再设置有关远程站点的信息。

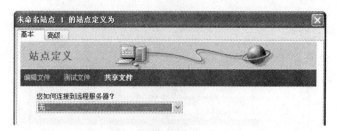

图 4.16　设置远程服务器连接方法

（5）单击"下一步"按钮，进入向导的下一个界面，其中显示设置概要，如图 4.17 所示。

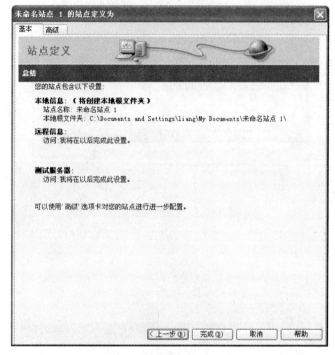

图 4.17　设置概要

（6）单击"完成"按钮完成设置，随即出现"管理站点"对话框，其中显示创建的新站点。单击"完成"按钮关闭"管理站点"对话框。

2．管理站点资源

（1）管理站点

执行"站点"→"管理站点"命令，打开"管理站点"对话框，如图 4.18 所示，可以对已经建立的站点进行编辑、复制、删除、导出和导入等操作。在"管理站点"对话框左边的列表框中选择要编辑的站点，然后单击按钮进行相应的操作。

（2）管理文件

对文件的管理同样包括新建、删除、复制文件或文件夹等操作。在文件面板中，选择需要新建文件或文件夹的站点，单击鼠标右键，从弹出的快捷菜单中选择"新建文件"或"新建文件夹"命令，即可以完成新建文件或文件夹的操作。

　站点中同一类文件应放在同一个文件夹内，如图片、声音和动画等，以便于查询和管理。

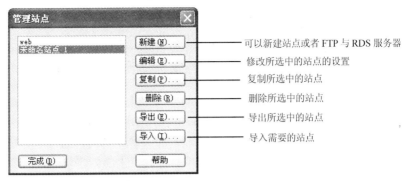

图 4.18 "管理站点"对话框

在文件面板中,对文件的复制、删除或重命名的操作,通过在文件上单击鼠标右键,从弹出的快捷菜单中选择相应的命令来完成。

例如,要对站点中的某一文件进行重命名,首先单击站点文件列表中的"+"号,打开站点文件列表,选择需要重命名的文件,单击鼠标右键,从弹出的快捷菜单中选择"编辑"→"重命名"命令,输入新的名称之后,在其他任意位置单击,即可完成对文件的重命名操作。

3. 申请主页空间

目前,可以申请免费主页空间的网站很多,如搜狐网、亿唐网、中华网等,也可以申请留言本和计数器。具体方法参阅其他有关书籍。

4. 网页的上传和发布

申请了空间,做好了网页,可以采用 CuteFTP 和 LeapFTP 等 FTP 软件或 Dreamweaver、FrontPage 的发布站点命令把网页文件上传到所申请的网络空间中,网站的创建就大功告成了。

4.5 页面内容设置

4.5.1 添加文本和设置文本格式

1. 将文本添加到文档中

要向 Dreamweaver 文档中添加文本,可以直接在文档窗口中输入文本,也可以复制并粘贴文本,还可以从其他文档导入文本。

将文本粘贴到 Dreamweaver 文档中时,可以选择使用"粘贴"或"选择性粘贴"命令。"选择性粘贴"命令允许用户以不同的方式指定所粘贴文本的格式,例如,如果要将文本从带格式的 Microsoft Word 文档粘贴到 Dreamweaver 文档中,并去掉所有格式设置,以便能够向所粘贴的文本应用自己的 CSS 样式表,用户可以在 Word 中选择文本,将它复制到剪贴板中,然后使用"选择性粘贴"命令(Ctrl+Shift+V 组合键)选择只粘贴文本的选项。

2. 添加空格

HTML 只允许字符之间有一个空格。要在文档中添加其他空格,可采用以下两种方法之一:

- 必须插入不换行空格。选择"插入"→"HTML"→"特殊字符"→"不换行空格"(Ctrl+Shift+空格键)。
- 将输入法切换到中文输入状态,切换到全角状态,按空格键插入空格。

3. 插入换行符

在 Dreamweaver 中换行按回车键表示添加<p>标记,但此时行间距离比较大;也可以按 Shift+回车键,添加
标记实现换行。

4. 设置文本格式（CSS 与 HTML）

Dreamweaver 中的文本格式设置与使用标准的字处理程序类似。用户可以为文本块设置默认格式设置样式（段落、标题 1、标题 2 等）、更改所选文本的字体、大小、颜色和对齐方式，或者应用文本样式（如粗体、斜体、代码（等宽字体）和下划线）。

Dreamweaver 将两个属性检查器（CSS 属性检查器和 HTML 属性检查器）集成为一个属性检查器。使用 CSS 属性检查器时，Dreamweaver 使用层叠样式表（CSS）设置文本格式。CSS 使 Web 设计人员和开发人员能更好地控制网页设计，同时改进功能以提供辅助功能并减小文件大小。CSS 属性检查器使用户能够访问现有样式，也能创建新样式。

在 HTML 属性检查器可以设置文本的超链接属性，如图 4.19 所示。

图 4.19 HTML 属性检查器

要设置文本的字体大小和颜色，切换到 CSS 属性检查器，单击"编辑规则"按钮，如图 4.20 所示。

图 4.20 CSS 属性检查器

在新建 CSS 规则面板中，输入选择器的名称为 test，单击"确定"按钮，如图 4.21 所示。

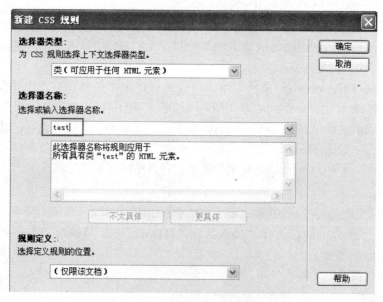

图 4.21 新建 CSS 规则面板

在新建的 test 类的 CSS 规则定义面板中，选择字体、字体大小及颜色，如图 4.22 所示。

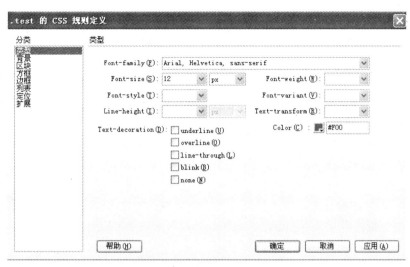

图 4.22　CSS 规则定义面板

4.5.2　插入图像

在设计视图下，在文档中要插入图像的地方单击，执行"插入"→"图像"命令，或单击插入面板常用工具栏中的"图像"按钮，在弹出的"选择图像源文件"对话框的文件列表中选择要插入的图片，如图 4.23 所示。在对话框的"URL"文本框中，显示了当前选中的图片的URL 地址。在"相对于"下拉列表中选择"文档"项，表示使用相对地址；选择"根目录"项，表示使用基于根目录的地址。单击"确定"按钮，在当前网页中插入一幅以原始尺寸显示的图像，可以在图像属性面板中修改相关属性，如图 4.24 所示。

图 4.23　"选择图像源文件"对话框

图 4.24　图像属性面板

可以在属性面板中设置图像的各种选项。

宽、高　设置图像的宽度和高度，以像素表示。在页面中插入图像时，Dreamweaver 会自动用图像的原始尺寸更新这些文本框。如果用户设置的"宽"和"高"值与图像的实际宽度和高度不相符，则该图像在浏览器中可能不会正确显示。（要恢复原始值，单击"宽" 和"高"文本框左侧的文字标签。）

> **Tips**　　用户可以更改这些值来缩放该图像实例的显示大小，但这不会缩短下载时间，因为浏览器先下载所有图像数据再缩放图像。要缩短下载时间并确保所有图像实例以相同大小显示，应使用图像编辑应用程序缩放图像。

源文件　指定图像的源文件。可以直接在文本框中输入路径，或者将"指向文件"图标拖动到文件面板中的某个文件上，或者单击"浏览"按钮，查找源文件。

链接　指定图像的超链接。将"指向文件"图标拖动到文件面板中的某个文件上，或者单击右侧的"浏览"按钮查找站点上的某个文档，或者直接输入 URL。

对齐　对齐同一行中的图像和文本。

替换　指定在只显示文本的浏览器或已设置为手动下载图像的浏览器中代替图像显示的替换文本。对于使用语音合成器（用于只显示文本的浏览器）有视觉障碍的用户，将大声读出该文本。在某些浏览器中，当鼠标指针滑过图像时也会显示该文本。

地图、热点工具　允许用户标注和创建客户端图像地图。

垂直边距、水平边距　沿图像的边缘添加边距，以像素表示。垂直边距表示沿图像的顶部和底部添加边距。水平边距表示沿图像的左侧和右侧添加边距。

目标　指定链接的页应加载到的框架或窗口（当图像没有链接到其他文件时，此选项不可用）。当前框架集中所有框架的名称都显示在"目标"列表中，也可选用下列保留目标名：

- _blank　将链接的文件加载到一个未命名的新浏览器窗口中；
- _parent　将链接的文件加载到含有该链接的框架的父框架集或父窗口中，如果包含链接的框架不是嵌套的，则链接文件加载到整个浏览器窗口中；
- _self　将链接的文件加载到该链接所在的同一框架或窗口中，此目标是默认的，所以通常不需要指定它；
- _top　将链接的文件加载到整个浏览器窗口中，将会删除所有框架。

边框　图像边框的宽度，以像素表示。默认为无边框。

编辑　启动用户在"外部编辑器"首选参数中指定的图像编辑器并打开选定的图像。

编辑图像设置　打开"图像"对话框并允许用户优化图像。

裁剪　裁剪图像的大小，从所选图像中删除不需要的区域。

重新取样　对已调整大小的图像进行重新取样，提高图像在新的大小和形状下的品质。

亮度、对比度　调整图像的亮度、对比度设置。

锐化　调整图像的锐度。

重设大小　将"宽"和"高"值重设为图像的原始大小。调整所选图像的值时，此按钮显示在"宽"和"高"文本框的右侧。

4.5.3　插入多媒体

在网站设计中，经常需要在网页中插入 Flash 动画、音频和视频等对象，以增强网页的表现力，丰富显示效果。下面，我们来看看如何在文档中加入 Flash 动画。

（1）新建网页文档，把光标放在要插入 Flash 动画的位置，执行"插入"→"媒体"→"SWF"命令，或者单击常用工具栏中的"媒体"下拉按钮，从下拉菜单中选择"SWF"项，如

图 4.25 所示。

（2）打开"选择文件"对话框，如图 4.26 所示。

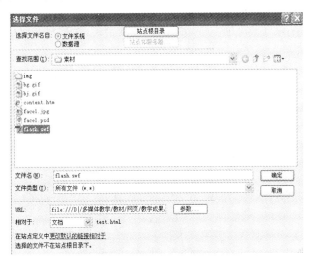

图 4.25　"媒体"下拉菜单　　　　　　　　　　图 4.26　"选择文件"对话框

（3）选择一个 Flash 动画文件，单击"确定"按钮，这样就在页面中添加了一个 Flash 动画文件，如图 4.27 所示。Flash 动画文件不会在文档窗口中直接显示画面效果，只有在浏览器中预览时才可以看到。

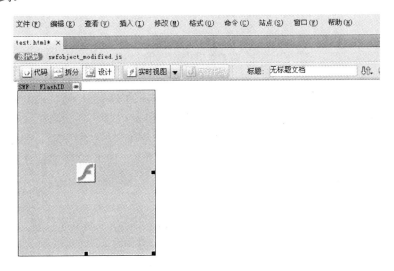

图 4.27　Flash 动画文件在文档窗口中的显示效果

（4）在属性面板中设置相关的属性，如图 4.28 所示。

图 4.28　属性面板

可以使用属性检查器设置 SWF 文件的属性。这些属性也适用于 Shockwave 影片。

选择一个 SWF 文件或 Shockwave 影片，然后在属性检查器（执行"窗口"→"属性"命令）中设置选项。要查看所有属性，单击属性检查器右下角的扩展器箭头即可。

ID 为 SWF 文件指定唯一的 ID。在属性检查器最左侧的未标记文本框中输入 ID。从 Dreamweaver CS4 版开始，需要唯一的 ID。

宽和高 以像素为单位指定影片的宽度和高度。

文件 指定 SWF 文件或 Shockwave 文件的路径。单击文件夹图标以浏览文件，或者直接输入路径。

源文件 指定源文档（FLA 文件）的路径（如果计算机上同时安装了 Dreamweaver 和 Flash）。要编辑 SWF 文件，需要更新影片的源文档。

背景 指定影片区域的背景颜色。在不播放影片时（在加载时和播放后）也显示此颜色。

编辑 启动 Flash 以更新 FLA 文件（使用 Flash 创作工具创建的文件）。如果计算机上没有安装 Flash，则会禁用此选项。

类 可对影片应用 CSS 类。

循环 使影片连续播放。如果没有选择循环，则影片将只播放一次，然后停止。

自动播放 在加载页面时自动播放影片。

垂直边距和水平边距 指定影片上、下、左、右空白的像素数。

品质 在影片播放期间控制抗失真。高品质设置可改善影片的外观，但高品质设置的影片需要较快的处理器才能在屏幕上正确呈现。自动低品质会首先照顾到显示速度，但会在可能的情况下改善外观；自动高品质开始时会同时照顾显示速度和外观，但以后可能会根据需要牺牲外观以确保速度。

比例 确定影片如何适应在宽度和高度文本框中设置的尺寸。默认设置为显示整个影片。

对齐 确定影片在页面上的对齐方式。

Wmode 为 SWF 文件设置 Wmode 参数以避免与 DHTML 元素（如 Spry 构件）相冲突。默认值为不透明，这样在浏览器中，DHTML 元素可以显示在 SWF 文件的上面。如果 SWF 文件包括透明度，并且用户希望 DHTML 元素显示在它们的下面，则选择"透明"选项。选择"窗口"选项可从代码中删除 Wmode 参数并允许 SWF 文件显示在其他 DHTML 元素的上面。

播放 在文档窗口中播放影片。

参数 打开一个对话框，可在其中输入传递给影片的附加参数。影片必须已设计好，可以接收这些附加参数。

注意：也可以插入 Flash 文档、Flash 按钮，这些操作和插入 Flash 动画差不多。Shockwave 是 Web 上用于交互式多媒体的 Macromedia 标准，是一种经压缩的格式，使得在 Macromedia Director 中创建的多媒体文件能够被快速下载，而且可以在大多数常用浏览器中进行播放，这里就不再做详细说明了。

4.6　CSS 样式

CSS 是 Cascading Style Sheets 的缩写，即层叠样式表，一般称为 CSS 样式表单。它是设置页面元素对象格式的一系列规则。利用这些格式规则可以对网页中的元素对象进行格式化控制，从而方便地设计页面外观，是网页设计必不可少的工具之一。

我们通常所说的 CSS，一般指 CSS1，即层叠样式表单一级，是目前广泛使用的 CSS 标准，由国际组织 W3C（World Wide Web Consortium）所控制。

1. 创建 CSS 样式

（1）执行"文件"→"新建"命令，新建一个页面文档。

（2）单击"CSS 样式"选项卡，或执行"窗口"→"CSS 样式"命令，打开 CSS 样式面板，如图 4.29 所示。在默认状态下，新建的空白文档中没有定义任何 CSS 样式。

单击 CSS 样式面板下方的"新建 CSS 规则"按钮 ，弹出"新建 CSS 规则"对话框，如图 4.30 所示。

其中，"选择器类型"下拉列表包括以下 4 个选项。

- 类：该自定义的样式可应用于任何文本。这时，新建样式的名称前面加上"."，表示这是一个类（CLASS）样式，可以在一个 HTML 元素中被多次调用。
- ID：仅用于一个 HTML 元素。这时，新建样式的名称前面加上"#"，表示这是一个 ID 样式。
- 标签：重新定义 HTML 标记的格式，凡包含在此标记内的内容都按照设置的格式显示。选择该选项后，面板顶部的下拉列表名为 Tag，可以从下拉列表中选择标记，或直接输入 BODY、TD 等需要的标记。
- 复合内容：基于选择的内容，如 a:link 等。

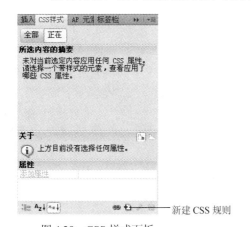

图 4.29　CSS 样式面板

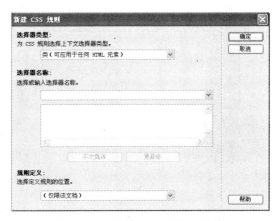

图 4.30　"新建 CSS 规则"对话框

"规则定义"下拉列表包括以下两个选项。

- 新建样式表文件：样式将存储为外部文件，可用于其他文档。
- 仅限该文档：该样式只对本文档起作用，也就是后面介绍的"内联样式表"。

（3）在"选择器类型"下拉列表中，选择"类"项。

（4）在"选择器名称"文本框中输入 CSS 样式的名称。这里为".test"。

（5）在"规则定义"下拉列表中，选择"新建样式表文件"项，使该样式可应用于其他文档。

（6）单击"确定"按钮，完成设置，将会弹出新的 CSS 规则定义对话框，如图 4.31 所示。

2. 设置 CSS 样式

CSS 规则定义提供了很多属性项，可以进行详尽的设置。下面先设置下划线样式。在 CSS 规则定义对话框的"分类"框中选择"类型"项，在右边的"Text-decoration"栏中，选中"underline"复选框，单击"确定"按钮。

返回 CSS 样式面板，单击"全部"按钮，可以看到 CSS 样式表 style，单击"+"号展开列表，选中刚才创建的".test"项就可以在下面看到刚才创建的 CSS 样式，如图 4.32 所示。

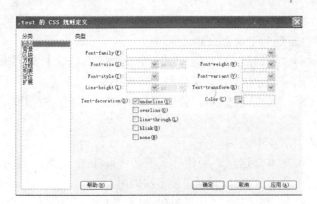

图 4.31　新的 CSS 规则定义对话框　　　　图 4.32　CSS 样式面板.test 的属性

单击编辑区上方的"代码"按钮 ，将设计视图切换到代码视图，在文档窗口中可以看到刚才创建的 CSS 样式的代码，如图 4.33 所示。

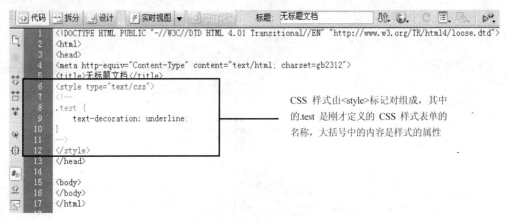

图 4.33　CSS 样式的代码

在编辑区中输入文字，然后选中文字，在属性面板中切换到 HTML 属性检查器，在"类"下拉列表中选择"test"项，或者切换到 CSS 属性检查器，在"目标规则"下拉列表中选择"test"项，就可以应用刚才设置的 CSS 样式，效果如下所示：

欢迎使用Macromedia Dreamweaver8

在文档的编辑区中对元素对象设置属性时，Dreamweaver 会将这些属性自动转换为 CSS 样式表单，例如，将文字选中，然后设为红色，文档窗口中的代码就变为：

```
<style type="text/css">
<!--
.style {
    text-decoration: underline;
}
.STYLE1 {text-decoration: underline; color: #FF0000; }
-->
</style>
```

实际上，CSS 的代码都是由一些最基本的语句构成的，基本语句结构如下：

选择符{属性：属性值}

我们结合上面的代码来讲解。一般，<style>下面的 CSS 语句以注释语句的形式书写，即上面代码中的 "<!--" 与 "-->" 符号所包含的内容。所以，上面的例子中定义页面样式的语句是：

.style{text-decoration:underline;}
.STYLE1{text-decoration:underline;color:#FF0000;}

.style 是选择符，选择符可以是 HTML 中任意的标识符，如 P、DIV、IMG 等，甚至 BODY 都可以作为选择符。

通过上面的讲解，可以看到，用很简单的 CSS 语句就可以实现许多效果：利用属性可以设置字体、颜色、背景等页面格式，利用定位可以使页面布局更加规范、好看，利用滤镜可以使页面产生多媒体效果等。样式的定义可以规范对象的样式，同时易于修改，是网页制作中必须的功能之一。

3. 应用 CSS 样式

（1）打开一个页面文档，在页面文档中选中要使用样式的元素对象，例如，选择一段文本。

（2）在 CSS 样式面板中，选中已经创建的样式表，然后单击右键，从快捷菜单中选择"套用"项，创建的样式将套用到文本中。

Tips　也可以通过属性面板套用 CSS 样式，先选中文本对象，然后在属性面板中切换到 HTML 属性检查器，在"类"下拉列表中选择样式即可，如图 4.34 所示。

图 4.34　选择样式

（3）单击"代码"按钮，将设计视图切换为代码视图。在文档窗口中可以看到刚才创建的 CSS 样式的代码，如下所示：

<body>
<p class="test " >欢迎使用 Macromedia Dreamweaver 8</p>
</body>

从上面的代码可以看出，样式表单 style 被作为 class 的值，放在<body>和</body>之间。

4. 修改 CSS 样式

在 CSS 样式面板中选中刚才创建的 test 样式，如图 4.35 所示，单击面板下方的 ✐ 按钮,将会弹出 CSS 规则定义对话框，在该对话框中可以继续定义、设置和修改属性，或直接双击需要修改的样式。

Tips　在 CSS 样式面板下部的 "text-decoration" 上双击，在它的右边会出现下拉按钮，单击下拉按钮，将展开一个下拉列表，其中显示了该属性可供选择的选项，如图 4.36 所示。

5. 使用内联样式表

内联样式是指用于当前页面的样式应用。采用前面介绍的方法定义好样式以后，在网页中引用时，可以在<head>和</head>之间加入<style type=" text/css " >…</style>（样式定义语句），在网页中需要规定样式的 HTML 标记中用 class=" … " 或 id=" " 来引用。

6. 链接外部样式表

网页可以使用内联样式表，也可以通过链接外部样式表的方式应用别的文档所附带的 CSS 样式。

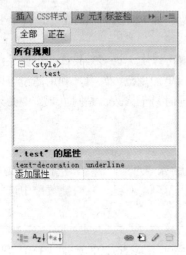

图 4.35　修改样式面板

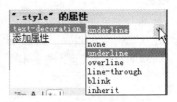

图 4.36　style 属性选项

（1）打开需要链接 CSS 样式的文档。

（2）在 CSS 样式面板中，单击下方的 ● 按钮，将弹出"链接外部样式表"对话框，如图 4.37 所示。

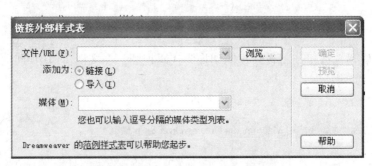

图 4.37　"链接外部样式表"对话框

（3）在"链接外部样式表"对话框的"文件/URL"文本框中输入要链接的样式表的存放路径，或直接单击"浏览"按钮，进行路径选择。

（4）在"添加为"栏中选择"链接"项。

（5）从"媒体"下拉列表中，选择相应的链接媒体，如图 4.38 所示。

"媒体"下拉列表是 Dreamweaver 8 新增的选项。

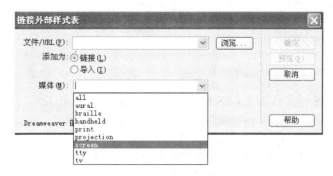

图 4.38 选择相应的链接媒体

（6）如果找不到适合的外部样式表，可以在"范例样式表"对话框中，进行范例样式的选择，如图 4.39 所示。

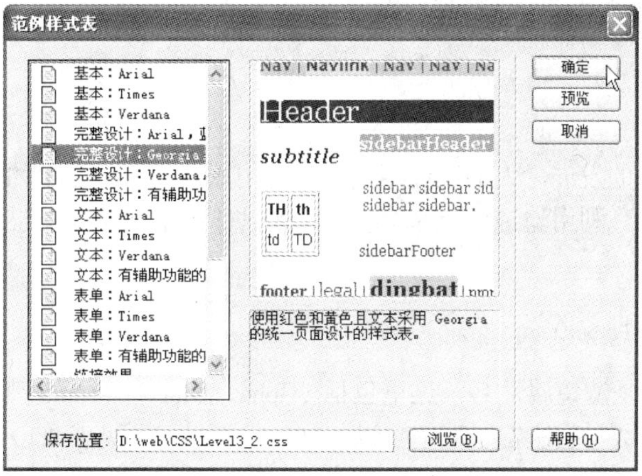

图 4.39 "范例样式表"对话框

该对话框中提供了很多范例样式，用户可以根据自己的意愿进行选择，这里选择了"完整设计：Georgia，红色/黄色"，如图 4.39 所示。单击"确定"按钮，把该样式表附加到当前文档中。

单击"代码"按钮，切换到代码视图，可以看到如下代码：

```
<!DOCTYPE html PUBLIC "-//W3C//DTD XHTML 1.0 Transitional//EN"
"http://www.w3.org/TR/xhtml1/DTD/xhtml1-transitional.dtd">
<html xmlns="http://www.w3.org/1999/xhtml">
<head>
<meta http-equiv="Content-Type" content="text/html; charset=gb2312" />
<title>无标题文档</title>
<style type="text/css">
<!--
.style {
    text-decoration: underline;
}
-->
</style>
<link href="..\web\CSS\Level3_2.cssCSS/Level3_2.css" rel="stylesheet" type="text/css"
/>
</head>

<body>
</body>

</html>
```

被附加的外部 CSS 样式文件，由标记<link>控制。如果想更改外部样式，直接更改标记<link>的 href 属性值或路径即可如果在步骤（5）"添加为"栏中选择了"导入"项，也可以导入外部样式表，如图 4.40 所示，则标记<link>的代码变为：

@import url(file:///E/dongtaiweb/CSS/link.css):

这时被附加的 CSS 样式被放在 CSS 样式专用标记<style>和</style>之间。

返回 CSS 样式面板，可以看到被附加到当前文档中的 CSS 样式，如图 4.41 所示。

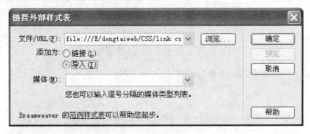

图 4.40 选择"导入"项

7．CSS 滤镜

随着网页设计技术的发展，人们已经不满足于使用原有的一些 HTML 标记，而是希望能够为页面添加多媒体属性。利用滤镜，CSS 就能实现这些精彩的功能。CSS 滤镜属性的标识符是 Filter，格式为：

Filter:Filtername(Parameters)

其中，Filtername 是滤镜属性名，这里包括 Alpha、Blur、Chroma 等多种属性；Parameters 表示各个滤镜属性的参数，它决定了滤镜将以怎样的效果显示（见表 4.1）。下面重点介绍其中两种滤镜。

表 4.1 滤镜属性表

属 性 名 称	属 性 说 明
Alpha	设置透明
Blur	设置模糊效果
Chroma	设置指定颜色透明
Dropshadow	设置投射阴影
Fliph	水平翻转
Flipv	垂直翻转
Glow	为对象的外边界增加光效
Grayscale	设置灰度（降低图片的色彩度）
Invert	设置底片效果
Light	设置灯光投影
Mask	设置透明膜
Shadow	设置阴影效果
Wave	利用正弦波纹打乱图像
Xray	只显示轮廓

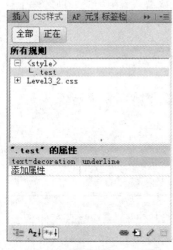

图 4.41 已设置的 CSS 样式面板

（1）Alpha 滤镜

Alpha 滤镜把一个目标元素与背景相混合。设计者可以指定数值来控制混合的程度，以设置元素的透明度。它的表达格式如下：

Filter: Alpha (Opacity=Opacity, Finishopacity=Finishopacity, Style= Style, StartX= StartX, StartY= StartY, FinishX= FinishX, FinishY= FinishY)

说明：Opacity 代表透明度等级，可选值为 0（完全透明）～100（完全不透明）。Style 参数指定了透明区域的形状特征，其中，0 代表统一形状，1 代表线形，2 代表放射状，3 代表长方形。Finishopacity 是一个可选项，用来设置结束时的透明度，从而达到一种渐变效果，它的取值范围为 0～100。StartX 和 StartY 代表渐变透明效果的开始坐标，FinishX 和 FinishY 代表渐变透明效果的结束坐标。如果不设置透明渐变效果，则只需设置 Opacity 一个参数就可以了。

步骤如下。

① 新建 HTML 文档，单击插入面板中的图图标，在弹出的"选择图像源文件"对话框中，选择需要插入的图像，单击"确定"按钮。

② 选中图像，在 CSS 样式面板的"所有规则"上单击右键，从快捷菜单中选择"新建"项，就会弹出"新建 CSS 规则"对话框。

③ 在"选择器类型"下拉列表中选择"类"项，名称改为 Alpha，在"规则定义"下拉列表中选择"仅限该文档"项，单击"确定"按钮，弹出".Alpha 的 CSS 规则定义"对话框。

④ 在"分类"框中选择"扩展"项，然后在"Filter"下拉列表中选择第一项，即 Alpha 属性，如图 4.42 所示。

图 4.42　".Alpha 的 CSS 规则定义"对话框

⑤ 在 Alpha 属性的"？"处设置相关的参数，这里只把 Opacity 值设置为 80，并删除其他参数，单击"确定"按钮，如图 4.43 所示。

⑥ 在属性面板的"类"下拉列表中选择刚才设置的 Alpha 样式，如图 4.44 所示。

⑦ 单击图按钮，选择"预览在 IExplore6.0"项，系统会弹出询问是否保存提示框，单击"是"按钮，然后选择保存的路径，就可以直接预览了。这时可以看到网页中图像的透明度已做了改变。

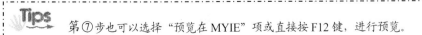

第⑦步也可以选择"预览在 MYIE"项或直接按 F12 键，进行预览。

图 4.43　修改滤镜的 Opacity 值为 80　　　　　图 4.44　设置 Alpha 样式

（2）Blur 滤镜

通过 Blur 滤镜可以实现模糊的效果。Blur 属性的表达式如下：

Filter:Blur(Add=Add, Direction,Strength=Strength)

- Add 参数有两个值：true 和 false，设置图片是否需要被改变成模糊效果。
- Strength 参数值只能使用整数来指定，用于设置有多少像素的宽度将受到模糊影响，默认值为 5 像素。
- Direction 参数用于设置模糊的方向。模糊效果按顺时针方向进行设置，0°代表垂直向上，每 45°一个单位，例如，45°表示垂直方向，默认值为向左的 270°。

下面接着上面的例子来说明如何设置图像的模糊效果，当然如果该效果应用在文字对象上，将更明显。步骤如下。

① 选中图像，在 CSS 样式面板的样式处单击右键，从快捷菜单中选择"新建"项，如图 4.45 所示。

② 在弹出的"新建 CSS 规则"对话框中，输入选择器名称 Blur，如图 4.46 所示。

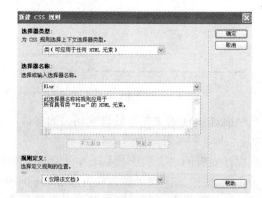

图 4.45　新建样式　　　　　　　　图 4.46　设置新建 CSS 规则

③ 在弹出的 CSS 规则定义对话框中，选择"分类"框中的"扩展"选项，在"Filter"下拉列表中选择 Blur 属性，设置参数为：Add=true, Direction=90, Strength=50，然后单击"确定"按钮，如图 4.47 所示。

图 4.47 设置滤镜

④ 选中图像，在属性面板的"类"下拉列表中选择刚才设置的 Blur 属性，按 F12 键进行浏览，图像出现模糊效果。

CSS 样式的滤镜效果很丰富，并且随着设置参数的不同，就会出现不同的效果，由于篇幅的限制，这里就不详细地讲解了，读者可以自己慢慢地去摸索和学习。

4.7 表单操作

4.7.1 插入表单

图 4.48 表单工具栏

在 Dreamweaver CS4 中，表单输入类型被称为表单对象。可以使用表单工具栏来插入表单对象，或者执行"插入面板"→"表单"→"表单"命令插入表单对象。表单工具栏如图 4.48 所示。

4.7.2 表单的基本操作

各种表单的效果如图 4.49 所示。

图 4.49 各种表单的效果

表单工具栏中各选项说明如下。

● 表单：在文档中插入表单。Dreamweaver 在 HTML 源代码中插入开始和结束<form>标记。任何其他表单对象，如文本域、按钮等，都必须插入在<form>标记之间，以便数据可以被所有的浏览器正确处理。

- 文本域：在表单中插入文本域。文本域接受任何类型的文本、字母或数字条目。输入的文本可以显示为单行、多行、项目列表或星号（*）（用于保护密码）。
- 隐藏域：隐藏域用来存储用户输入的信息，如姓名、电子邮件地址或偏爱的查看方式，并在该用户下次访问此站点时使用这些数据。
- 文本区域：文本区域即多行的文本字段，以输入更多的文本。
- 复选框：在表单中插入复选框。复选框允许在一组选项中选取多个选项。
- 单选按钮：在表单中插入单选按钮。单选按钮代表排他选择，在一组选项中，选择一个选项的同时将取消对其他任何选项的选择，如用户只能选择"是"或"否"中的一个。
- 单选按钮组：可以一次性插入多个单选按钮。
- 列表/菜单：允许在列表中创建用户的选择。使用"列表"选项在可滚动列表中显示选项值并允许用户选取列表中的多个选项，使用"菜单"选项则在下拉列表中显示选项并且只允许用户选取一个选项。
- 跳转菜单：插入一个导航列表或弹出式菜单。跳转菜单允许插入一个菜单，其中每个选项都链接到其他文档或文件上。
- 图像域：在表单中插入一个图像，作为图形化按钮。
- 文件域：使计算机用户浏览本地计算机中的文件夹或文件。
- 按钮：在表单中插入文本按钮，当按钮被单击时便执行任务，如提交或重置表单，也可以为按钮自定义名称或标记，或者使用预定义好的标记——提交或重置。
- 标签：用于设置表单对象。这是辅助功能选项。
- 字段集：为表单增加注释方框。

4.7.3 表单基本属性的设置

1．文本域属性的设置（见图 4.50）

（1）文本域：给域指定一个名称。每个文本域都必须有唯一的名称。

（2）字符宽度：设置可以在域中显示的最多字符数，该值应小于可在域中输入的最多字符数。

（3）最多字符数：类型为单行或密码时，可以设置在文本域中允许输入的最多字符数；类型为多行时，可以设置多行文本域的行数。例如，使用最多字符数将邮政编码限制为 5 个数字，将密码限制为 6 个字符等。

（4）初始值：在首次加载表单时指定显示在域中的值。

图 4.50　文本域属性的设置

（5）类型：将域指定为单行、多行或密码。

2．按钮属性的设置（见图 4.51）

（1）按钮名称：给按钮指定一个名称。系统有两个保留按钮"提交"和"重置"，分别用于通知表单将表单数据提交给处理中的应用程序或脚本，以及将所有表单域重设为它们的初始值。

（2）值：指定在按钮上出现的文本。

（3）动作：指定按钮被单击时发生的动作。

● 提交表单：自动设置按钮的名称为"提交"。

● 重设表单：自动设置按钮的名称为"重设"。

● 无：表示单击按钮时不会出现提交或重设动作。

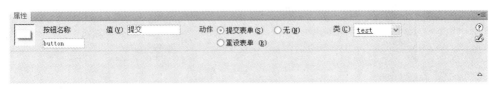

图 4.51　按钮属性的设置

3．复选框属性的设置（见图 4.52）

（1）复选框名称：为该复选框对象输入一个唯一的描述性名称。

（2）选定值：为复选框输入一个值。例如，在一个调查中可能会使用 1～4 的数值来代表同意程度，其中，4 代表非常同意，而 1 代表强烈反对。

（3）初始状态：如果需要表单在浏览器中首次加载时选项便处于选定状态，则选择"已勾选"项，否则选择"未选中"项。

图 4.52　复选框属性的设置

4．单选按钮属性的设置（见图 4.53）

（1）单选按钮：为该组选择输入一个唯一的描述性名称。

（2）选定值：输入当用户选择该单选按钮时要传送给服务器端的应用程序或处理脚本的值，例如，可在"选定值"框中输入 radio 表示用户选择了广播。

图 4.53　单选按钮属性的设置

（3）初始状态：如果需要表单在浏览器中首次加载时选项便处于选定状态，则选择"已勾选"项，否则选择"未选中"项。

4.8　IIS 简介

IIS（Internet Information Server），是微软提供的 Internet 服务器软件。它可以使得在 Internet 上发布信息变得很容易。IIS 5.0 版有很多新增功能，有助于 Web 管理员创建灵活的应用程序。

4.8.1　IIS 的安装

IIS 是 Windows 操作系统自带的组件。在 Windows XP 下，可以按照下面的步骤安装。

（1）执行"开始"→"设置"→"控制面板"命令，打开控制面板。

（2）双击"添加/删除程序"图标，打开添加或删除程序窗口，如图 4.54 所示。

图 4.54　添加或删除程序窗口

（3）单击"添加/删除 Windows 组件"按钮，进入 Windows 组件向导。在向导对话框中，选中"Internet 信息服务（IIS）"项，如图 4.55 所示。

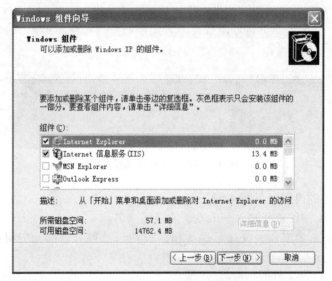

图 4.55　Windows 组件向导

（4）把 Windows XP 安装盘放进光驱中，然后单击"下一步"按钮，再单击"确定"按钮，开始安装 IIS，如图 4.56 所示。

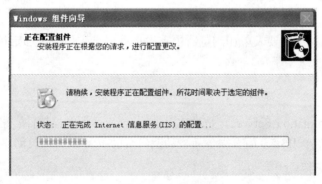

图 4.56　安装 IIS

（5）安装完成后，在弹出的对话框中单击"完成"按钮，就完成了 IIS 的安装。

4.8.2 IIS 的架设

安装好 IIS，就可以使用 IIS 架设网站了。

（1）在控制面板中，双击"Internet 信息服务"图标，打开 Internet 信息服务窗口，如图 4.57 所示。Internet 信息服务窗口由两部分组成，左边窗格中显示默认网站、默认 SMTP 虚拟服务器等，右边窗格中显示对应的项目文件。在"默认网站"项上单击右键，弹出如图 4.57 所示的快捷菜单。

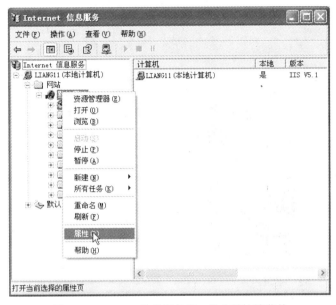

图 4.57 Internet 信息服务窗口及右键快捷菜单

（2）从右键快捷菜单中选择"属性"项，打开默认网站的属性设置对话框，如图 4.58 所示，在对话框中设置默认网站的属性即可。

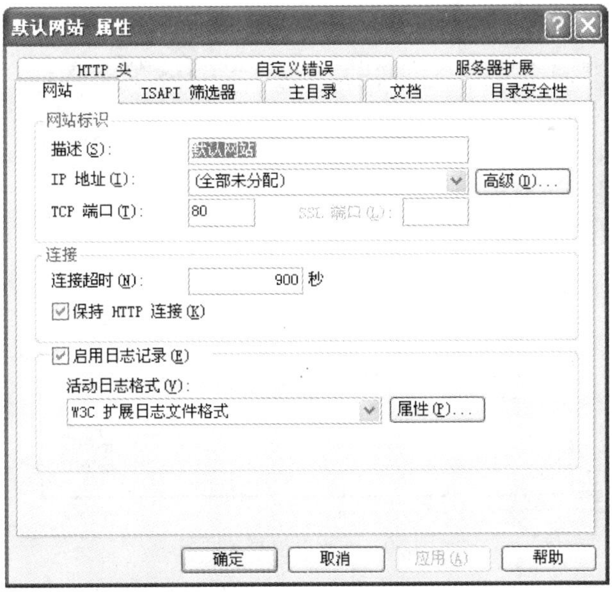

图 4.58 默认网站的属性设置对话框

4.8.3 IIS 虚拟目录的设置

虚拟目录是指 Web 服务器中的一些文件夹,在物理路径上不一定要求被包含在主目录下,但为了方便 Web 服务器管理,可以通过建立虚拟目录的方式来把这些文件夹同主目录关联起来。可以通过两种方式来建立虚拟目录:在 Internet 信息服务中建立和在资源管理器中建立。

1. 在 Internet 信息服务中建立

(1)打开 Internet 信息服务窗口,右键单击"默认网站"项,从快捷菜单中选择"新建"命令,进入虚拟目录创建向导,如图 4.59 所示。

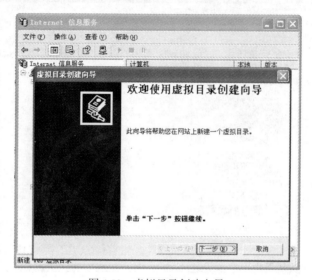

图 4.59　虚拟目录创建向导

(2)单击"下一步"按钮,设置虚拟目录别名,如图 4.60 所示。

图 4.60　设置虚拟目录别名

(3)单击"下一步"按钮,在"目录"文本框中设置要映射的目录,如图 4.61 所示。

图 4.61 设置映射的目录

（4）单击"下一步"按钮，进一步设置权限，如图 4.62 所示。

（5）单击"下一步"按钮，出现完成设置提示，单击"完成"按钮，即可完成虚拟目录的创建。

2．在资源管理器中建立

（1）打开资源管理器，找到要映射的目录，右键单击该目录（如 F:\premimerpro），弹出快捷菜单，选择"属性"命令，在打开的文件夹属性对话框中，设置共享选项，如图 4.63 所示。

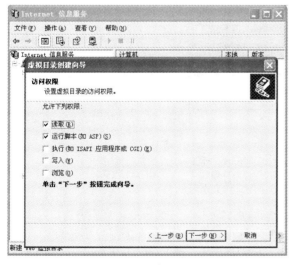

图 4.62 设置权限

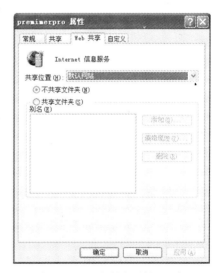

图 4.63 文件夹属性对话框

（2）单击"共享文件夹"单选按钮，弹出"编辑别名"对话框，如图 4.64 所示。在"别名"框中输入该文件在网站根目录中显示的名字，可以使用默认值。在"访问权限"栏中，设置浏览者的访问权限。在"应用程序权限"栏中，选择"执行（包括脚本）"项。设置完成，单击"确定"按钮，可以发现在该文件夹属性对话框的"别名"列表框中，出现了刚才设置好的别名，如图 4.65 所示。

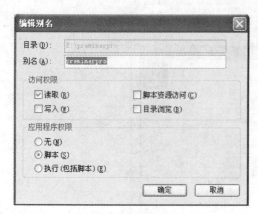

图 4.64 "编辑别名"对话框

图 4.65 选中文件夹别名

（3）单击"添加"按钮将继续添加别名；单击"编辑属性"按钮将重新编辑文件夹的属性，修改文件夹的各项属性。

3. 虚拟目录的删除

如果不需要虚拟目录，可在文件夹的属性对话框中选中该文件夹别名，单击"删除"按钮，就可以删除该别名，如图 4.66 所示。

图 4.66 删除已选中的文件夹别名

同时，也可以通过 Internet 信息服务窗口来删除别名：打开 Internet 信息服务窗口，右键单击虚拟目录的别名，从快捷菜单中选择"删除"命令，在弹出的确认删除提示框中，选择"是"按钮，即可删除选中的虚拟目录。

4.9 精选网页实例制作

4.9.1 道德修养网页制作

1. 制作目的

本例主要介绍 Dreamweaver 的基本应用、层的运用、网页框架制作、页面翻转等。

2. 制作要点

- 观察网页构造
- 新建站点
- 插入图片
- 设置背景颜色和边距
- 使用地图链接
- 插入层
- 插入媒体播放器
- 利用自己制作的按钮控制媒体播放器
- 制作标题

- 链接字体属性设置
- 制作文字飞入效果（时间轴）
- 新建框架网页
- 层的运用
- 插入表格
- 鼠标经过变换图像
- 时间轴的运用
- 运用超链接实现翻页
- 运用层的方法实现翻页

3. 制作步骤

Step 1 建立 xiuyang 站点

（1）建立文件结构。在 D 盘（可根据实际情况选择）中建立一个放置该网页的文件夹 xiuyang，把网页的素材放到该文件夹中。在本例中，我们把已经做好的素材放在 img 文件夹中。

（2）建立站点。打开 Dreamweaver CS4，执行"站点"→"新建站点"命令，在打开的对话框中选择"高级"选项卡。设置站点名称为 xiuyang，单击"本地根文件夹"右边的"浏览"按钮，在打开的对话框中选择 xiuyang 文件夹，设置本地根文件夹为 D:\xiuyang\，如图 4.67 所示。

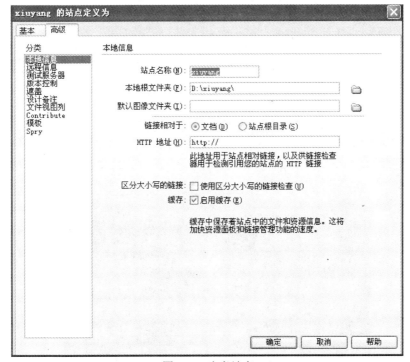

图 4.67 定义站点

Step 2 创建主页 index 文件

（1）在 Dreamweaver CS4 开始页面中，选择"新建"→"HTML"，新建一个网页，如图 4.68 所示。这时可以保存网页。通常，第一个网页命名为 index.html。

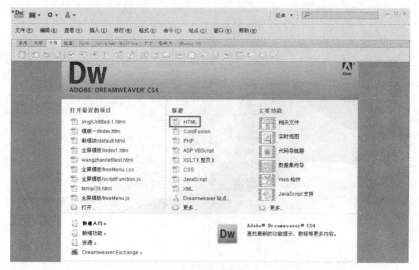

图 4.68　创建新网页

（2）执行"插入"→"图像"命令，或者直接单击插入面板常用工具栏中的"图像"按钮（见图 4.69），在打开的"选择图像源文件"对话框中，选择素材文件夹 img 下的 face.jpg 文件，作为网页背景图像，效果如图 4.70 所示。

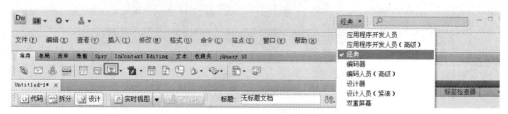

图 4.69　插入图像

Tips

在应用程序栏中选择"经典"工作区，使插入面板位于工作区的顶部，方便以后工具的插入操作，如图 4.69 右侧所示。

图 4.70　插入网页背景图像

（3）设置图像的页边距。在默认情况下，插入的图像与页面存在一定的边距。如果需要修改，可以执行"修改"→"页面属性"命令，打开"页面属性"对话框。在"分类"列表框中选择"外观（CSS）"项，然后在右边把上、下、左、右边距都设置为0，如图4.71所示。

图4.71　修改页面属性

（4）设置背景颜色。如果所选的图像不能完全填充页面，可以把背景颜色填充为与图像颜色接近的颜色。执行"修改"→"页面属性"命令，打开"页面属性"对话框。单击"背景颜色"项，弹出调色器，如图4.72所示。这时鼠标指针会变成吸管形状。移动鼠标到图像上单击，拾取颜色。单击"确定"按钮，把设定好的背景颜色填充到背景中。

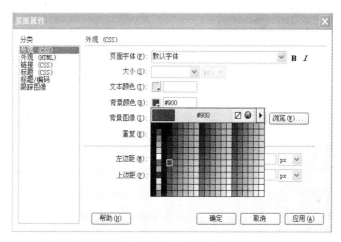

图4.72　拾取颜色

STEP 3　制作片头视频的播放

方法1：使用超链接

（1）在底图上单击，然后在属性面板中单击圆形选框○（若看不见该图标可单击属性面板右下角的▽按钮），在底图中的播放按钮▷上画一个圆形热区（见图4.73）。

提示：如果觉得位置不好，可以用指针热点工具🖈进行调整。

图4.73　制作热区

（2）单击圆形热区，在属性面板中，单击"链接"框后的"浏览文件"按钮（见图4.74），在弹出的"选择文件"对话框中选择要播放的文件。

图 4.74　制作链接

方法2：在页面中嵌入视频

（1）在插入栏中选择"布局"，打开布局工具栏。单击"绘制 AP Div"按钮 ，然后在需要嵌入视频的位置画一个层，如图 4.75 所示。在该层中单击以确认光标在层内，执行"插入"→"媒体"→"插件"命令，选择要播放文件 daodu.asf 放入层中，并调整该插件的大小，使之与层的大小一致，如图 4.76 所示。

图 4.75　新建层

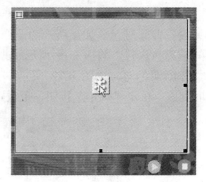

图 4.76　在层中插入视频文件

> **Tips**
> 　　如果单击底图，AP Div 就会被隐藏起来，这时可以单击底图之外空白区域，或者执行"窗口"→"AP 元素"命令，在 AP 元素面板中单击要显示的层名称（如 layer1），页面中就会出现该层。

（2）保存文件并在浏览器中预览。单击文档工具栏中的"在浏览器中预览/调试"按钮，从弹出的下拉菜单中选择"预览在 IExplore"项，如图 4.77 所示。这时会弹出一个提示框询问是否保存，单击"是"按钮，在弹出的对话框中输入要保存的文件名 index.htm。浏览器只要选择 IE5 以上的版本都可以进行预览。此外，在制作网页时要注意及时存盘，以确保不会因意外而前功尽弃。

图 4.77　选择"预览在 IExplore"项

方法3：使用 Media Player 控件在页面中嵌入视频

使用方法 2，可能会因为每台机器的默认视频播放器不一样，从而导致视频的播放效果不一样，或者根本看不到视频，因此，需要播放视频时，一般选择插入一段 Media Player 控件的代码。

（1）选择方法 2 中插入的视频，单击"拆分"按钮，在代码窗口中可以看到以下一段高亮显示的代码：

```
<embed src="img/daodu.asf" width="32" height="32"></embed>
```

（2）打开 img 素材文件夹，找到"MediaPlayer 代码.txt"文件。用记事本打开该文件，可以看到，这是一段用于在网页中嵌入 MediaPlayer 播放器控件的代码，全选并复制里面的代码。

（3）回到 Dreamweaver 的代码窗口中，粘贴替代<embed>…</embed>部分代码。

（4）预览视频播放的效果。

STEP 4 标题的制作

（1）制作标题。执行"插入"→"布局对象"→"绘制 AP Div"命令，或者单击布局工具栏中的"绘制 AP Div"按钮，建立新层。确定光标在层内，然后输入文字"一、新概念的人生，做人与做学问"。选中文字，在属性面板中，切换到 CSS 属性检查器，设置文字大小为14px，颜色为#FF0（黄色），如图4.78 所示。

图 4.78 建立新层并输入标题文字

> **Tips**
> 在 Dreamweaver 中输入文字时，要想输入空格，需要把输入法切换到中文状态下，再把半角状态转换为全角状态。如果两行的间距太大，可以按 Shift+Enter 键进行换行，拉近两行的距离。

（2）选中输入的标题文字，切换到 HTML 属性检查器，在属性面板的"链接"文本框中输入要链接的网页地址：http://www.scut.edu.cn，如图 4.79 所示。单击超链接后，有 4 种网页的打开方式，可在"目标"下拉列表中进行选择，它们分别是_blank、_parent、_self 和_top。其中，_blank 表示网页在一个新的空白窗口中打开。这里选择_blank。

图 4.79 设置超链接的 URL 和目标

（3）在 Dreamweaver 中，加上超链接后的文字具有默认颜色，并自动加上下划线。可以按需要进行调整，方法如下：选中链接后的文字，执行"修改"→"页面属性"命令，打开"页面属性"对话框，在左边"分类"列表框中选择"链接 CSS"项，可以修改链接的颜色、下划线样式等属性。在本例中，把链接颜色、变换图像链接、已访问链接、活动链接的颜色均设置为#FF0（黄色），下划线样式设置为"始终无下划线"，如图4.80 所示。最后预览效果。

图 4.80 "页面属性"对话框

（4）用同样的方法制作其他的标题文字图层。

提示：如果想用较快捷的方法制作其他的标题文字图层，可以在代码视图中复制第一次所做的代码，然后对文字、代码稍做修改就可以了。

STEP 5 保存

保存前面制作的内容。

STEP 6 制作网页框架

（1）首先在 xiuyang 文件夹中新建一个文件夹并命名为 chapter1，把第一章网页文件放在此文件夹中。

（2）下面新建一个 html 文件。在菜单中选择"文件"→"新建"，弹出"新建文档"对话框，选择"示例中的页"标签，在"示例文件夹"列表框中选择"框架页"，在"示例页"列表框中选择"下方固定"项，如图 4.81 所示，单击"创建"按钮确定。接着，弹出"框架标签辅助功能属性"对话框，如图 4.82 所示，这里使用默认设置。

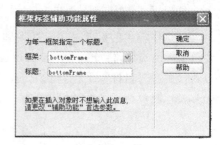

图 4.81　选择"框架集"项　　　　　　　图 4.82　"框架标签辅助功能属性"对话框

这时可以看到设计视图被一条水平的灰色线分为 mainFrame 和 bottomFrame 两部分，如图 4.83 所示。

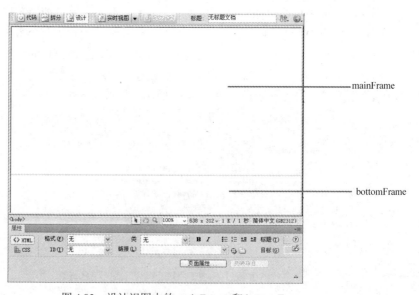

图 4.83　设计视图中的 mainFrame 和 bottomFrame

图 4.84 框架面板

（3）在设计区包含了三个文件，mainFrame、bottomFrame 和它们的包含文件。可以分别对这几个文件存盘。在设计视图中的 mainFrame 区中单击，执行"文件"→"保存框架"命令，在打开的"另存为"对话框中输入文件名 mainFrame.htm 保存框架。在设计视图中的 bottomFrame 区中单击，执行"文件"→"保存框架"命令，在打开的"另存为"对话框中输入文件名 bottomFrame.htm，保存框架。最后，保存整个框架集文件，执行"文件"→"保存全部"命令，在打开的"另存为"对话框中输入文件名 chapter1.htm，保存整个框架集。

STEP 7 制作各节的链接图片

（1）插入表格。单击 bottomFrame 框架，执行"插入"→"表格"命令，或单击常用工具栏中的"表格"按钮，插入一个 1 行 3 列的表格，属性设置如图 4.85 所示。

图 4.85 "表格"对话框

（2）选中表格第一个单元格，执行"插入"→"图像对象"→"鼠标经过图像"命令，打开"插入鼠标经过图像"对话框，如图 4.86 所示。分别设置"原始图像"和"鼠标经过图像"为图像文件 jie1-1.jpg 和 jie1-1Click.jpg。

图 4.86 "插入鼠标经过图像"对话框

（3）按照步骤（2）在后面两个单元格中分别插入图像文件 jie1-2.jpg、jie1-2Click.jpg、jie1-3.jpg 和 jie1-3Click.jpg。预览，可以在 IE 中看到，当鼠标指针移到对应的图片上时，书本就会自动打开。

（4）选择 mainFrame 框架，执行"插入"→"图像"命令，或者直接单击常用工具栏中的"图像"按钮，插入图像文件 content.jpg，按 Ctrl+S 组合键保存修改的文件。

（5）输入文字内容。执行"插入工具栏"→"布局对象"→"AP Div"命令，将新添加的层拖动到底图的上方；或者在插入栏中选择"布局"，打开布局工具栏，单击"绘制 AP Div"按钮，然后在 mainFrame 框架中画一个层。在层中输入第一节的文字内容，如图 4.87 所示。然后执行"文件"→"框架另存为"命令，将其保存为 jie1.htm。对第二节和第三节的内容也做同样的操作，分别保存为 jie2.htm 和 jie3.htm。

（6）对 bottomFrame 框架中的图片进行链接设置。选中第一节中的图片，在属性面板"链接"框中输入 jie1.html，在"目标"框中输入 mainFrame，如图 4.88 所示。对第二节和第三节也进行同样的操作。

图 4.87　文字层

图 4.88　链接到对应的网页

注意：这时 mainFrame 框架中的源文件变成了 jie3.html，需要把它改成 mainFrame.html。方法是：在右下角的框架面板中，选择 mainFrame，在属性面板中修改"源文件"框中的值。

STEP 8　制作前后翻页功能

方法 1：使用超链接方法实现翻页功能

（1）首先，制作每节中的第一页。打开 jie1.html 文件，在标题中输入文字"第一节第一页"，在插入栏中选择"布局"，打开布局工具栏，单击"绘制 AP Div"按钮，然后在页面右下角画一个层。确定光标在层内，然后单击常用工具栏中的"插入图片"按钮，在层内插入 img

目录下的 button1.gif 文件，作为翻页按钮。用同样的方法插入 button2.gif 文件，如图 4.89 所示。保存修改的文件。

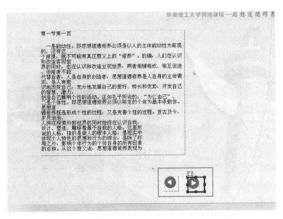

图 4.89　利用层插入翻页按钮

（2）接着制作第二页。为了节省时间，可以把第一页的标题文字改为"第一节第二页"，然后替换里面的内容，另存为 jie1-2.html。

（3）再重新打开第一页文件 jie1.html，选择向后翻页按钮，在属性面板中单击"链接"框后面的"浏览文件"按钮，选择 jie1-2.html 文件，如图 4.90 所示。

（4）在第二页文件 jie1-2.html 中，选择向前翻页按钮，在属性面板中单击"链接"框后面的"浏览文件"按钮，选择 jie1.html 文件，如图 4.91 所示。

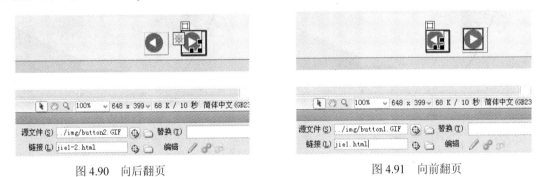

图 4.90　向后翻页　　　　　　　　　　　　　　图 4.91　向前翻页

（5）在 IE 中预览，可以看到利用超链接的方法实现了前后翻页功能。

方法 2：利用显示和隐藏层的方法实现翻页功能

（1）打开 jie2.htm 文件，先按方法 1 制作向前、向后翻页按钮。

（2）然后把第二节的内容标题改为"第二节第一页"。再画一个层，把第一页的内容复制过来，把标题改为"第二节第二页"并修改其中的内容即可。这样就有两个层的内容，分别代表第一页和第二页，如图 4.92 所示。

（3）执行"窗口"→"AP 元素"命令，打开层面板，选择第一页和第二页对应的层，在层名称上双击，分别命名为 ye1 和 ye2。单击 ye2 层前面的眼睛把它关闭掉，这样对应的层就隐藏了，如图 4.93 所示。

（4）接着，利用层的显示和隐藏的行为来实现翻页功能。首先实现向后翻页功能，选择向后翻页按钮，执行"窗口"→"行为"命令，打开行为面板。单击 + 按钮，从弹出的下拉菜单中选择"显示-隐藏元素"命令。在弹出的对话框中，使层 ye1 隐藏，层 ye2 显示，如图 4.94 所示。单击"确定"按钮，返回行为面板，选择 onClick 事件，如图 4.95 所示。

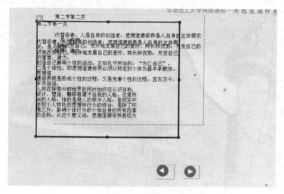

图 4.92 制作每页的内容页面

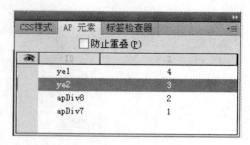

图 4.93 "AP 元素"层面板

（5）用同样的方法，选择向前翻页按钮，在弹出的对话框中，使层 ye1 显示，层 ye2 隐藏。

（6）在 IE 中预览利用显示和隐藏层方法制作的翻页效果。

> **Tips**
> 如果找不到"显示-隐藏元素"命令，可以先执行"显示事件"→"IE 5.0"命令，然后再单击 按钮就可以看到该命令了。

图 4.94 "显示-隐藏元素"对话框

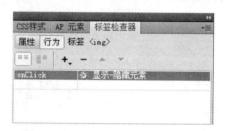

图 4.95 选择 onClick 事件

STEP 9 把首页和第一章的页面链接起来

（1）打开首页文件 index.html。

（2）选择第一章的文字，在属性面板中单击"链接"框后面的"浏览文件"按钮，选择 chapter1.html 文件。

到此为止，完成了道德修养网页的制作。

4.9.2 教学成果展示网页

1．制作目的

本例主要介绍 Dreamweaver 的基本应用，表格的运用，以及利用 Photoshop 制作网页切片的方法等。

2．制作要点

（1）新建站点　　　　　　　　　　（5）在表格中插入表格

（2）利用 Photoshop 切片　　　　　（6）在表格中插入 Flash 文件

（3）插入表格　　　　　　　　　　（7）在表格中插入网页

（4）在表格中插入图片

3．制作步骤

STEP 1 新建网站文件夹

（1）新建一个文件夹并命名为 chengguo，用于存放本实例所有的网页。在 chengguo 文件夹中新建一个文件夹并命名为 img，用于存放网页中的图片，然后把素材文件复制到 img 文件中。

（2）打开 Dreamweaver，执行"站点"→"新建站点"→"高级"命令，在打开的对话框中设置站点名称和本地根文件夹，如图 4.96 所示。

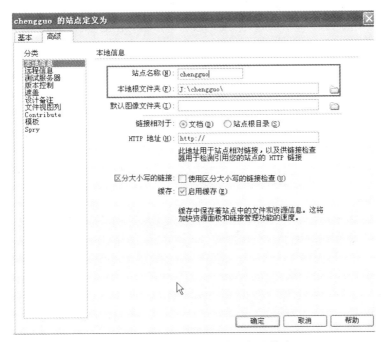

图 4.96　设置站点名称和本地根文件夹

STEP 2 利用 Photoshop 对网页进行切片（方法1）

（1）进入 Photoshop，执行"文件"→"打开"命令，打开 face1.jpg 文件。执行"视图"→"标尺"命令，可以看到在工作区上边和左边出现带刻度的标尺，这样便于对图片进行精确切分。执行"视图"→"对齐"命令，确定其前面打上对号。

（2）选择工具栏中的移动工具 ，在标尺上按住鼠标左键拖动，可以得到一条蓝色的辅助线，我们将利用这些辅助线进行图片的切分。

（3）对整个图片进行切分的一个原则是，保证中间的 Flash 区域和 iframe 中的网页区域是完整的。根据这样的原则，水平方向可以画出 3 条辅助线，垂直方向可以画出 4 条辅助线，如图 4.97 所示。

（4）接着使用矩形选择工具 ，分别框选不同的部分进行保存。方法是，先执行"编辑"→"复制"命令（Ctrl+C 组合键），然后执行"文件"→"新建"命令（Ctrl+N 组合键）新建一个文件，再执行"编辑"→"粘贴"命令（Ctrl+V 组合键），在新文件中粘贴图片，再执行"文件"→"保存"命令（Ctrl+S 组合键），将该文件保存到网页文件夹 img 中。根据设计意图，将整个页面切分成 8 部分，如图 4.98 所示。这 8 部分分别命名为（供参考）：top.jpg、right.jpg、content.jpg、middle.jpg、flash.jpg、flash-bottom.jpg、right.jpg 和 bottom.jpg。

图 4.97　画辅助线

图 4.98　切分图片

在 Dreamweaver 中利用表格组合切分的图片

（1）在 Dreamweaver 中利用表格将所有切片组织起来。在常用工具栏中，单击"表格"按钮，根据 face1.jpg 图片的宽度，建一个 3 行 1 列，770 像素宽的表格，如图 4.99 所示。

图 4.99　新建嵌套表格

注意，"边框粗细"、"单元格边距"、"单元格间距"这 3 项的值都要设置为 0。

（2）在表格第 1 行中插入 top.jpg 图片，在第 3 行中插入 bottom.jpg 图片，如图 4.100 示。

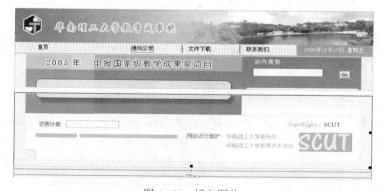

图 4.100　插入图片

（3）在第 2 行的单元格中插入一个 1 行 5 列，770 像素宽的表格，然后插入相应的图片。

注意，插入图片后，要根据图片的宽度，对表格的宽度进行设置，防止出现表格变形，或者表格与图片间有空隙的情况。例如，因为第一张图片 left.jpg 的宽度为 53（见图 4.101），所以 left.jpg 所在的单元格的宽度也要设置为 53（见图 4.102）。其他图片采用相同的方法设置。

图 4.101　图片属性面板

图 4.102　表格属性面板

 可以利用 Dreamweaver 中的标签选择器，如图 4.103 所示，来选择图片对应的列，即单元格。

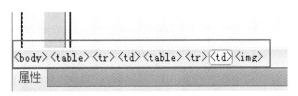

图 4.103　标签选择器

（4）由于 Flash 区域被划分为上、下两部分，因此也要在对应的区域中插入一个表格。在第 4 列中，插入一个 2 行 1 列的表格，其宽度应根据 Flash 图片的宽度进行设置。这里为 236。在第 1 行中插入 flash.jpg 图片文件，在第 2 行中插入 flash_bottom.jpg 图片文件。

注意，表格所在的单元格宽度也要设置为对应的宽度。

（5）这样，在 Dreamweaver 中利用表格将所有在 Photoshop 中切分出来的图片重新组织起来，如图 4.104 所示。

Step 4 替换 Flash 图片

选中代表 Flash 动画的图片，把它删掉，准备插入 Flash 动画。执行"插入"→"媒体"→"SWF"命令，在打开的对话框中找到 flash.swf 文件插入到表格中。

图 4.104　重组图片

STEP 5 在内容区域中利用 iframe 插入网页

选中代表内容的图片，把它删掉，单击"拆分"按钮，切换到拆分视图，对代码进行修改。先把原来的 语句删掉，然后插入如下代码：

```
<iframe height="393" width="391" frameborder="0" src="img/content.htm"></iframe>
```

其中，height="393"用于设置嵌入网页的宽度，width="391"用于设置嵌入网页的高度，这两个参数都是根据 content.jpg 图片的宽度和高度确定的。src="img/content.htm"用于设置嵌入网页的源文件，结果如图 4.105 所示。

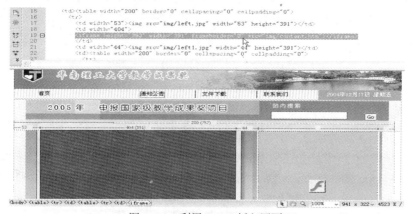

图 4.105　利用 iframe 插入网页

STEP 6 利用 Photoshop CS4 中的自动切片工具对网页图片进行切片（方法 2）

在前面的操作中，是利用手工的方法进行图片切分的，往往会出现切分不够精确和错位的情况。下面介绍在 Photoshop CS4 中自动切分图片的方法。

（1）在 Photoshop 中打开 face1.jpg 文件，在左侧工具栏中单击"剪裁工具"图标右下角的小三角形，然后从弹出工具菜单中选择"切片工具"，如图 4.106 所示。

（2）分别在要放置 iframe 内容的区域和 Flash 动画的区域按住鼠标左键拖动，画出两个切片，如图 4.107 所示。

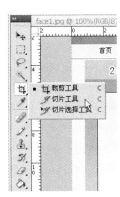

图 4.106　选择"切片工具"　　　　　　　　　　图 4.107　自动切片效果

（3）执行"文件"→"存储为 Web 和设备所用格式"命令，在弹出的对话框中单击"存储"按钮，如图 4.108 所示。

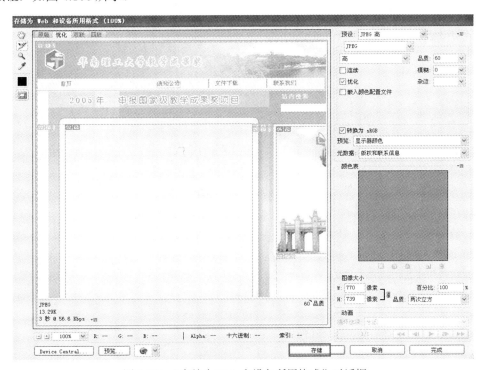

图 4.108　"存储为 Web 和设备所用格式"对话框

（4）在弹出的"将优化结果存储为"对话框中，保存类型选择"HTML 和图像（*.html）"，如图 4.109 所示，将结果保存到新建文件夹中。打开该文件夹，可以看到有一个名为 face1.html 的网页文件和一个名为 images 的文件夹。在 images 的文件夹中存放的就是 ImageReady 切割好的图片。在 Dreamweaver 中，打开网页文件，就可以使用上面介绍的方法替换掉对应的 iframe

内容区域和 Flash 区域了。

图 4.109 "将优化结果存储为"对话框

到此为止，完成了教学成果网页的制作。

习题 4

一、单选题

1. 超文本置标语言是指（　　）。

    A．WWW　　　　　　　B．HTTL　　　　　　　C．HTML　　　　　　　D．VRML

2. 超文本是一个（　　）结构。

    A．顺序的树形　　　　　B．非线性的网状　　　C．线性的层次　　　　D．随机的链式

3. 在网页制作中，标记\<a href=""\>\</a\>的作用是（　　）。

    A．改变字体的颜色　　　B．实现超链接　　　　C．定义标题　　　　　D．改变字号的大小

4. CSS 的中文全称是（　　）。

    A．层叠样式表　　　　　B．超链接　　　　　　C．基底网址　　　　　D．主体标记

5. 打开 Dreamweaver MX 后，如果没有出现属性面板，可执行（　　）菜单中的"属性"命令将其打开。

    A．插入　　　　　　　　B．修改　　　　　　　C．窗口　　　　　　　D．命令

6. 在站点中建立一个文件，它的扩展名应是（　　）。

    A．doc　　　　　　　　B．ppt　　　　　　　　C．xls　　　　　　　　D．html

7. 如果不想在段落间留有空行，可以按（　　）组合键。

    A．Enter　　　　　　　B．Ctrl + Enter　　　C．Alt + Enter　　　D．Shift + Enter

8. 在网页中连续输入空格的方法是（　　）。

    A．连续按空格键　　　　　　　　　　　　　B．按下 Ctrl 键再连续按空格键

    C．转换到中文的全角状态下连续按空格键　　D．按下 Shift 键再连续按空格键

9. 设置一个没有超链接功能的图像变化效果（即当鼠标指向页面中的图像时显示另外的图像，当鼠标离开

页面中的图像时显示原图像），应使用 Dreamweaver MX 的（　　）功能。

    A．导航图像   B．翻转图像   C．轮换图像   D．鼠标经过图像

10．在（　　）文本框中输入数据后，数据以"*"号显示。

    A．单行文本框   B．多行文本框   C．数值文本框   D．密码文本框

11．"A:hover"表示鼠标为（　　）状态。

    A．经过   B．未经过   C．原始状态   D．访问超链接以后

12．保存包含框架的页面时，如果页面中包含 4 个框架，那么，要保存全部页面信息，共需要保存（　　）个文件。

    A．3   B．4   C．5   D．6

13．浏览器在第一次装载框架网页时，如果需要指定该框架所显示的网页文件，则要设置该框架的（　　）属性。

    A．color   B．src   C．title   D．href

14．如果链接的目标文件在本地站点中，可以使用绝对 URL 或相对 URL；如果要链接站点以外的目标文件，则必须使用（　　）。

    A．超链接   B．相对 URL   C．绝对 URL   D．href

二、多选题

1．Dreamweaver 软件的主要功能包括（　　）。

    A．所见即所得   B．具有完善的站点管理功能

    C．强大的多媒体功能   D．不能使用 JavaScript 语言

2．文本属性可以通过（　　）来设置。

    A．属性面板   B．控制面板   C．启动面板   D．文本菜单

3．框架由上下两部分组成，下列选项中属于框架组成部分的是（　　）。

    A．框架集   B．上框架   C．框架   D．主框架

三、填空题

1．在站点中建立新的静态网页文件，其默认的文件扩展名为_____。

2．为了使所设计的表格在浏览网页时，不显示表格的边框，应把表格的边框宽度设为_____。

3．在表格的_____中可以插入另一个表格，这称为表格的嵌套。

4．建立与电子邮件的超链接时，在属性面板的"链接"文本框中输入_____+电子邮件地址。

5．在默认情况下，层的_____值是按照层的创建顺序依次增大的，该值大的层显示在层的上面。

四、简答题

1．用实际例子简述网页制作中绝对路径与相对路径的区别。

2．简述 Dreamweaver 在网页制作中站点的定义方法。

3．简述网页制作中播放视频的两种种方法。

4．简述在 Dreamweaver 中改变超链接文字显示效果的方法。

五、操作题

根据自己的喜好设计一个个人介绍主页或班级主页，要求页面美观大方，布局清晰，能充分利用各种媒体素材（如声音、动画、文字、图片等）。

第5章　多媒体音频技术

在多媒体产品中，声音是必不可少的对象，其主要表现形式是语音、自然声响和音乐。通过对声音的运用，可以使人们能更形象地认识产品所表现的内容。而对于自学型多媒体系统和多媒体广告、视频特技、多媒体教育等领域，声音的作用显得更加重要，因此多媒体音频技术成为多媒体技术的一个重要分支。

5.1　音频概述

5.1.1　声音的基本概念

声音是人类感知自然的重要媒介，人类的听觉和视觉同样起到认识自然的重要作用。山林的风声、大海的浪声、农家小院的鸡犬之声是大自然赋予人类的享受。在现代社会中，人类交流的话语声、音乐会的乐曲声、歌唱声能让紧张忙碌的人们舒展心情，而机械的轰鸣声、马路的嘈杂声、各种噪声则是残害人类的杀手。

声音在物理学上称之为声波，是通过一定介质（如空气、水等）传播的连续的振动的波。声波引起某处媒质压强的变化量称为该处的声压。声音的强弱体现在声波的振幅上，音调的高低体现在声波的周期和频率上，如图 5.1 所示。

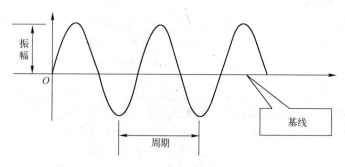

图 5.1　声音的特性

声波是随时间连续变化的物理量，它有 3 个重要指标：

① 振幅——波的高低幅度，表示声音的强弱；

② 周期——两个相邻波之间的时间长度；

③ 频率——每秒振动的次数，以 Hz 为单位。

1. 声音如何传播

声音依靠介质的振动进行传播。声源实际上是一个振动源，它使周围的介质（空气、液体、固体）产生振动，并以波的形式进行传播。声源的形式多样，例如，吉他的弦、人的声带、农村的拖拉机等。声源振动，通过它周围的空气、水等传播介质进行传播，形成"声波"。人耳接收到声波，耳膜随之振动，再通过听觉神经末梢的传递，就可以听见声音。

2. 声音的频率

声源每秒振动的次数称为该声源的"频率"。用音频来表示声音信号的频率，单位为赫兹（Hz）。频率对于声音来说是个非常重要的概念，不同的声音有不同的频率范围，人耳只能听到频率范围在 20Hz～20kHz 之间的声音，低于 20Hz 的次声和高于 20kHz 的超声都听不到。频率的分类如图 5.2 所示。

图 5.2　频率的分类

人耳对不同频率的敏感程度有很大差别，对中频段（2～4kHz）最为敏感，幅度很低的信号都能被人耳听到；对低频区和高频区较不敏感，能被人耳听到的信号幅度比中频段的要高得多。如图 5.3 所示为常见的声源及其频率范围。

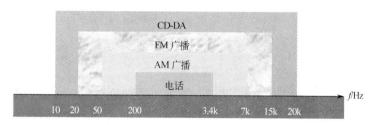

图 5.3　常见声源及其频率范围

从图 5.3 中可以看出，不同声源的频带宽度差异很大。一般，声源的频带越宽，表现力越好，层次越丰富。例如，宽带音响设备还原的声音质量比高级音响设备好，尽管宽带音响设备的频带已经超出人耳可听范围，但正是因为这一点，能把人们的感觉和听觉充分调动起来，从而产生极佳的声音效果。

3．声音的传播方向

声音的传播方向和振动方向一致，因此不管人在空间的任何位置，只要声音能传到，就能在声音的能量场范围内听到声音。

大部分声源符合下列规律：

① 当辐射出来的声波波长大于声源的尺寸时，声波比较均匀地向各方向传播；

② 当辐射出来的声波波长小于声源的尺寸时，声波集中地向正前方一个尖锐的圆锥体范围内传播。

例如，讲话时，语音中的低频部分，由于其波长比声源的尺寸大得多，所以能绕着人的头部向各个方向均匀地传播，而语音中的高频部分仅由发言者的嘴部向前直射。因此，如果站在讲话者的背后，听到的声音中的高频分量会有所下降，可能会感觉听不清楚。

4．声音的三要素

声音效果的三要素：音调、音强、音色。

音调：指声音的高低。音调的高低，主要取决于声波频率的高低。频率越高，音调越高，反之亦然。在使用音频处理软件对声音的频率进行调整时，其音调也会随之产生变化。例如，男子发音，其频率一般在 90～140Hz 之间，音调较低；女子发音的频率一般在 270～550Hz 之间，音调较高。

音强：是指声音的强度，又称声音的响度，由声波振动的振幅决定。它是指人耳感受到的声音强弱，是人对声音大小的一个主观感觉量。

音色：即声音的品质，它由泛音的多少、泛音的频率和振幅决定。例如，不同的乐器在基本振动频率相同的情况下，仍然可以区分各自的特色，主要原因是不同乐器有不同的音色。

5.音质

"音质"是声音的质量，音质的好坏与音色的频率范围有关。悦耳的音色、宽广的频率范围，能够获得非常好的音质。影响音质的因素有很多，常见的有以下 3 个：

①.对于数字音频信号，音质的好坏与数据采样频率和数据位数有关，采样频率越低，位数越少，音质越差；

② 音质与声音还原设备有关，音响放大器和扬声器的质量能够直接影响重放的音质；

③ 音质与信号噪声比有关，在录制声音时，音频信号幅度与噪声幅度的比值越大越好，否则噪声干扰声音，影响音质。

5.1.2 音频素材的获取

声音文件的获取是为音频的编辑进行素材积累的阶段。声音的获取途径很多，可以自己录制或从 CD 唱盘获得，也可以从网站或素材库获取。

1．自行录制

Windows 自带的录音机（Sound Recorder）是一种简单实用的音频获取工具，同时也可以对声音进行简单的编辑，其窗口如图 5.4 所示。录音机的最长录制时间只有 1 分钟，一般较少使用，已被专业的音频录制/处理软件替代。

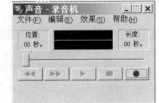

图 5.4　录音机

2．从 CD、VCD 等媒体中获取

音乐光盘是常见的声音载体，它体积小巧，人们习惯称之为 CD 唱盘（或简称 CD）。另外，VCD、DVD 也是声音文件的常见载体。

如何将这些声音文件转换成计算机能够处理的数字化声音呢？有很多音频处理软件，例如，Adobe Audition、高质量抓轨软件 Exact Audio Copy（简称 EAC）、超级解霸、豪杰解霸等工具都可以解决此问题。

3．从网站或素材库中获取

Internet 资源丰富，许多门户网站都提供了专门的音乐检索频道。百度和谷歌搜索引擎更是设置音乐搜索专栏，以方便用户搜索音乐资源。

许多用户拥有专门的本地或者远程音频素材库，从中可以获取丰富的音乐资源，例如，公司的音乐网站，宿舍楼的音乐 FTP 站点等。

目前，从网站或素材库获取声音文件已经成为获取音频素材的最普遍的方式。

5.2　声音的数字化

5.2.1　数字化过程

声音进入计算机的第一步就是数字化。人耳听到的声音是一种具有振幅的周期声波，计算机要处理这种声波，可以通过话筒把机械振动这种连续的模拟信号转变成相应的电信号，我们把这个转换过程称为模数转换，也称 A/D 转换，即声音的数字化。模数转换过程主要分采样、量化及编码三步，如图 5.5 所示。

图 5.5　声音的数字化过程

仅从数字化的角度考虑，影响声音数字化质量的主要有以下 3 个因素。

1. 采样频率

在某个特定的时刻对模拟信号进行测量叫做采样。其做法是每隔一段时间对模拟信号的幅值进行测量，得到离散的幅值，用它代表两次采样之间的模拟值，如图 5.6 所示。

采样频率也称取样频率，是指在单位时间（1s）内采样的次数。在单位时间内采样的次数越多，对信号的描述就越细腻，越接近真实信号，声音回放出来的效果也越好，但文件所占的存储空间也就越大。采样频率的选择遵循如下理论：如果对某一模拟信号进行采样，则采样后可还原的最高信号频率只有采样频率的一半。常用的采样频率有：44.1kHz、22.05kHz、11.25kHz 等。表 5.1 中列出了不同的采样频率对音质的影响。

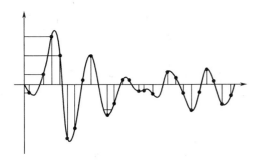

图 5.6　声音的采样

表 5.1　采样频率对音质的影响

采样频率	声音质量	记录内容
48kHz	广播质量	记录数字媒体的广播使用
44kHz	CD 音质	高保真音乐和声音
32kHz	接近 CD 音质	数码摄像机伴音等
22kHz	收音音质	短的高质量音乐片段
11kHz	可接受的音乐	长音乐片段，高质量语音等
5kHz	可接受的语音	简单的声音

2. 量化位数

量化是将经过采样得到的离散数据转换成二进制数的过程。量化位数，即分辨率，是指将经过采样得到的离散数据转换成二进制数的位数。

在多媒体计算机中，音频的量化位数一般为 32、16、8、4。显然，量化位数越多，量化后的波形越接近原始波形，声音的音质越好，当然，声音文件也就越大。

图 5.7 为声波（正弦波）数字化过程示意图。可以通过此图理解音频信号数字化过程中各个阶段的具体情况。

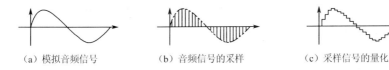

（a）模拟音频信号　　　（b）音频信号的采样　　　（c）采样信号的量化

图 5.7　声波数字化过程示意图

3. 声道数

声音通道的个数称为声道数，是指一次采样所记录产生的声音波形个数。声道有单声道和立体声之分。记录声音时，如果每次生成一个声波数据，则称为单声道；如果每次生成两个声波数据，则称为双声道，也称立体声。立体声听起来比单声道丰满优美，但需要两倍于单声道的存储空间。

通过对上述 3 个影响声音数字化质量因素的分析，可以得出声音数字化数据量的计算公式：

声音数据化的数据量＝采样频率（Hz）×量化位数（bit）×声道数/8（B/s）×时间（s）

例如，用 44.1kHz 的采样频率进行采样，量化位数选用 16bit，则录制 1s 的立体声节目，其波形文件所需的存储量为：44 100×16×2/8×1＝176 400（B）。因此，一般在多媒体制作过程中，需要进行声音的压缩。

5.2.2　数字音频压缩标准

随着对音频信号音质要求的增加，信号频率范围逐渐增大，要求描述信号的数据量也就随之增大，从而使处理这些数据的时间和传输、存储容量增大。因此多媒体音频压缩技术成为多媒体技术实用化的关键之一。

本小节在介绍音频压缩方法的基础上，给出了部分音频信号的国际压缩标准。

1．音频压缩方法概述

音频压缩方法是指对原始数字音频信号流（PCM 编码）运用适当的数字信号处理技术，在不损失有用信息量，或者所引入损失可忽略的条件下，降低（压缩）其码率，也称为压缩编码。逆变换的过程，称为解压缩或解码。上述整个过程如图 5.8 所示。

图 5.8　音频压缩处理过程

音频信号的压缩编码采用了在数据编码中介绍的一些技术。在音频数字压缩技术中，当前比较成功的编码方式被称为"感知型编码"（Perceptual Coding），现在比较常用的 MP3、MD 等都是采用感知编码原理。

一般来说，数据压缩有两种方法。第一种方法，利用信号的统计性质，完全不丢失信息的高效率编码法，称为平均信息量编码或熵编码。第二种方法，利用接收信号的人的感觉特性，省略不必要的信息，压缩信息量，这种方法称为感知编码，如波形编码、参数编码和混合编码。

① 熵编码。熵编码包括 Huffman 编码、算术编码、行程编码等。

② 感知编码。例如，MP3 采用的算法 ASPEC（Adaptive Spectral Perceptual Entropy Coding of high quality musical signal），是一种高质量音乐信号自适应谱感知型熵编码，它使音频信息压缩率达到 10：1 甚至 12：1。当然这是一种有损压缩，但是人耳却基本不能分辨出失真来。按照这种算法，10 张 CD-DA 的内容可压缩到 1 张 CD-ROM 中，而且视听效果相当。Dolby 公司的 AC-3 也采用了感知编码。

③ 波形编码。波形编码的特点是，在高码率的条件下获得高质量的音频信号，适用于高保真度语音和音乐信号的压缩技术。常见的 3 种波形编码有：脉冲编码调制（PCM，Pulse Code Modulation），是一种最通用的无压缩编码；差分脉冲编码调制（DPCM，Differential Pulse Code Modulation），只传输声音预测值和样本值的差值以降低音频数据的编码率；自适应差分编码调制（ADPCM，Adaptive Differential Pulse Code Modulation），是 DPCM 方法的进一步改进，是一种有损压缩。

④ 参数编码。参数编码的方法是，将音频信号以某种模型表示出来，再抽出合适的模型参数和参考激励信号进行编码，声音重放时，再根据这些参数重建。实现这一功能的设备称为声码器（Vocoder）。此类方法构成的声码器有线性预测（LPC）声码器、通道声码器（Channel Vocoder）、共振峰声码器（Format Vocoder）等。

⑤ 混合编码。就是将波形编码和参数编码方法结合起来。这种方法希望寻找一种激励信号，其产生的波形尽可能接近于原始语音的波形。

2. 音频压缩技术标准

（1）电话质量的音频压缩编码技术标准

由于数字音频压缩技术具有广阔的应用范围和良好的市场前景，因此音频压缩技术的标准化工作显得十分重要。CCITT（现 ITU-T）在语音信号压缩的标准化方面做了大量的工作，制定了 G.711、G.721、G.728 等标准，并逐渐受到业界的认同。其他语音相关标准有：G.723、H.221、H.222、H.223、H.233、H.231、H.242、H.245、H.261、H.263、H.320、H.323、H.324 等。

（2）调幅广播质量的音频压缩编码技术标准

调幅广播质量音频信号的频率范围为 50Hz～7kHz。CCITT 在 1988 年制定了 G.722 标准。此标准采用 16kHz 采样频率，14bit 量化，信号数据传输速率为 224kbps，并采用子带编码方法，将输入音频信号经滤波器分成高子带和低子带两个部分，分别进行 ADPCM 编码，再混合形成输出码流。其中，224kbps 可以被压缩成 64kbps，最后进行数据插入。因此，利用 G.722 标准可以在窄带综合服务数据网 N-ISDN 中的一个 B 信道上传送调幅广播质量的音频信号。

（3）高保真度立体声音频压缩编码技术标准

高保真立体声音频信号频率范围为 50Hz～20kHz，采用 44.1kHz 采样频率，16bit 量化，进行数字化转换，其数据传输速率每声道达 705kbps。

一般语音信号的动态范围和频响比较小，采用 8kHz 采样频率，每样值用 8bit 表示，现在的语音压缩技术可把码率从原来的 64kbps 压缩到 4kbps 左右。但多媒体通信中的声音要比语音复杂得多，它的动态范围可达 100dB，频响范围可达 20Hz～20kHz，因此，数字化后的信息量也非常大。为了更有效地利用宝贵的信道资源，必须对声音进行数字压缩编码。

目前，世界上第一个高保真立体声音频压缩标准为 MPEG 音频压缩算法。虽然 MPEG 音频标准是 MPEG 标准的一部分，但它完全可以独立使用。表 5.2 中列出了 ISO 和 ITU 先后建议的用于电话质量的语音压缩标准。

表 5.2 用于电话质量的语音压缩标准

分 类	标 准	说 明
电话语音质量	G.711	频率采样 8kHz，量化 8bit，码率 64kbps
	G.721	频率采用 ADPCM 编码，码率 32kbps
	G.723	频率采用 ADPCM 有损压缩，码率 24kbps
	G.728	频率采用 LD-CELP 压缩技术，码率 16kbps
调幅广播质量	G.722	频率采样 16kHz，量化 14bit，码率 64（224）kbps
高保真立体声	MPEG 音频	频率采样 32kHz、44.1kHz、486kHz，量化 16bit，码率 32～448kbps

下面介绍用于电话质量的语音压缩标准的发展过程。

① MPEG-1 于 1992 年 11 月完成。"MPEG-1 音频"包括三个层次。其中，第一层次和第二层次编码将输入音频信号进行采样频率为 48kHz，44.1kHz，32kHz 的采样，经滤波器组将其分为 32 个子带，同时利用人耳的屏蔽效应，根据音频信号的性质计算各频率分量的人耳屏蔽门限，选择各子带的量化参数，获得高的压缩比。第三层次编码在上述处理之后再引入辅助子带、非均匀量化和熵编码技术，进一步提高压缩比。MPEG 音频压缩技术的数据传输速率为每声道 32～448kbps，适合于 CD-DA 光盘应用。

② MPEG-2 也定义了音频标准，由两部分组成，即 MPEG-2 音频（Audio，ISO/IEC

13818—3）和 MPEG-2 AAC（先进的音频编码，ISO/IEC 13818—3）。MPEG-2 音频编码标准是对 MPEG-1 后向兼容的、支持 2～5 声道的后继版本。

③ MPEG-4 Audio 标准（ISO/IEC 14496—3）可集成从语音到高质量的多通道声音，包括从自然声音到合成声音，文本—语音转换的合成声音，以及 MIDI 合成声音等。编码方法还包括参数编码、码激励线性预测编码、时间/频率编码、结构化声音编码。

④ MPEG-7 Audio 标准（ISO/IEC 15938—3）提供了音频描述工具。

（4）其他

① 多声道音频信号压缩与 DolbyAC-3（Dolby Audio Code Number 3），是由美国 Dolby 实验室开发的主要针对环绕声一种音频压缩技术。在 5.1 声道的条件下，可将码率压缩至 384kbps，压缩比约为 10∶1。Dolby AC-3 最初是针对影院系统开发的，但目前已成为应用最为广泛的环绕声压缩技术之一。

② MPEG-2BC（后向兼容方式），即 ISO/IEC 13818—3，是另一种多声道环绕声音频压缩技术。

③ DVD（Digital Versatile Disk）是新一代的多媒体数据存储和交换的标准。

5.2.3　声音的文件格式

数字音频数据是以文件的形式保存在计算机中的，数字化的音频文件主要分为四大类。

1. 波形音频文件

这是一种最直接的表达声波的数字形式，文件扩展名是.wav。该文件主要用于自然声的保存与重放，是最早的数字音频格式。其特点是：声音层次丰富、还原性好、表现力强，如果使用足够高的采样频率，其音质极佳。该格式支持许多压缩算法，支持多种音频位数、采样频率和声道，采用 44.1kHz 的采样频率，16 位量化位数，音质与 CD 相差无几，但对存储空间需求太大，不便于交流和传播。

2. MIDI 音频文件

关于此文件格式的内容将在 5.6 节中详细讲述。

3. CD-DA 文件

此文件为标准激光盘文件，即 CD 音轨，扩展名为.cda。该格式的文件采用 44.1kHz 的采样频率，速率为 88kbps，数据量大、音质好。一张 CD 可播放 74 分钟左右的音频，CD 音轨近似无损，声音基本上忠于原声，因此音响热爱者将 CD 视为首选。CD 光盘可以在 CD 唱机中播放，也能用计算机里的各种播放软件来重放，甚至有些光驱可以与计算机脱离，只需接通电源就可作为一个独立的 CD 播放机使用。

注意：一个 CD 音频文件是一个.cda 文件，并不真正包含声音信息，所以不论 CD 音乐的长短，在计算机中看到的索引信息"*.cda 文件"都是 44 字节长的。这种文件不能直接复制到硬盘上播放，需要使用专门的抓音轨软件把 CD 格式的文件转换成 WAV 或其他格式。

4. 压缩音频文件

在数字音频领域，压缩音频文件非常流行，格式种类也很多，主要有 MP3、WMA、RealAudio、APE、OGG、FLAC 等。

（1）MP3 音频文件

MP3 的全称为 MEPG-1 audio layer3，其压缩率为 12∶1。MP3 的优势就是在高压缩比的情况下，还能拥有优美的音质。

MP3 之所以能够达到如此高的压缩比例同时又能保持相当不错的音质是因为它利用了知觉音频编码技术，即利用了人耳的特性，削减音乐中人耳听不到的成分，同时尽可能地维持原来的声音质量。

（2）WMA 文件

WMA（Windows Media Audio）格式是 Windows Media 格式的一个子集，通过减少数据流量但保持音质的方法来达到比 MP3 压缩率更高的目的。

WMA 的一个优点是压缩率高，一般都可以达到 18：1。其次，WMA 的内容提供商可以加入防复制保护。这种内置了版权的保护技术可以限制播放时间和播放次数甚至播放的机器等。另外，WMA 还支持音频流（Stream）技术，适合网上在线播放。

（3）RealAudio 文件

RealAudio 主要适用于网上的在线音乐欣赏。现在 Real 主要有：RA（RealAudio）、RM（RealMedia）、RAS（RealAudioSecured）等几种文件格式。RealAudio 采用"音频流"技术，可以随网络带宽的不同而改变声音的质量，在保证大多数人听到流畅声音的前提下，令带宽较富裕的听众获得较好的音质。

（4）APE 文件

APE 是现在网络上比较流行的音频文件格式。APE 的本质是一种无损压缩音频格式。庞大的 WAV 音频文件可以通过 Monkey's Audio 软件压缩为 APE 文件。被压缩后的 APE 文件容量要比 WAV 源文件小一半以上，可以节约传输所用的时间。一般来说，同样一张 CD 或者一首歌，APE 格式文件的体积是 WAV 文件的一半，是 MP3（128kbps）文件的 5 倍。

另外，通过 Monkey's Audio 解压缩还原以后得到的 WAV 文件可以做到与压缩前的源文件完全一致。所以 APE 被誉为"无损音频压缩格式"，Monkey'Audio 被誉为"无损音频压缩软件"。

（5）OGG 文件

OGG 是一种先进的有损的音频压缩技术，其正式名称是 OGG Vorbis，是一种免费的开源音频格式，它可以在相对较低的数据传输速率下实现比 MP3 更好的音质。此外，OGG Vorbis 支持 VBR（可变比特率）和 ABR（平均比特率）两种编码方式，还具有比特率缩放功能，不用重新编码便可调节文件的比特率。

另外，OGG 格式可以对所有声道进行编码，支持多声道模式，而不像 MP3 那样只能编码双声道。多声道音乐会带来更强的临场感，在欣赏电影和交响乐时更有优势。

（6）其他格式

苹果公司开发的 AIFF（Audio Interchange File Format）格式和为 UNIX 系统开发的 AU 格式，都类似于 WAV 格式，大多数的音频编辑软件也都支持这几种常见的音乐格式。另外，还有 VOC 文件，是 Creative 公司波形音频文件格式，也是声霸卡使用的音频格式文件。

5.2.4 音频格式转换工具

既然存在不同格式的音频文件，就需要使用工具对它们进行互相转换。

AVI-MPEG-WMV-RM to MP3 Converter 就是一个可以把通用的音频文件及视频中的音频部分转换为 MP3、WAV、WMA 和 OGG 格式的工具，支持 AVI、MPEG、RM/RMVB、WMV/ASF、MOV 视频和音频格式，可以分割音频流，其用户界面也非常友好易用。

运行此软件，界面如图 5.9 所示。

图 5.9 音频格式转换工具界面

具体操作步骤如下。

（1）单击工具栏中的"打开"按钮，在弹出的对话框中选择需要转换的音频文件或者需要提取音频的视频文件，单击"打开"按钮。

图 5.10 "设置"对话框

（2）在主界面右侧的"音频格式"下拉列表中选择目标音频压缩格式：.wma、.ogg、.wav 或 mp3。

（3）单击工具栏中的"设置"按钮，打开"设置"对话框，设置相应的参数，如图 5.10 所示，在这里可以设置输入/输出目录、临时目录及各种格式的参数等。

（4）单击工具栏中的"转换"按钮，开始格式转换。

5.2.5 声音适配器与声音还原

1. 声音适配器

声音适配器又称声卡或音频卡，是多媒体计算机中不可缺少的重要部件，它直接决定了对声音数据的处理能力与质量。在声卡面世之前，计算机除了靠 PC 喇叭发出简单的声音外，从某种程度上来说，就是个"哑巴"。声卡可单独存在也可集成在主板上。

（1）组成原理

声卡采用大规模集成电路设计，即将音频技术范围的各类电路以专用芯片形式集成在声卡上，并可直接插入计算机的扩展槽中使用。如图 5.11 所示是声卡的原理框图。

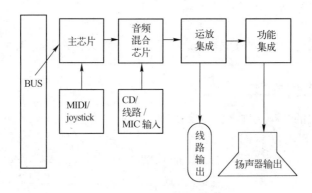

图 5.11 声卡的原理框图

简而言之，声卡的工作原理是将话筒或线性输入的声音信号经过 A/D 转换变成数字音频信号后进行数据处理，然后再经过 D/A 转换成模拟信号，送入混音器中放大，最后驱动扬声器发声。其主要功能是采集和重放声音信号。

（2）性能指标

① 采样频率

采样频率是指将模拟的音频信号转换成数字信号时，每秒采集的音频样本的数量。标准的采样频率有 11.025kHz、22.05kHz、44.1kHz 三种。还有许多声卡可以提供高达 48kHz 的连续采样频率。11.025kHz 采样频率获得的声音称为电话音质，基本上能让人耳分辨出通话人的声音；22.05kHz 的称为广播音质；44.1kHz 的称为 CD 音质。通常采样频率越高，记录音乐的波形就越准确，音乐保真度就越高，产生的数据量也越大，要求的存储空间也越大。

采样频率与声音频率之间有一定的关系，根据奈奎斯特理论，只有采样频率高于声音信号最高频率的两倍时，才能把数字信号表示的声音还原成为原来的声音。因此采样频率是衡量声卡采集、记录和还原声音文件的质量标准。

② 量化位数（bit）

量化位数也称为采样值的编码位数，这个参数表示了计算机度量声音波形幅度（音量）的精度，就是通常所说的声卡的位数。位数越多，度量的单位越小，计算机对声音波形描述的精度越高，声音的质量越高。早期的声卡是 8 位的。8 位声卡对语言的解释能满足需要，可达到电台中广播的音质，而音乐播放效果不是很好。当前声卡以 16 位声卡为主，8 位声卡已趋于淘汰，有些专业级的高档声卡已达 32 位。16 位声卡可以达到 CD 音响水平，真正的 32 位声卡还比较少。

③ 输出声道数

声卡所支持的声道数是一个重要的指标。通常有 2 声道、2.1 声道、4.1 声道、5.1 声道甚至 7.1 声道等几种。多通道声卡是营造逼真音效环境的先决条件。

④ 复音数

声卡位数和复音数是完全不同的两个概念。复音数是指 MIDI 回放时在 1 秒内发出的最大声音数目。复音数越大，音色就越好，播放 MIDI 时所能听到的声部就越多，音乐越细腻。如果一首 MIDI 乐曲中的复音数超过了声卡的复音数，将丢失某些声部。目前声卡的硬件复音数不超过 64，但通过软件模拟得到的复音数就多得多。

⑤ 信噪比

它是判断声卡音质的一个重要指标。信噪比（SNR）的大小用有用信号和噪声功率（电压）的比值的对数来表示，单位为分贝。SNR 值越大，声卡的滤波效果越好，一般大于 80 分贝。

除上述指标外，合成芯片、兼容性、软件支持等都在一定程度上决定了声卡的性能。

（3）声卡的外部接口

声卡由各种电子器件和连接器组成。电子器件包括集成电路芯片、晶体管和阻容元件，用来完成各种特定的功能。连接器一般有插座和圆形插孔两种，用来连接输入/输出信号。

声卡一般有 4～6 个外部接口（俗称插孔），用于连接外部的音频设备。如图 5.12 所示是一种声卡的外部接口示意图。

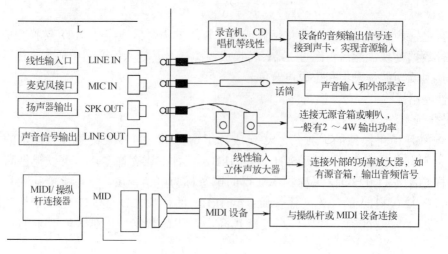

图 5.12　声卡的外部接口示意图

2. 声音还原

声音还原设备主要有：立体声耳机和音箱。下面主要介绍音箱的分类及其性能指标。

（1）音箱的分类

① 按照箱体材质不同，可分为塑料音箱和木质音箱两种。

② 按照功率放大器的是否内外置，可分为有源音箱（放大器内置）和无源音箱（放大器外置或无功放）两种。

③ 按照接口不同，可分为普通声卡接口、数字接口、USB 接口和 IEEE 1394 接口等。

④ 按照声道数量不同，目前可分为单声道、2.0（双声道立体声）、2.1（双声道加一超重低音声道）、4.1（4 声道加一超重低音声道）、5.1（5 声道加一超重低音声道）和 7.1（7 声道加一超重低音声道）等，如图 5.13 所示。

图 5.13　不同声道数量的音箱

单声道是比较原始的声音复制形式，缺乏对声音位置的定位。立体声在录制过程中被分配到两个独立的声道中，从而达到了很好的声音定位效果。随着波表合成技术的出现，双声道迅速发展向多声道环绕声。4.1 声道定了 4 个发音点：前左、前后、后左和后右，听众被包围在其间。5.1 声道已广泛运用于各类传统影院和家庭影院中，一些比较知名的声音录制压缩格式都是以 5.1 声音系统为技术蓝本的。7.1 声道在 5.1 声道的基础上又增加了中左和中右两个发音点，以求达到更加完美的境界。

（2）音箱的性能指标

① 频率响应与频率范围

频率范围反映了扬声器工作的主要频率范围，范围越大，放声特性就越好。高保真扬声器音箱的频率范围最低要求为 50～12500Hz。频率响应是指音箱连接一个恒定电压的音频信号后，产生的声压和相位随频率变化的关系。频率响应曲线越平坦，失真越小，性能越高。

② 额定阻抗

额定阻抗是指扬声器在某一特定工作频率（中频）下在输入端测得的阻抗值。音箱的阻抗会随工作频率的改变而改变。音箱的输入阻抗一般分为高阻抗和低阻抗两类，高于 16Ω 的是高阻抗，低于 8Ω 的是低阻抗。音箱的标准阻抗是 8Ω，耳机的阻抗一般是 32Ω。

③ 信噪比

信噪比是指音箱回放的有效信号与噪声信号的比值，单位为分贝。信噪比越高越好。

④ 功率

扬声器的功率大小是选择扬声器的重要指标之一。一般扬声器所标称的功率为额定功率。一般来讲，功率越大越好。

⑤ 灵敏度

灵敏度是指产生全功率输出时的输入信号。它的大小反映了音箱的推动难易程度。输入信号越低，灵敏度越高，音箱性能就越好。

除上述几种性能指标外，指向性和音箱系统的失真度等也是检测音箱系统性能的指标，这里不做详细介绍。

5.3 Adobe Audition 音频处理软件

音频素材在使用前经常需要进行一定的加工处理。音频处理也叫做音频编辑，主要包括：剪裁声音片段、合成多段声音、连接声音、生成淡入/淡出效果、响度控制、调整音频特性等。这些操作需要借助专门的处理软件完成。在众多的软件当中，比较经典的有 Goldwave、Cakewalk、Adobe Soundbooth，Adobe Audition 等。其中 Adobe Audition 是功能非常强大的音频编辑软件。本节以该软件的 3.0 汉化版本为例，介绍声音的编辑处理手段。

5.3.1 经典软件概述

Adobe Audition 是一个专业音频编辑和混合环境，原名为 Cool Edit Pro， 被 Adobe 公司收购后，改名为 Adobe Audition。

1. 主要功能

Audition 专为在照相室、广播设备和后期制作设备方面工作的音频和视频专业人员设计，可提供先进的音频混合、编辑、控制和效果处理功能。Audition 最多混合 128 个声道，可编辑单个音频文件，创建回路并可使用 45 种以上的数字信号处理效果。Audition 是一个完善的多声道录音室，可提供灵活的工作流程并且使用简便。

因此，无论录制音乐、无线电广播，还是为录像配音，Audition 提供的恰到好处的工具均可提供充足动力，以创造可能的最高质量的丰富、细微音响。

2. 启动与退出

双击桌面上的 Audition 3.0 快捷图标，或通过执行"开始"→"所有程序"→"Audition 3.0"命令来启动。如果要退出 Audition，可以执行"文件"→"退出"命令，或按 Ctrl+Q 组合键，或直接单击 Audition 窗口右上角的"关闭"按钮，这时 Audition 停止运行并退出。在退出之前，如果有已修改但未存盘的文件，系统会提示保存它。

3. 操作界面

Audition 有 3 种操作界面，也称视图，即单轨视图、多轨视图和 CD 方案视图。通过工具栏上面的"编辑"、"多轨"、"CD" 3 个按钮 进行切换，后面将详细介绍其使用方法。

4．配色方案

如果不满意 Audition 的初始配色方案，可以进行更改。首先，执行"编辑"→"首选参数"命令，或直接按 F4 键，然后在打开的"首选参数"对话框中选择"颜色"选项卡，根据自己的喜好自定义配色方案，或者使用 Audition 提供的几种定制颜色方案，如图 5.14 所示。

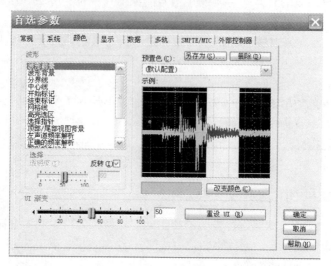

图 5.14 "首选参数"对话框之"颜色"选项卡

5．窗口组成

Audition 应用程序单轨视图主窗口如图 5.15 所示。主窗口由标题栏、菜单栏、工具栏、显示范围区、波形显示区、声音播放工具、水平和垂直缩放工具、选择/查看区、状态栏等组成。

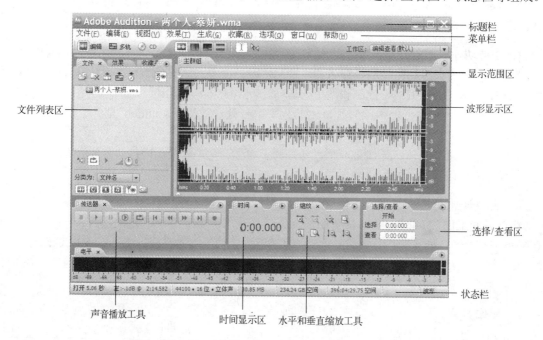

图 5.15 Audition 应用程序单轨视图主窗口

（1）标题栏

标题栏是 Audition 应用程序窗口最上面的一个矩形条，它显示该应用程序名称及当前正在处理的音频文件名称。这是 Windows 标准标题栏形式。

（2）菜单栏

菜单栏包括 9 项。

①"文件"菜单：包括常规的新建、打开、打开为、追加打开、保存、另存为等命令。另外，还有"打开视频中的音频文件"命令，此命令给音频素材的获取带来了很大的便利。

②"编辑"菜单：包含撤销、复制、剪切、粘贴、转换采样格式、参数选择等命令。

③"视图"菜单：包含多轨查看、CD 查看、显示波形、显示频谱、显示声相谱、显示时间格式、垂直缩放格式、快捷栏、状态栏等命令。

④"效果"菜单：包含主控格架、倒置、反转、静音、修复、振幅和压限、延迟和回声、滤波和均衡、混响、立体声声像、调制等命令。

⑤"生成"菜单：包括生成静音区、噪波、脉冲信号、音调等命令。

⑥"收藏"菜单：包含编辑收藏夹等命令。

⑦"选项"菜单：包含循环模式、计时录音模式、监视录音电平、播放和录音时显示电平、启动 MIDI 触发器、游标与窗口同步、Windows 录音控制和启动默认 CD 播放器等命令。

⑧"窗口"菜单：包含已打开的波形文件之间的切换，以及工作区、管理器、标识列表等命令。

⑨"帮助"菜单：包含提供帮助信息和版权信息等命令。

（3）工具栏

工具栏用于快速访问一些常用的菜单命令。工具栏最右边为"工作区"下拉列表，通过此列表可以选择不同的工作区，如图 5.16 所示。

（4）显示范围区

在显示范围区中，黑框表示声音波形的时间总长，绿条表示波形显示区中的当前波形在整个声音波形中所占的位置和长度。

把光标移到绿条末端，光标变成双箭头形状，左右拖动双箭头，可以改变绿条的长度，当然也就改变了波形显示的范围。把光标移到绿条上，光标就变成小手形状，按下鼠标左键并拖动，显示在波形显示区的波形也跟着移动，如图 5.17 所示。

图 5.16 "工作区"下拉列表

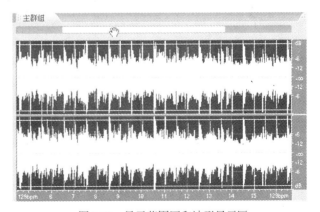

图 5.17 显示范围区和波形显示区

（5）文件列表区

文件列表区用来显示被导入、新建的声音文件。

（6）波形显示区

波形显示区显示声音文件的波形。竖直的黄线指示当前选择点、播放点和插入点的位置。单声道声音只有一个波形，双声道声音会在波形显示区中显示上下两个波形，如图 5.17 所示。

波形的横坐标表示时间，纵坐标表示振幅。用鼠标拖动横坐标能使波形左右移动，用鼠标拖动纵坐标能使波形上下移动。双击横坐标和纵坐标可以改变坐标度量的方法。用鼠标右击横坐标和纵坐标会弹出一个快捷菜单，通过它可以进行缩放波形、改变坐标度量等操作。

执行"视图"→"显示频谱"命令，波形显示区就会变成频谱显示区，如图 5.18 所示。这是 Audition 显示声波的另一种方式，频谱的横坐标是时间，纵坐标是频率。频谱显示声波在各个时刻的频率构成。

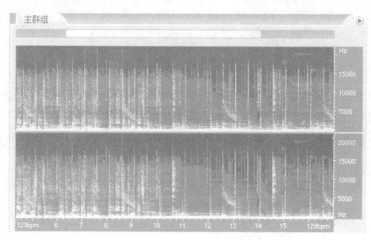

图 5.18　频谱显示区

（7）声音播放工具

声音播放工具共有 10 个。

"停止"按钮：停止正在进行的播放和录音操作。

"播放"按钮：播放当前打开的文件。

"暂停"按钮：暂停录放操作，使录音和播放处于等待状态，再次单击此按钮则继续录放。

"向前播放"按钮：从时间线开始播放到乐曲结尾。

"循环播放"按钮：循环播放窗口中的乐曲，或循环播放选择的波形。

"快倒"按钮：快速回到乐曲开始处。

"倒带"按钮：每按一次向回倒带几毫秒，按住不放可连续倒带。

"进带"按钮：每按一次向前进带几毫秒，按住不放可连续进带。

"快进"按钮：快速前进到乐曲结尾处。

"录音"按钮：开始录音，再次单击此按钮，则停止录音。

（8）水平和垂直缩放工具

使用缩放工具主要为了便于编辑时观察波形变化。在播放中单击波形缩放按钮不会影响声音效果。缩放工具分为水平缩放工具和垂直缩放工具两类。

水平缩放工具共有 6 个。

"居中放大"按钮：将波形显示区中的波形居中放大显示。

"居中缩小"按钮 ：将波形显示区中的波形居中缩小显示。

"完整缩放"按钮 ：调整缩放到完整显示整个波形。

"缩放到选择区"按钮 ：调整缩放到完整显示选择区中的波形。

"放大选择区左边"按钮 ：将选择区的左边界放大显示。

"放大选择区右边"按钮 ：将选择区的右边界放大显示。

垂直缩放工具有两个。

"垂直缩小"按钮 ：用于垂直方向缩小波形显示信号。

"垂直放大"按钮 ：用于垂直方向放大波形显示信号。

（9）时间区/查看区

时间区/查看区用来显示黄线指示选择点的时间，以及选择区或波形显示区的起止时间和时间长度。

（10）状态栏

状态栏用来提示当前波形文件的大小、格式和选择点等。

> **Tips**　多轨视图主窗口与单轨视图主窗口的主要区别是多轨视图波形显示区显示多个音频文件轨道，其他和单轨视图类似。

5.3.2　声音的一般效果处理

借助 Audition 软件，可以在单轨视图下对录制的声音或现有的音频文件进行效果处理。对于单个音频文件处理均在"编辑"视图进行。

1．使用声音文件

Audition 3.0 软件能够打开的声音文件非常多，几乎包括了所有的声音文件格式，主要有：wav、mp3、wma、au、cda、voc、aif、snd、ogg、dwd、afc、smp 等。

执行"文件"→"打开"命令（Ctrl+O 组合键），或者在文件窗口中，单击 按钮，在弹出的"打开"对话框中，指定文件路径和声音文件名，单击"打开"按钮。

声音文件被打开后，其全部内容以波形的形式显示在波形显示区中。如果该文件是双声道的，则波形图上面是左声道，下面是右声道；如果该文件是单声道的，则波形图只有一个。如果打开多个文件，则文件列表显示在文件列表区中，如图 5.19 所示。

2．录制声音

（1）接好话筒，保证声卡工作正常。

（2）调整音量。双击 Windows 任务栏中的小喇叭形状的"音量"图标，弹出"录音控制"窗口，执行"选项"→"属性"命令，弹出"属性"对话框，如图 5.20 所示。

图 5.19　文件列表区

图 5.20　"属性"对话框

选择"调节音量"栏中的"录音"项，在"显示下列音量控制"列表框中已列出用户具有的声源。注意，使用不同的操作系统，该列表框中的显示也不同，但概念一样。

选择需要进行音量控制的声源，单击"确定"按钮。在"录音控制"窗口中，显示刚才选择的声源，选中"麦克风"声源下的"选择"复选框，选定声源为麦克风，如图5.21 所示。注意：应通过多次试音调节录音音量，使录制的声音背景噪声小，同时声音效果好。

（3）执行"文件"→"新建"命令，显示"新建波形"对话框，如图 5.22 所示。选择新建录音文件的采样频率为 44100Hz，并根据需要选择通道和分辨率。一般规律是：除了录制语音选择单声道以外，其他声音均采用立体声。设置好参数后，单击"确定"按钮，完成设置，出现如图 5.23 所示的空波形工作界面。

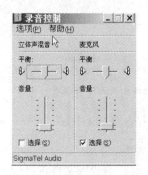

图 5.21 "录音控制"窗口

图 5.22 "新建波形"对话框

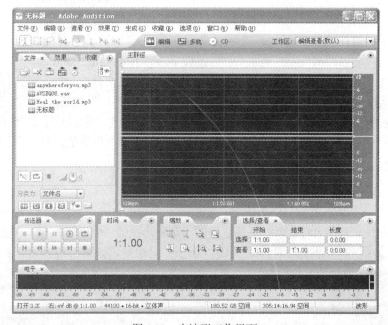

图 5.23 空波形工作界面

（4）在声音播放工具中，单击"录音"按钮，用麦克风开始录音。在录制过程中，一条垂直线在波形显示区中从左至右移动，指示录音的过程。当垂直线到达时间轴的终点时，录音结束。如果在录音过程中希望中断录音，单击"停止"按钮即可。

录音结束后，录制的声音波形将显示在波形显示区中，如图 5.24 所示。

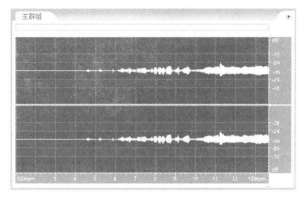

图 5.24　录制好的声音文件

3．选区的操作

选区就是编辑区域，所有编辑操作只对选区内的声音有效。在一个声音文件中，只能设置一个选区，一旦设置新的选区，原有选区将自动消失。

对于立体声的声音，选区的设置与操作在两个声道上同时有效。

（1）设置选区

在波形显示区内，在波形图上单击并拖动鼠标可以选定选区，双击鼠标可以选定当前显示在波形显示区内的波形。使用 Audition 默认颜色设置时，选区的背景是白色（高亮）的，选区以外的背景为黑色，以示区别。设置完成的选区如图 5.25 所示。如果需要对整个波形进行选择，执行"编辑"→"选择整个声波"命令，或者按快捷键 Ctrl+A 即可。

（2）放大/缩小选区

确定了选区后，往往由于选区内的波形密度很大，无法辨别细节，进行细节的编辑。可以单击水平或者垂直缩放工具，实现选区的放大或缩小。

（3）删掉某个声音片段

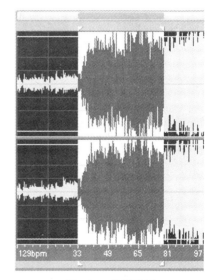

图 5.25　设置选区

删掉某段不需要的声音，是最常见的声音编辑形式，常用于去掉音乐首尾的空白，以及噪声、各种杂音、语音中的瑕疵等。具体操作步骤如下。

① 在波形显示区中，设置好选区，把需要删除的片段包括在其中。

② 如果需要进一步精确设置选区，可单击水平缩放工具展开选区，再精确地设置。

③ 执行"编辑"→"删除所选"命令，或者在选区内单击右键打开快捷菜单，从中选择"剪切"命令，或者直接按 Delete 键，删除选区。选区被删除后，声音的总时间长度将缩短。

4．利用剪贴板复制、剪切和粘贴声音

Audition 提供了 5 个内部剪贴板，加上 Windows 剪贴板，总共有 6 个剪贴板可同时使用，

以允许同时编辑多个声音文件。要在多个声音文件之间传送数据，可以使用 5 个内部剪贴板；使用 Windows 剪贴板，可以与外部程序交换数据，给声音的编辑带来了很大的便利。

利用剪贴板，可以把选区内容复制或者剪切下来，然后粘贴到其他地方，实现连接、插入、合成等效果。具体操作步骤如下。

（1）打开一个声音文件，并设置选区。

（2）从右键快捷菜单中选择"复制"命令或"剪切"命令，将选定部分复制到剪贴板中。

（3）在需要粘贴该段声音处单击，执行"编辑"→"粘贴"命令，或从右键快捷菜单中选择"粘贴"命令，将剪贴板中的内容粘贴到波形中，原有声音被"挤"向右边。最后试听一下效果。

> **Tips** 　　如果希望把剪贴板中的内容生成新文件，执行"编辑"→"粘贴为新文件"命令即可，这时 Audition 会生成一个新的波形文件，保存剪贴板中的内容。当前剪贴板只有一个，用户每次只对当前剪贴板进行复制、剪切和粘贴等操作。

5. 恢复/重做操作

一旦发生操作失误，执行"编辑"→"撤销"命令，可恢复到错误操作之前的状态。与之对应的是"重做"命令。这两个命令许多软件都提供，这里不详细介绍了。

6. 形成静音

静音与去除声音不同，静音不改变时间，只是把音量降为 0。首先设置好选区，然后执行"效果"→"静音"命令，或在选区上单击鼠标右键，从快捷菜单中选择"静音"命令，此时选区内的声音将变成静音，即波形变成一条直线。

7. 倒转声音

倒转声音是把声音数据反向排列而形成的一种听觉效果，播放出来谁也听不懂。这是计算机独有的功能。倒转声音可用于声音的加密传送，只有对方采用相同的软件，进行相同的倒序处理，才能把声音还原。

制作倒转效果的方法非常简单，具体操作步骤是：首先设置好选区，把需要进行倒转处理的声音包括在内，然后执行"效果"→"倒转"命令，此时选区内的声音变成倒转状态。可以单击播放按钮，听一下效果。

5.3.3　声音的高级效果处理

1. 声道变换

在实际应用中，有时需要打破双声道的同步关系，选择不同的声道工作。

（1）执行"编辑"→"编辑声道"→"编辑左声道"命令（Ctrl+L 组合键），选择单独编辑左声道。同理可以选择右声道（Ctrl+R 组合键）和双声道（Ctrl+B 组合键）。高亮显示的是当前声道，可进行各种编辑操作；黑色背景的是不可编辑的声道。

对任何一种声道形式而言，所有的编辑操作是完全相同的。但需要特别指出的是，在单独一个声道中进行的删除或剪切操作将改变该声道的时间长度，使两个声道的时间长度不等，导致声音不同步。

（2）利用 Audition 的通道混合器，可以进行左右声道互换，可以使两个声道全部为左声道或右声道，还可以消除人声。

执行"效果"→"立体声声像"→"声道重混缩"命令，打开通道混合器，如图 5.26 所示。

图 5.26　通道混合器

例如，在制作卡拉 OK 时，左声道是伴奏乐曲，右声道是原唱。这时可以在通道混合器的"预设效果"下拉列表中选择"Both=Left"项来获取伴奏带。如果需要消除人声，可以选择"Vocal Cut"项。值得注意的是，这种方式只适用于左右等相位的人声。如果声音加过混响，或者相位左右不同，就不能消除或者不能消除干净人声，甚至变成无声。

2．改变声音文件的固有音量

每一首歌曲或乐曲都有自己的固有音量，有些曲目声大，有些曲目声音小。播放时需要不断改变音量。调整声音文件固有音量的方法有很多种，最简单的方法是在单轨视图下执行"效果"→"振幅和压限"→"标准化"命令，打开"标准化"对话框，如图 5.27 所示。在该对话框中调整百分比数值，改变声音文件的固有音量。例如，调整至 150%，则声音增大至原来的 1.5 倍。单击"确定"按钮。观察波形，其幅度有所增加，然后听听效果如何。

图 5.27　"标准化"对话框

另外，还可以通过执行"效果"→"振幅和压限"→"振幅/淡化"命令，在打开的对话框中，调整"常量"选项卡中的音量滑块，往左减小音量，往右增大音量，如图 5.28 所示。

3．淡入/淡出效果

在多媒体产品中，如果背景音乐突然出现或突然结束，都会给人一种不舒服的感觉，因此需要为声音加上淡入/淡出效果。淡入效果是指声音从无到有，由弱到强，常用于产生由远渐近的听觉效果。淡出效果正好相反，声音由强到弱，从有到无，用于表现逐渐远去的意境。淡入/淡出的运用可以针对大段的波形，也可以选择短时间的小段波形，例如，在消除时间极短的杂音时，就可以用音量衰减配合后面将要讲述的降噪方法来进行处理；合并两段波形时，往往会出现极短的杂音，可用第一段波形在极小范围内淡出，第二段波形在极小范围内淡入，然后再合并的办法来解决。当多段声音进行合成时，也经常使用淡入/淡出的处理手法，以便产生柔和过渡的听觉效果。

具体操作步骤如下。

（1）把需要增加淡入/淡出效果的声音片段设置成选区。

（2）执行"效果"→"振幅和压限"→"振幅/淡化"命令，弹出如图 5.28 所示的对话框。

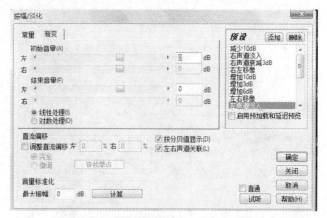

图 5.28 "振幅/淡化"对话框

（3）在对话框右侧的"预设"框中，根据需要进行选择；也可以选择左边的"线性处理"选项，然后直接调整"初始音量"和"结束音量"的滑块。声音音量放大的倍数，将根据用户选择的最初和最终放大的倍数呈线性变化。

> **Tips** 可以通过选择"左右声道关联"复选框使左、右声道同步。其他选项，这里不详细介绍，留给读者自学。

4．回声原理及其制作

回声的产生，是因为声波的叠加。回声能够给人以空旷的感觉，适当的回声也能对声音本身进行润色。在 Audition 中，声波之间的延迟时间和音量可以随意控制。制作回声最理想的对象是语音。具体操作步骤如下。

（1）设置选区。

（2）执行"效果"→"延迟和回声"→"回声"命令，打开如图 5.29 所示的回声设置对话框。

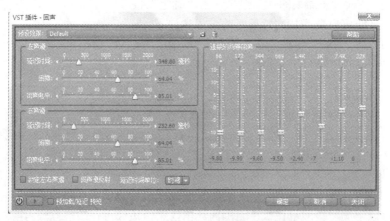

图 5.29　设置回声效果

（3）在该对话框中，通过拖动"左声道"或"右声道"栏中的滑块，可以调节衰减度、延迟时间和初次回声的音量。另外，选中"锁定左右声道"复选框可以使左、右声道同步，选中"回声漫反射"复选框可使回声在左、右声道之间依次来回跳动，效果明显。

（4）在"连续的均等回声"框中，有一个 8 段回声均衡器，用于调节回声的音调（对原始声无作用)。

5. 延迟效果

延迟效果不仅可以模拟在各种房间中的效果，还能模拟空中回声、隧道、从后方发出、立体声远去等效果。具体操作步骤如下。

（1）设置选区，选择需要制作延迟效果的部分。

（2）执行"效果"→"延迟与回声"→"延迟"命令，打开延迟设置对话框，如图 5.30 所示。在其中可以对左、右声道通过拖动滑块调整延迟时间和混合比例，还可以根据需要设置"反相"复选框。

（3）利用延迟设置对话框进行音频处理，简单可行的方法是使用"预设效果"下拉列表中的选项。用户可以根据素材和要达到的目的不同，选择不同的预设效果，必要时还可以调整其参数值。

6. 消除环境噪声

在语音停顿的地方会有一种振幅变化不大的声音，如果这种声音贯穿于录制声音的整个过程，这就是环境噪声。消除环境噪声的方法是，在语音停顿的地方选取一段环境噪声，让系统记录这个噪声特性，然后自动消除所有的环境噪声。具体操作步骤如下。

（1）在语音停顿处选取一段有代表性的环境噪声，它的时间长度应不少于 0.5s。

（2）执行"效果"→"修复"→"降噪器"命令，此时会弹出降噪器设置对话框，如图 5.31 所示。

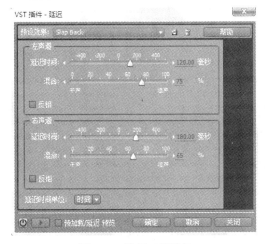

图 5.30　设置延迟效果

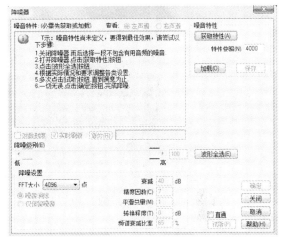

图 5.31　降噪器设置对话框

Tips 不要单击"取消"按钮来关闭对话框。

（3）在该对话框中，设置 FFT 大小为 4096，其他各项取默认值。

（4）单击"获取特性"按钮，系统就会把噪声轮廓记录在原本为灰色的噪声线图框中，水平方向表示频率，垂直方向表示噪声的音量。

（5）单击"波形全选"按钮（选择整个波形），按下"确定"按钮，系统开始自动清除环境噪声。清除结束后再听录制的声音，会发现确实安静多了。

（6）若降噪后发现有用的语音也发生了变形，可以使用撤销刚才的降噪操作，然后把降噪电平降低少许，再进行降噪处理。

7. 声音混响

如果感觉声音文件比较干涩，可以加入混响效果。加入一种混响效果的具体操作步骤如下。

（1）执行"效果"→"混响"→"完美混响"命令，打开如图 5.32 所示完美混响设置对话框。

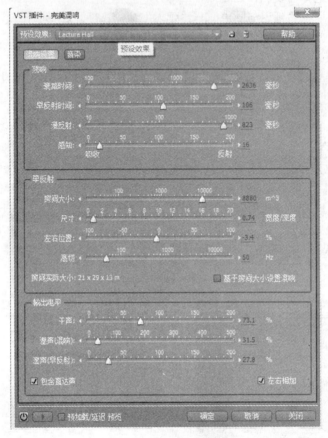

图 5.32　设置混响效果

（2）根据所需调节各项参数，可以使用"预览"按钮反复试听，直至调出满意的混响效果为止。

 选择"混响"菜单下的其他命令，打开相应的对话框进行设置，可以产生不同的混响效果。

（3）单击"确定"按钮，对原声音文件进行混响处理。

8. 调整时间和音调

制作多媒体产品，有时为了与画面同步或出于其他考虑，需要改变声音的长度或速度，有时需要改变音调，这就需要进行时间或音调的调整。调整方法如下。

（1）把需要调整的部分设置为选区。

（2）执行"效果"→"时间和间距"→"变速"命令，显示如图 5.33 所示的变速设置对话框。

图 5.33　调整时间和音调

（3）如果希望速度的变化恒定，则选择"常量变速"选项卡；如果希望速度稳定增长或减少，则选择"流畅变速"选项卡。调整滑块，可以改变比率或时间长度（二者改变任意一个即可）。

（4）试听效果，反复调整，最后单击"确定"按钮。

9．直接从视频文件中提取声音

Audition 还可以从视频文件中提取声音文件，具体实现方式非常简单：执行"文件"→"打开视频中的音频文件"命令，选择需要提取的视频文件，根据提示完成即可。

　　Audition 能否从视频中提取声音，视操作系统所带的视频编码器决定。

5.3.4　CD 处理

单击 按钮，进入 CD 视图，可以处理 CD 音频，也可以将其他音频文件刻录入 CD。

（1）提取 CD 音频

① 在单轨视图中导入 CD 音频，或者在 CD 视图中执行"文件"→"导入"命令，选择 CD 中的文件，逐个导入。导入后界面如图 5.34 所示。

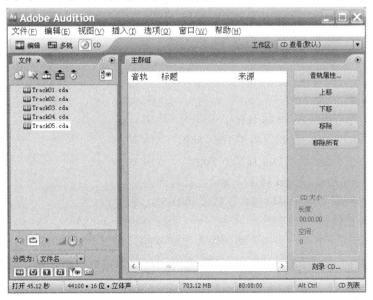

图 5.34　从 CD 提取音频

② 选择文件列表区中的文件，单击鼠标右键，从快捷菜单中选择"插入到多轨"、"插入在 CD 列表"、"编辑文件"等命令，对 CD 音频进行处理。

（2）刻录 CD

① 在单轨视图或 CD 视图中导入待刻录的音频文件。

② 选择文件列表区中的文件，单击鼠标右键，从快捷菜单中选择"插入在 CD 列表"命令。

③ 插入空白 CD 入刻录光驱，单击"刻录 CD"按钮，进行刻录。

5.3.5　声音合成综合实例

把两个或两个以上的声音素材组合在一起，形成多个声音共鸣的效果，这就是所谓的"声音合成"。声音合成是制造气氛、丰富声音表现力的重要手段。

常见的合成效果很多，如配乐朗诵（背景音乐与语音的合成）、自然交响曲（音乐与鸟鸣声、大风呼啸声等的合成）、人为的热烈气氛（现场掌声与后期制作节目的合成）等。

在 Audition 中，声音合成均在多轨视图进行。

1. 合成的基本操作

在合成之前，一般要对声音素材进行处理，例如，调整各自声音的时间长度，尽可能使各个声音的采样频率一致，处理后的音频素材以新文件名保存。

2. 合成举例

（1）制作目的

通过合成几种不同的音乐素材，产生如下效果：

① 首先传来海浪轻轻拍打海岸的声音；

② 慢慢地，远处传来孩子们的嬉闹声，时远时近；

③ 轻柔的音乐缓缓响起；

④ 柔美的女声开始讲述一个美丽的海边村庄的故事；

⑤ 最后，故事结束，音乐渐渐淡去，嬉闹声也渐渐远去，海浪声也渐渐淡去。

（2）制作要点

① 导入素材到多轨视图的相应轨道中。

② 使用移动工具调整各声音时间分布。

③ 制作声音叠加部分各声音的淡入/淡出等效果。

④ 混缩音频，最后导出合成效果。

（3）使用的素材

① 素材 1："海浪声.wav"（44.1kHz，8bit，立体声）。

② 素材 2："人群嬉闹.wav"（44.1kHz，8bit，立体声）。

③ 素材 3："钢琴曲.wav"（44.1kHz，8bit，立体声）。

④ 素材 4："旁白.wav"（44.1kHz，8bit，立体声）。

以上素材均已根据需要在单轨模式下做过基本的处理。

（4）合成的操作步骤

① 打开 Audition，单击"多轨"按钮进入多轨视图。

② 选择轨道 1，拖动黄线选择需要插入的位置，单击鼠标右键，从快捷菜单中选择"插入"命令，选择"海浪声.wav"文件。

③ 按照同样的方法插入其他 3 个文件。单击 按钮，参照如图 5.35 所示的时间分布图反

复调整各个音频文件的相对位置。最后多轨视图如图 5.36 所示。

海浪声									
	嬉闹声						嬉闹声		
	钢琴曲								
	旁白								

图 5.35　合成效果时间分布图

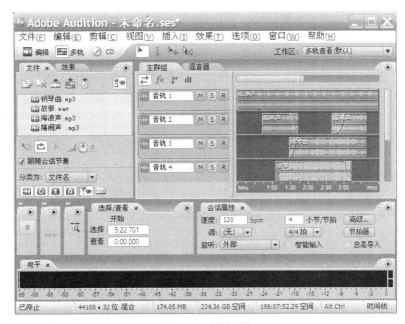

图 5.36　多轨视图

④ 对于时间重叠部分，需要设置淡入/淡出效果。此操作有两种方式：

● 在单轨模式下对单个文件进行淡入/淡出处理；

● 在多轨视图中单击 按钮，配合 Ctrl 键选择多个文件的交叉部分，然后从右键快捷菜单的"淡化包络穿越选区"子菜单中选择"线性"或"正弦"等命令。

单击"播放"按钮，反复试听效果。

⑤ 选择一个空轨道，单击鼠标右键，从快捷菜单中选择"合并到新音轨"→"所选范围的音频剪辑（立体声）"命令，将合成声音文件保存在一个音轨里面。

⑥ 选择该轨道，进入编辑界面，进行必要的效果处理，反复聆听，最后保存该文件。

5.3.6　录制个人专辑综合实例

1. 制作目的

使用 Audition 软件配合已有的伴奏音乐录制个人专辑。

2. 制作要点

（1）利用多轨视图录制声音。

（2）处理与优化声音。

（3）综观全局综合处理。

（4）混缩歌曲。

3. 制作步骤

（1）打开 Audition，进入多轨视图。

（2）选择轨道 1，在轨道的开始处，单击鼠标右键，从快捷菜单中选择"插入"命令，插入伴奏声音文件。

（3）按照前面所述方法，设置好录音的属性。选择音轨 2，作为声音轨道，单击"录音"按钮，跟随伴奏音乐开始演唱。

> **Tips**　　录歌时不要打开音响听伴奏，这样会把伴奏音乐一起录进去，不好进行后期处理。可以戴上耳机听伴奏，同时也可以听清楚自己的声音，有益于把握演唱效果。

（4）唱完以后，单击"停止"按钮结束录音。这时录下来的是两个音轨，一个是伴奏，另一个是人声。录音完毕后，可单击"播放"按钮进行试听，看有无出错，是否需要重新录制。最后的音轨如图 5.37 所示。

（5）执行"文件"→"保存会话"命令，在弹出的对话框中输入整个工程的文件名（*.ses 文件），单击"确定"按钮后保存文件。同时，存盘的文件夹中会有一个.pk 文件，这是一个记录信息文件，记录录音时的每轨音量、所用的效果器等设置信息。

> **Tips**　　伴奏音轨中的伴奏文件链接有两种引用方式，当采用链接方式时，如果改变了伴奏文件的文件名和位置，则重新打开.ses 工程文件时，将会提示找不到伴奏文件。

图 5.37　录制完毕后的多轨视图

（6）进入单轨视图，对于录制音轨进行降噪处理，具体参照 5.3.3 节的"6. 消除环境噪声"处理。

（7）没有混响的声音是很干巴的，可以对录音轨加入混响，具体参照 5.3.3 节的"7.声音混响"处理。

（8）最后进入多轨视图。选择一个空轨道，单击鼠标右键，从快捷菜单中选择"合并到新音轨"→"所选范围的音频剪辑（立体声）"命令，将合成声音文件保存在一个音轨里面。

（9）保存该文件（声音文件的格式根据具体需要而设定），最后的声音合成文件即为完整的个人专辑。

5.4　MIDI 与音乐合成

MIDI 是多媒体计算机系统生成音乐的一种主要方式，它不仅是多媒体音频技术的重要组成部分，而且也使得演奏音乐和使用乐器的方式产生很大的变化。MIDI 技术的多方优势和技术应用已经为广大音乐工作者和音乐爱好者所接受。在现代音乐制作中，MIDI 技术已达到不可取代的地位，在影视制作、游戏开发、广告配乐和计算机多媒体应用中都可以找到 MIDI 技术的影子。作为计算机音乐，MIDI 的优势在于其易修改性，可以表达传统乐器无法表现的特殊声效，并且具有优良的音质和宽广的音域。

5.4.1　MIDI 概述

1. 什么是 MIDI

MIDI 是乐器数字接口（Musical Instrument Digital Interface）的英文缩写，是数字音乐/电子合成乐器的统一国际标准。它是数字乐器与计算机连接的接口，即在数字乐器与计算机相连接时所使用的可以直接插到计算机串口上的一个小部件，通过它可以使数字乐器与计算机相互"沟通"信息。在这个接口之间传送的信息也叫 MIDI 信息。

2. MIDI 术语

（1）MIDI 文件：用于存放 MIDI 信息，扩展名为.mid 或.rmi。MIDI 文件中包含音符、定时和多达 16 个通道的演奏定义。

（2）通道：MIDI 可为 16 个通道提供数据，每个通道访问一个独立的逻辑合成器。Microsoft 使用通道 1～10 作为扩展合成器，通道 13～16 作为基本合成器。通用 MIDI 系统规定，MIDI 通道 1～9 和 11～16 用于旋律乐器声，而通道 10 用于以键盘为基础的打击乐器声。

（3）音序器：为 MIDI 作曲而设计的计算机程序或电子装置，用于记录、播放、编辑 MIDI 事件和输入/输出 MIDI 文件。

（4）合成器：用来产生并修改正弦波形并叠加，然后通过声音产生器和扬声器发出特定的声音。泛音的合成效果决定声音音质。

3. MIDI 与普通音频的区别

MIDI 与普通音频的本质区别是携带的信息不同。MIDI 本身并不是音乐，不能发出声音。它是一个协议，只包含用于产生特定声音的指令，而这些指令包括调用何种 MIDI 设备的音色、声音的强弱及持续的时间等。计算机把这些指令交由声卡去合成相应的声音（如依指令发出钢琴声或小提琴声等）。因此，MIDI 文件本身只是一些数字信号而已，不包含任何声音信息。普通音频则量化地记录乐曲每一时刻的声音变化。例如，WAV 文件把声音的波形记录下来，然后将这些模拟波形转换成数字信息，这些信息所占用的体积显然要比只是简单描述性的 MIDI 文件大得多。相对于保存真实采样数据的声音文件，MIDI 文件显得更加紧凑，其文件的大小要比 WAV 文件小得多。

5.4.2　MIDI 标准

MIDI 的标准有 GS、GM、XG 三种。为了便于音乐家广泛地使用不同的合成器设备并促进 MIDI 文件的交流，国际 MIDI 生产者协会（MMA）在 1991 年制定了通用 MIDI 标准。该标准是以日本 Roland 公司的通用合成器 GS 标准为基础而制定的。

1．GS（General Synthesizer，通用合成器）标准

它是 Roland 公司创立的一种 MIDI 标准，该标准定义了最常用的 128 种乐器的音效和控制器的排列。例如，1 号是钢琴，66 号是萨克斯管等。

该标准具有 16 个声部，最大复音数为 24，GS 格式的乐器音色包含演奏各种不同风格的音乐所使用的乐器音色和打击乐音色。鼓音色可以通过音色改变信息进行选择，并包含两种可以调节的效果，即混响和合唱。

2．GM（General MIDI Mode）标准

该规范包括通用 MIDI 声音集（即配音映射）、通用 MIDI 打击乐音集（即打击乐音与音符号之间的映射），以及一套通用 MIDI 演奏能力，还包括声音数目和 MIDI 消息类型等。通用 MIDI 系统规定 MIDI 通道 1～9 和通道 11～16 用于旋律乐器声，而通道 10 用于以键盘为基础的打击乐器声。它实际是对规范的 MIDI 补充。

3．XG（eXtended General MIDI）标准

XG 标准是继 GM 标准建立之后，YAMAHA 公司在 1994 年推出的新的音源控制规格。XG 标准在保持与 GM 标准兼容的同时，又增加了许多新的功能，其中包括音色库的增加，以及启用更多的控制器对音色亮度等方面进行控制等。YAMAHA 公司积极开放 XG 产品的系统码，扩展控制器的控制范围，力争做到 XG 标准的 MIDI 作品可以在任何 XG 音源上正确回放。这要求 MIDI 制作者对 XG 标准也要有相当的了解，至少能正确使用系统码。在兼容性方面，如果设备支持 XG 标准或 GS 标准，则它们肯定支持 GM 标准；但如果设备只支持 GM 标准，就不一定能支持 XG 标准或 GS 标准。创作的 MIDI 作品也是如此。

5.4.3　MIDI 的工作过程

MIDI 系统的大致工作过程如图 5.38 所示。

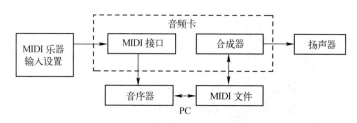

图 5.38　MIDI 系统的工作过程

MIDI 标准规定了不同厂家的电子乐器与计算机连接的电缆和硬件。它还指定从一个装置传送数据到另一个装置的通信协议。这样，具有处理 MIDI 信息能力的处理器和适当的硬件接口的任何电子乐器都能变成 MIDI 装置。MIDI 装置之间靠这个接口传递消息而进行彼此通信。乐谱由音符序列、定时和称做合成音色的乐器定义所组成。

（1）计算机通过 Cakewalk 等音序器软件采集 MIDI 输入设备发出的一系列数据或指令。这

一系列数据可记录到以.mid 为扩展名的 MIDI 文件中。

（2）音序器对 MIDI 文件进行编辑和处理，存成 MIDI 数据送往合成器。

（3）合成器对 MIDI 数据进行解释并产生波形，送往扬声器播放出来。

例如，在 MIDI 键盘上按下一个琴键，不是在制造一个声音而是发出一条 MIDI 指令，叫做音符开（Note On）的信息。至于这个信息能发出什么声音，完全取决于电缆另一端的 MIDI 乐器。

5.4.4　MIDI 合成器

MIDI 合成器是利用数字信号处理器（DSP）或其他芯片来产生音乐或声音的电子装置。利用合成器产生 MIDI 音乐的主要方法有调频合成法和波形表合成法两种。调频合成法（FM 合成法）主要通过叠加不同频率的正（余）弦波的方式模拟正式的声音波形。其特点是开销较小，声音听起来比较干净、清脆，但失真较大。波表合成法（Wave Table）是将各种真实的乐器声音录制下来，保存在一个波形表格中，播放时根据 MIDI 文件记录的乐谱信息向波形表格发出指令，然后从中找出对应的声音信息，经过合成后回放出来。由于它采用的是真实乐器的采样，因此效果优于 FM 合成法。

5.4.5　MIDI 音乐制作系统

提到 MIDI 音乐制作，人们很容易想到合成器、MIDI 键盘、采样器等大量复杂昂贵的专业设备，普通的音乐爱好者很难接触到。随着多媒体计算机技术的发展，使得原本需要专业设备才能实现的功能，现在可以通过计算机软件来模拟实现，大大降低系统的建设成本。

构建 MIDI 音乐制作系统一般需要三种基本设备，即音源、音序器和 MIDI 输入设备。

1．音源

音源就是模拟乐器发声的设备，即声卡，其质量和合成方式决定了最后模仿的声音效果。

2．音序器

音序器是 MIDI 音乐创作的核心控制部件，是 MIDI 乐器演奏数据的记录仪，俗称编曲机。它把一首曲子的拍子、音高、节奏、音符等按照标准的 MIDI 格式记录下来，在播放时控制音源把 MIDI 数据转换为音频输出。在播放的过程中，音序器就会根据其内容指挥音源在什么音色发多长的音，这样人们就能听到一首动人的歌了。合成器中的音序器就是将操作软件和硬件捆绑在一起的一体化编曲机器，而在计算机系统中，音序器则以纯软件的形式出现，它通过软件模拟硬件音序器的功能，而硬件资源完全由计算机和外部 MIDI 乐器提供。例如，Cakewalk 是专业 MIDI 音序软件。

3．MIDI 输入设备

MIDI 输入设备是音乐创作者和音序器之间的接口，主要用于把人的音乐创作意图通过输入设备转换为 MIDI 数据传给音序器。总的来说，利用 MIDI 音乐制作系统制作 MIDI 音乐就是在音源上选择一个音色，在输入设备上演奏一段音乐，同时让音序器录制这段音乐，输入以后，演奏就被转化为音序内容存储在音序器里，然后，播放这段音乐，音源就会根据音序文件控制音色库播放这段音乐。

在专业系统中，一般采用专用的 MIDI 键盘或者带 MIDI 接口的电子琴作为输入设备。如果没有电子琴，也可以采用 Cakewalk 或 Digital Orchestrator PlusMIDI 的虚拟键盘，这两个软件都是著名的 MIDI 音乐制作软件。

例如，小型的非专业 MIDI 创作软件 Overture，是 GenieSoft 公司出品的专业打谱软件，它能提供各种五线谱上的记号，整理谱面及输出打印。从某种意义上说，Overture 是目前流行的打谱软件之一。

运行 Overture，系统默认弹出"新建琴谱"对话框，如图 5.39 所示。

打开一个已有的钢琴谱，对其进行播放、修改等操作，如图 5.40 所示。

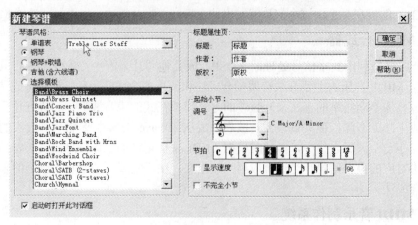

图 5.39 "新建琴谱"对话框

图 5.40 钢琴谱编辑界面

5.5 语音识别技术及应用

口语是最自然最有效的交际方式，让说话代替键盘输入汉字是计算机使用者的愿望。这个愿望正在变成现实，其技术基础是语音识别和理解。语音识别是指将人发出的声音、字或短语转换成文字、符号，或给出响应，如执行控制、做出回答等。语音识别的研究已有几十年的历史。据预测，带有语音功能的计算机将很快成为大众化产品，语音识别将可能取代键盘和鼠标成为计算机的主要输入手段，使用户界面产生一次飞跃，所以语音识别所具有的商业前景不可估量。

语音识别技术的研究工作始于 20 世纪 50 年代，当时 AT&T Bell 实验室实现了第一个可识别 10 个英文数字的语音识别系统——Audry 系统，这是语音识别研究工作的开端。

进入 20 世纪 90 年代，随着多媒体时代的来临，许多发达国家都为语音识别系统的实用化开发研究投以巨资，如 IBM 公司研发的 ViaVoice 语音识别系统等。由此说明，多媒体技术的发展迫切要求语音识别系统从实验室走向实用。

5.5.1　语音识别的基本原理及过程

选择识别单元是语音识别研究的第一步。语音识别单元有单词（句）、音节和音素三种。单词单元广泛应用于中小词汇语音识别系统，音节单元多见于汉语语音识别，音素单元以前多见于英语语音识别的研究中，但目前在中、大词汇量汉语语音识别系统也越来越多地被采用。

语音信号中含有丰富的信息，这些信息称为语音信号的声学特征。语音识别的第二步是特征提取，即对语音信号进行分析处理，去除对语音识别无关紧要的冗余信息，获得影响语音识别的重要信息。由于语音信号的时变特性，特征提取必须在一小段语音信号上进行，即进行短时分析。

模型训练是指按照一定的准则，从大量已知模式中获取表征该模式本质特征的模型参数，而模式匹配则是根据一定准则，使未知模式与模型库中的某一个模型获得最佳匹配。语音识别所应用的模式匹配和模型训练技术主要包括动态时间归正技术（DTW，又称为动态时间弯折技术）、隐马尔可夫模型（HMM）和人工神经元网络（ANN）。

典型的语音识别基本过程如图 5.41 所示。

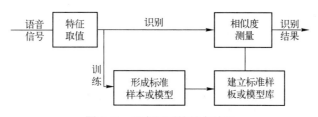

图 5.41　语音识别的基本过程

5.5.2　文本—语音转换技术

语音识别研究的最终目标是实现大词汇量、非特定人连续语音的识别，这样的系统才有可能完全听懂并理解人类的自然语言。显然，语音识别属于"倾听"部分。既然有"倾听"，必然有"诉说"，即文语转换（Text-to-Speech，简称 TTS），将文本形式的信息转换成自然语音的一种技术，其最终目标是力图使计算机能够以清晰自然的声音，以各种各样的语言，甚至以各种各样的情绪来朗读任意的文本。

随着这两方面技术的不断发展，将会从根本上改善人机接口，从而使计算机在人类生活中发挥出更大的作用。除了人机交互外，TTS 系统在医疗、教育、通信、信息、家电等领域也具有相当广泛的用途。目前，已经在残障人士康复、计算机训练和信息服务等方面逐步实用化。

5.5.3　语音识别软件（ViaVoice）

ViaVoice 9.0 中文语音识别软件是一种在 Windows 上使用的中文普通话语音识别听写系统及相应的开发工具。作为第一个全功能的语音指令桌面程序，ViaVoice 支持 Microsoft Office 2003，为不同要求的用户提供了精确的语音识别技术。ViaVoice 9.0 识别率可达 95%以上，并且提供了若干特殊的"主题"来帮助用户进一步提高对专有名词的识别准确度。它可以使 ViaVoice 的引擎对这些主题下的特殊词组给予重点注意。

1.软件向导及任务栏

安装了 ViaVoice 之后，向导程序会指引用户进行语音朗读，以使得程序能准确地识别用户的声音。用户向导如图 5.42 所示。

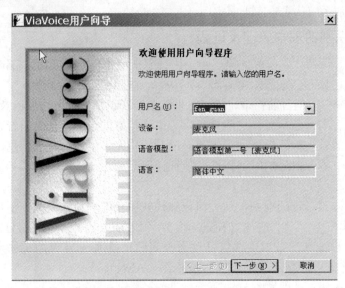

图 5.42　ViaVoice 用户向导

执行"开始"→"程序"→"ViaVoice 语音中心"命令，屏幕上出现 ViaVoice 语音中心任务栏，如图 5.43 所示。

图 5.43　ViaVoice 语音中心任务栏

语音中心提供了访问大多数 ViaVoice 功能的途径。用户可以进入 ViaVoice 菜单，改变麦克风的状态、监测音量、查看口述的语音命令、打开帮助文件和检查当前用户。

2. 语音板

语音板是听写时的字处理程序，它具有和写字板一样的字处理特性，而且还通过 ViaVoice 增加了听写和朗读能力。单击 ViaVoice 菜单按钮，选择"听写到"→"语音板"命令，打开语音板窗口，如图 5.44 所示。语音板用于记录和识别当前输入的语音信息，并显示在文本窗口中。在其中可以纠正识别错误的词并将其加入到个人词汇表中。

单击"麦克风"按钮，打开麦克风，确定出现在语音中心状态区域中的是自己的用户名。在进行听写时，要使用连续语音，并注意口述标点符号和编排命令，如句号、逗号和另起一段等。

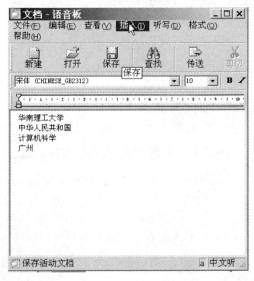

图 5.44　ViaVoice 语音板

习题 5

一、单选题

1. 声波重复出现的时间间隔是（　　）。

    A. 振幅　　　　　　　　　B. 周期　　　　　　　C. 频率　　　　　　　D. 音质

2. 数字音频采样和量化过程所用的主要硬件是（　　）。

    A. 数字编码器　　　　　　　　　　　　B. 数字解码器

    C. 模数转换器（A/D 转换器）　　　　　D. 数模转换器（D/A 转换器）

3. 在数字音频信息获取与处理过程中，下述顺序哪个是正确的（　　）。

    A. A/D 变换、采样、压缩、存储、解压缩、D/A 变换。

    B. 采样、压缩、A/D 变换、存储、解压缩、D/A 变换。

    C. 采样、A/D 变换、压缩、存储、解压缩、D/A 变换。

    D. 采样、D/A 变换、压缩、存储、解压缩、A/D 变换。

4. 人耳可以听到的声音的频率范围为（　　）。

    A. 20～20kHz　　　　　　　　　　　　B. 200～15kHz

    C. 50～20kHz　　　　　　　　　　　　D. 10～20kHz

5. 以下（　　）不是通用的音频采样频率。

    A. 11.025kHz　　　　　B. 22.05kHz　　　　C. 44.1kHz　　　　　　D. 88.2kHz

6. 数字音频文件数据量最小的是（　　）文件格式。

    A. MID　　　　　　　　B. MP3　　　　　　　C. WAV　　　　　　　D. WMA

7. 音频信号的无损压缩编码是（　　）。

    A. 熵编码　　　　　B. 波形编码　　C. 参数编码　　　　D. 混合编码

二、简答题

1. 什么是模拟音频和数字音频？它们的特点是什么？

2. 简述音频信息数字化的过程。

3. 什么是采样和量化？并说明量化的过程。

4. 常用的音频采样频率有哪些？

5. 音频编码是如何分类的？

6. 音频文件的数据量和质量与哪些因素有关？

7. 什么是 MIDI？MIDI 由什么组成？各有什么作用？

8. MIDI 文件与波形音频文件有何区别？

第6章 多媒体影视制作

随着人们的生活越来越丰富,除了通过电视、电影、网络享受到视频带来的快乐外,越来越多的人拥有数码摄像机,并希望将自己拍摄的视频(如旅游片段,宝宝成长记录,公司活动,家庭、朋友、同学聚会等)编辑后制作成光碟,或导入手机、iPod、iPhone、PSP 等移动设备,或上载到优酷、土豆、新浪等视频共享网络,与其他人分享。可以说,在工作和生活中都需要动手制作视频。目前,桌面数字视频(Desktop Digital Video)技术应用越来越广泛,成为多媒体应用的重要组成部分,特别是其主要应用之一的桌面视频制作(DVP,Desktop Video Production)的快速发展,使视频制作走进千家家户。

6.1 视频基础知识

视频(Video)是指内容随时间变化的一组动态图像,也称运动图像、活动图像或时变图像。按处理方式的不同,视频分为模拟视频(Analog Video)和数字视频(Digital Video)。模拟视频是以连续的模拟信号方式存储、处理和传输的视频信息,所用的存储介质、处理设备及传输网络都是模拟的。数字视频是以离散的数字信号方式表示、存储、处理和传输的视频信息,所用的存储介质、处理设备及传输网络都是数字化的。本章主要介绍数字视频的编辑处理。

6.1.1 视频数字化

1.数码摄像机

数码摄像机(简称 DV 机)是目前摄像机的主流,从使用介质不同区分,一般分为以下 4 类。

(1)磁带摄像机:以传统的 DV 磁带为存储介质,需要采集卡捕获至计算机中。

(2)DVD 光盘摄像机:以 DVD 刻录盘为存储介质,也可以通过 USB 接口连接计算机,即拍即放,输出为 MPEG-2 标准的 DVD 盘。

(3)硬盘摄像机:以微硬盘为存储介质,存储空间大,采集速度快。

(4)闪存卡摄像机:以闪存(Flash Memory)为存储介质,体积小,重量轻,数据安全性高,在 4 种介质中,速度最快。随着存储卡容量的不断增大和成本的不断下降,闪存卡摄像机的优势更加明显。

2.视频采集卡

视频采集卡用于把模拟视频信号及磁带摄像机拍摄的视频转换到计算机中。在非专业档次,最常见的捕获设备是 IEEE 1394 卡,广泛使用在数码摄像机、外置驱动器及网络设备的串行接口中,如图 6.1 所示。由于 IEEE 1394 卡的普及,很多多媒体计算机都配有此卡或接口。

IEEE 1394 卡

图 6.1 利用 IEEE 1394 卡采集磁带 DV 的视频

IEEE 1394 连接线分 6 针（六角形接口）和 4 针（四角形接口）两种接口，6 针接口主要用于台式机，4 针接口主要用于笔记本计算机和 DV 机。

3．视频设备的连接

一般的摄录设备都具有以下输出方式及连接方式。

（1）复合视频输出（Video-Out）。使用 RCA 莲花头进行连接，如图 6.2 所示，莲花头一般有黄、红、白 3 个接口，黄色接口用于传输视频信号，白色和红色接口分别用于传输左、右声道的声音。

（2）S 端子输出（Separate Video Out，简称 S-Video Out）。S 端子是较常见的视频接口，如图 6.3 所示，包括 4、6、7、9 针输出。由于对色度和亮度进行了分离式输出，S 端子的视频质量得到了一定的提升。

（3）YUV 分量输出。YUV 分量采用 3 个屏蔽接头：Y 是 1 路亮度，U 是 1 路色度，V 是 1 路色差，如图 6.4 所示。相对于其他接口，这种视频输出方式的质量较高。

图 6.2　RCA 莲花头　　　　　图 6.3　S 端子传输线　　　　　图 6.4　分量输出线

（4）IEEE 1394 输出。使用 IEEE 1394 接口进行连接，分为 4-Pin 对 4-Pin（见图 6.5）、6-Pin 对 6-Pin 及 4-Pin 对 6-Pin（见图 6.6）等类型。通常，家用摄像机和计算机的 IEEE 1394 卡之间的连接采用 4-Pin 对 6-Pin 的 IEEE 1394 线，连线的一端接口较大，而另一端接口较小。

图 6.5　4Pin 对 4Pin IEEE 1394 线　　　　　图 6.6　4Pin 对 6 Pin IEEE 1394 线

（5）USB（Universal Serial Bus，通用串行总线）输出。计算机上使用的 USB 接口是一个外部总线标准，用于规范计算机与外部设备的连接和通信，支持设备的即插即用和热插拔功能，可用于鼠标、键盘、DV 机、数码照相机等 100 多种外设，是个人计算机和智能设备必配的接口之一。USB 也有多种接口类型，通常连接计算机的一端叫做公口，是通用的，如图 6.7 所示；Mini B 型 5Pin（见图 6.8）多用于数码照相机、移动硬盘等；除此以外，还有 Mini B 型 4Pin、Mini B 型 8Pin、Mini B 型 8Pin Round、Mini B 型 8Pin2×4 等接口类型。

 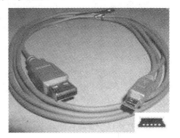

图 6.7　USB A 型公口　　　　　图 6.8　Mini B 型 5Pin

不同接口之间可以通过相应的转换口或接口转换线进行转换，专业的视频采集卡通常会有多种输出方式供用户选择。

4．常用的视频制作软件

视频制作软件分为编辑软件（Movie Maker、Adobe Premiere、会声会影、快刀等）和后期效果软件（After Effects、Combustion 等）两大类。在本章中，主要介绍常用的家庭影音制作软件会声会影。

Adobe Premiere2.0 主界面如图 6.9 所示，After Effects CS4 主界面如图 6.10 所示。

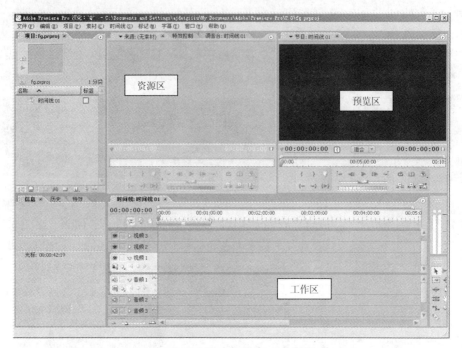

图 6.9　Adobe Premiere2.0 主界面

图 6.10　After Effects CS4 主界面

6.1.2 常见的视频文件格式

常见的视频文件格式可分为适合在本地播放的本地影像视频和适合在网络中播放的网络流媒体影像视频两大类。

1. 本地视频格式

（1）AVI 格式

AVI 的英文全称为 Audio Video Interleaved，即音频视频交错格式。所谓"音频视频交错"，就是将视频和音频交织在一起进行同步播放。这种视频格式的优点是图像质量好，可以跨多个平台使用，缺点是体积过于庞大，且具有多种压缩标准。

（2）MPEG 格式

MPEG 的英文全称为 Moving Picture Expert Group，即运动图像专家组格式。家里常看的 VCD、SVCD 和 DVD 使用的就是 MPEG 格式。MPEG 格式是运动图像压缩算法的国际标准，它的主要压缩依据是，如果视频中相邻两幅画面绝大多数内容相同，则采用有损压缩的方法，去除后续图像与前面图像间的冗余信息，从而达到压缩的目的（其最大压缩比可达到 200∶1）。目前，MPEG 格式有 3 个视频压缩标准，分别是 MPEG-1、MPEG-2 和 MPEG-4。它们之间的比较见表 6.1。

表 6.1　三种 MPEG 视频压缩格式的比较

类　　型	MPEG-1	MPEG-2（DVD）	MPEG-4
画面尺寸	PAL：362×288 NTSC：320×240	PAL：720×676 NTSC：720×480	可调
带宽	1～1.6Mbps	4～8Mbps	可调
应用	VCD	DVD	网络视频
常见后缀	MPG	MPG	DIVX(.AVI)　WMV　ASF RMVB　MOV
目标	CD-ROM 上的交互式视频	数字电视	交互式、多媒体、 低码率视频
时间	1992 年	1994 年	1998 年
压缩情况	一部 120 分钟长的电影压缩为约 1.2GB 大小	一部 120 分钟长的电影压缩为 4～8GB 的大小	保存接近于 DVD 画质的小体积视频文件

（3）DivX 格式

DivX 是由 MPEG-4 衍生出的另一种视频编码（压缩）标准，它引入了 Variable Bitrate（动态比特率）、Psychovisual Enhancements（心理视觉增强）、GMC（全局动态补偿）、Bidirectional Ecoding（双向编码）、Pre-Processing（预处理）等一系列新技术，比早期的 MPEG-4 编码器具有更好的视觉效果和更高的压缩比。DVDrip 采用 DivX 技术把文件压缩至原来 DVD 文件大小的 1/10 左右，具体的压缩方法是：用 MPEG-4 压缩算法来进行视频压缩，用 MP3 或 AC-3 等技术对音频进行压缩，同时结合字幕播放软件来加上外挂字幕。

（4）MOV 格式

这是美国 Apple 公司开发的一种视频格式，默认的播放器是 QuickTime Player，具有较高的压缩比率和较好的视频清晰度等特点，最大的优点是跨平台性，即不仅能支持 Mac OS，同样也能支持 Windows 系列操作系统。

在以上这几种格式中，AVI 的图像质量较好，采用帧内压缩方式，便于非线性编辑，但容量也最大；MPEG 采用帧间压缩方式，不便于后期编辑。

2．网络视频格式

（1）ASF 格式

ASF 的英文全称为 Advanced Streaming Format，是微软公司前期的流媒体格式，采用 MPEG-4 压缩算法。

（2）WMV 格式

WMV 的英文全称为 Windows Media Video，是微软公司推出的采用独立编码方式的视频文件格式，是目前应用最广泛的流媒体视频格式之一。

（3）RM 格式

RM 是 Real Networks 公司开发的一种流媒体文件格式，是目前主流的网络视频格式。Real Networks 所制定的音频、视频压缩规范称为 Real Media，相应的播放器为 RealPlayer。

（4）RMVB 格式

RMVB 格式是一种由 RM 视频格式升级延伸出的视频格式。RMVB 中的 VB 是指 Variable Bit Rate（可变比特率，简称VBR）。它打破了 RM 格式所采用的平均压缩采样方式，在保证平均压缩比的基础上合理利用比特率资源，即静止和动作场面少的画面场景采用较低的编码速率，以留出更多的带宽空间给具有快速运动的画面。

（5）FLV 格式

FLV 是 Flash Video 的简称，FLV 流媒体格式是随着 Flash 的推出发展而来的视频格式。由于其形成的文件小、加载速度快，目前广泛应用于优酷、土豆等在线视频网站，成为当前视频文件的主流格式。

6.1.3　常用的视频播放器

1．Windows Media Player

Windows Media Player 是 Windows 操作系统自带的播放器，支持 WMV、ASF、AVI 等视频文件格式，主界面如图 6.11 所示。

2．RealPlayer

RealPlayer 是 Real Networks 公司的视、音频播放器，支持 RM、RMVB、WMV、ASF、AVI 等视频文件格式，主界面如图 6.12 所示。

图 6.11　Windows Media Player 12 主界面

图 6.12　RealPlayer 11 主界面

3．QuickTime Player

QuickTime Player 是苹果公司推出的视、音频播放器，主要支持 MOV 视频文件格式，主界面如图 6.13 所示。

4．暴风影音

暴风影音支持绝大多数影音文件和流媒体文件，包括 RealMedia、QuickTime、MPEG-2、MPEG-4(ASP/AVC)、VP3/6/7、Indeo、FLV 等流行视频格式，AC3/DTS/LPCM/ AAC/OGG/ MPC/APE/FLAC/TTA/WV 等流行音频格式，3GP/Matroska/MP4/OGM/PMP/XVD 等媒体封装及字幕支持，是目前的主流视、音频播放器。主界面如图 6.14 所示。

图 6.13　QuickTime Player 主界面

5．完美解码

完美解码是一款能实现各种流行视频、HDTV 回放及编码的全能型影音解码包，自带 Media Player Classic、KMPlayer、PotPlayer 三款流行播放器，主界面如图 6.15 所示。

图 6.14　暴风影音主界面

图 6.15　完美解码主界面

6．DivX Player

DivX 公司的 DivX Player 软件能压缩 DVD 影像，对视、音频播放支持较好，主界面如图 6.16 所示。

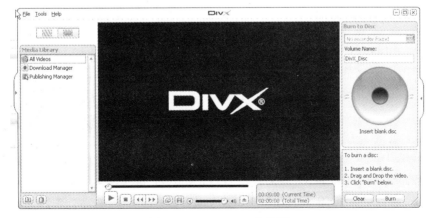

图 6.16　DivX Player 主界面

6.1.4 视频文件格式转换

由于视频文件格式种类繁多，差异较大，因此，在视频制作中经常需要对视频格式进行转换，转换的软件很多，可以在 Internet 中搜索并下载，主要包括 Video Converter（见图 6.17）、格式工厂 Format Factory（见图 6.18）、思优视频转换器（见图 6.19）等，它们都支持包括 RMVB、WMV、RM、AVI、MPEG1/2/4、VCD/SVCD/DVD、MOV、DivX、XVid、ASF、3GP、FLV 在内的几乎所有视频文件格式的相互转换。

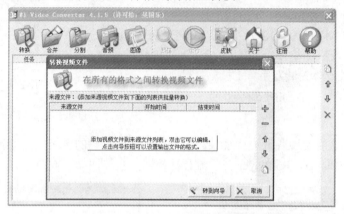

图 6.17 Video Converter 主界面

图 6.18 格式工厂主界面

图 6.19 思优视频转换器主界面

6.2 屏幕视频录制软件

6.2.1 Camtasia Recorder

Camtasia Recorder 是专门用于捕捉屏幕影音的工具软件，主界面如图 6.20 所示。它能在任何颜色模式下轻松地记录屏幕动作，包括影像、音效、鼠标移动的轨迹、解说声音等。另外，它还具有实时播放和编辑的压缩功能，可对截取的视频片段进行剪接、添加转场效果等操作。输出的文件格式包括 AVI、GIF、RM、WMV 及 MOV 格式，也可以将电影文件打包为 EXE 文件输出，以便在没有播放器的计算机上播放。

图 6.20 Camtasia Recorder 主界面

安装 Camtasia Recorder 后，可以看到桌面上出现 3 个快捷方式图标，分别为用于录制屏幕的 Camtasia Recorder（录像器）、用于视频播放的 Camtasia Player（播放器）和用于视频编辑的 Camtasia Producer（制作器）。

6.2.2　SnagIt

SnagIt 主要用于图像、文本、视频和网页的截取，是多媒体制作的常用软件之一，主界面如图 6.21 所示。本教材（特别是第 7、8 章）中用到的许多带箭头的界面图就是用 SnagIt 截取的。SnagIt 的截取方式非常灵活，支持屏幕、窗口、活动窗口、滚动窗口、区域、菜单、任意形状等多种截取输入方式，支持多种输出格式，可以调整分辨率等截取参数。截取后的图像统一输入到 SnagIt 编辑器窗口（见图 6.22）中进行编辑、特效处理和输出。

图 6.21　SnagIt 主界面

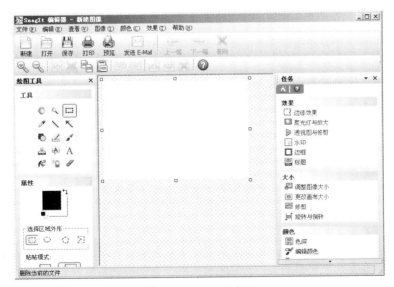

图 6.22　SnagIt 编辑器

屏幕视频录制软件是多媒体应用软件的一个重要组成部分，主要用于辅助多媒体软件的制作，类似的软件还有 HyperSnap、HyperCam、超级解霸、Adobe Captivate等，另外还有一些具有更强大功能的屏幕录制软件，如 Microsoft Media Producer 及一些公司开发的专业软件，可以把计算机屏幕的内容与演讲者的头像同步合成，用于制作讲授型多媒体应用软件。

6.3 视频编辑处理软件——会声会影

会声会影（Corel Video Studio）是 Corel 公司（主要软件包括 Corel Draw、Painter 等）的一款面向家庭用户的视频后期处理编辑软件，广泛应用于家庭 VCD 或 DVD、视频的制作。随着 DV 机在家庭中越来越普及，会声会影的应用将更广泛。

6.3.1 会声会影概述

1. 会声会影的安装与启动

会声会影和其他软件的安装方法基本相同，全部安装完毕后，双击 Windows 桌面上的 Corel VideoStudio 图标，或执行"开始"→"程序"→"Corel VideoStudio"→"VideoStudio"命令，或双击桌面上的会声会影图标，启动会声会影，出现引导界面，如图 6..23 所示，根据需要从三种编辑方式中选择其中一种即可。

图 6.23　会声会影引导界面

2. 会声会影的三种编辑格式

（1）DV 转 DVD 向导

利用 DV 转 DVD 向导可以轻松地把 DV 机磁带的内容转化为影片，并刻录为 DVD 光盘。主要步骤如下。

STEP 1　扫描场景

场景是指根据拍摄日期和时间来区分的视频片段，即连续拍摄的一段视频。扫描场景用于扫描 DV 机磁带并选择要添加到影片中的场景。

① 将摄像机连接到计算机上，并打开 DV 机，设置为播放模式。

② 在"会声会影 DV 转 DVD 向导"界面中，在"DV 设备"下选择录制设备，并指定开始扫描的位置及扫描速度。扫描位置有以下两个选项。

● 从开始：从磁带的起始位置开始扫描场景。如果磁带不在起始位置，会声会影将自动把磁带倒到起始位置。

● 从当前位置：从磁带的当前位置开始扫描。

③ 单击"开始扫描"按钮，开始扫描 DV 机磁带中的场景。

④ 在故事板中，选择要包含到影片中的场景，然后单击"标记场景"按钮，以便于以后编辑使用。

⑤ 单击"下一步"按钮。

> **Tips**
> 扫描了场景之后，可以在编辑窗口中选择场景，在预览窗口中浏览。按住 Ctrl 键的同时单击场景，可以选中多个场景。

STEP 2 应用主题模板并刻录 DVD

① 为影片指定卷标名称和刻录格式。

> **Tips**
> 如果计算机中安装了多个刻录机，或者默认的光驱不是刻录机，则需要在"高级设置"对话框中指定要使用的刻录机。

② 从可用的预设模板中选择要应用到影片中的主题模板，然后选择影片的输出视频质量。

③ 单击 按钮，将影片文件刻录到光盘中。

> **Tips**
> 如果影片太大，超出需要刻录的媒体的容量，应单击"调整并刻录"按钮进行刻录内容的调整，否则，无法进行刻录。例如，使用 DVD 作为刻录媒体时，虽然 DVD 的容量为 4.7GB，但实际刻录时需要留出部分空间来刻录轨道信息等，另外，光盘边缘的数据读取易出错，因此，刻录内容一般不能超过 4.5GB。

（2）影片向导

通过影片向导可编排外部导入的视频素材和图像，添加背景音乐、录音和标题，快速制成简单的影片。在引导界面中单击"影片向导"项，出现如图 6.24 所示的"会声会影影片向导"界面。

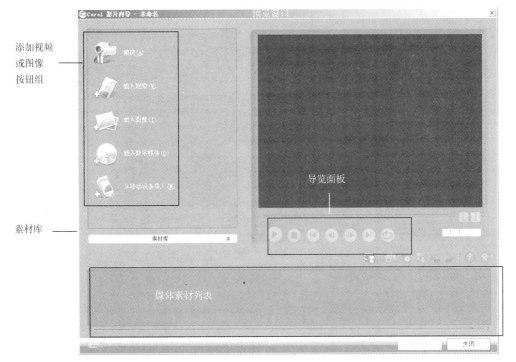

图 6.24 "会声会影影片向导"界面

STEP 1 添加视频和图像

① 导入素材

● 单击"捕获"按钮，将视频节目或图像导入到计算机中。

● 单击"插入视频"按钮，添加不同格式的视频文件，如 AVI、MPEG 和 WMV。

● 单击"插入图像"按钮，添加静态图像。

● 单击"插入数字媒体"按钮，添加数字媒体的视频。

● 单击"从移动设备导入"按钮，从移动设备中导入视频或图像。

● 单击"素材库"按钮，打开会声会影附带的、包含媒体素材的媒体素材库，选择需要使用的媒体素材。

根据需要把选中的视频和图像添加到影片中，它们将按顺序排列在影片的时间轴上。在某个素材上右击，可以打开带有更多选项的快捷菜单，如图 6.25 所示，例如，利用"区间"命令修改图像素材的显示时间等。

图 6.25 时间轴上的媒体素材列表和右键快捷菜单

② 预览素材：先在媒体素材列表中单击选择素材，单击导览面板中的按钮进行预览。

③ 修整素材：拖动飞梭栏至视频新起点，单击"开始标记" [，拖动飞梭栏至视频新终点，单击"结束标记"]，确定视频素材的起始点和终止点，以便于修剪素材。

④ 对素材进行排序：单击 按钮，将视频素材根据拍摄的日期和时间按要求分割成较小的素材；或单击 按钮，对媒体素材列表中的素材按照名称或日期进行排序。

STEP 2 选取模板

单击"下一步"按钮，进入主题模板选择界面，如图 6.26 所示。

图 6.26 主题模板选择界面

① 选择主题模板。

主题模板包括用于创建同时包含视频和图像影片的"家庭影片"主题模板、用于创建高清影片"HD-家庭影片"主题模板、用于创建仅包含图像的相册影片的"相册"主题模板、用于创建高清的相册影片"HD-相册"主题模板。

② 单击 按钮设置影片的整体长度。

③ 单击 按钮打开"标记素材"对话框，选择需要的视频片段。

④ 编辑影片标题，先在主题列表中选取预设的标题，然后在预览窗口中双击预设的文字，输入新的文字作为标题。

⑤ 单击 按钮，弹出"文字属性"对话框，可以设置文字的格式。

⑥ 单击 按钮替换背景音乐，拖动音量滑动条可以调整背景音乐的音量。

STEP 3 输出影片

单击"下一步"按钮，进入影片输出界面，包括以下三个按钮。

①"创建视频文件"按钮 ：将影片输出为可以在计算机上播放的视频文件。

②"创建光盘"按钮 ：将影片刻录到光盘上。

③"在会声会影编辑器中编辑"按钮 ：使用会声会影编辑器进一步编辑影片。

（3）会声会影编辑器

这部分是会声会影最重要且最常用的功能，在编辑器中可以对影片进行更详细的编辑和设置。我们将在下面的内容中重点讲述如何利用会声会影编辑器进行视频编辑。

3. 会声会影编辑器概述

在引导界面中选择"会声会影编辑器"项，进入会声会影编辑器主界面，如图 6.27 所示。

图 6.27　会声会影编辑器的主界面

（1）菜单栏

提供文件、编辑、素材和工具命令集的菜单。

（2）步骤面板

步骤面板包括捕获、编辑、效果、覆叠、标题、音频和分享七大选项。

① 捕获：将 DV 中的视频及音频抓到计算机中，进行视、音频编辑及后期制作。

② 编辑：是影片创作的主操作区，可以对影片进行大量的实用控制，如视频和图片的增加、裁剪、时间控制、位置控制、反转场景、色彩校正、多重修整视频、自动按场影分割及保存静态图像和消音等。

③ 效果：给影片加上滤镜和转场等多种效果。

④ 覆叠：通过时间轴的覆叠轨增加一个视频轨，与第一轨的视频轨相结合，制作"画中画"效果。

⑤ 标题：为影片添加字幕及其动画效果。

⑥ 音频：为影片加入声音和音乐两个轨道。

⑦ 分享：把影片以 MPEG、AVI、WMV 等格式文件或 VCD、DVD 的形式输出。

（3）选项面板

根据选择对象和所操作步骤的不同而变化，一般包含一个或两个以上的选项卡。不同类型的素材，其选项卡上的控件和选项均不同。

（4）导览面板

导览面板用于预览和编辑项目中使用的素材或项目，可以使用导览面板中的修整拖柄和飞梭栏切割或裁剪素材，如图 6.28 所示。

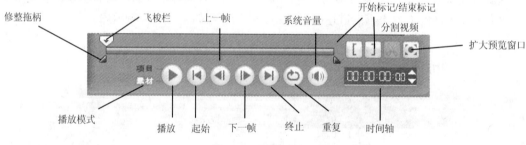

图 6.28　导览面板

（5）预览窗口

用于显示当前的素材、视频滤镜、效果或标题等。

（6）素材库

素材库用于保存和管理所有的媒体素材。在素材库左上角，有一个"画廊"下拉列表，可以选择各种类型的素材，如图 6.29 所示。

（7）时间轴

时间轴是编辑影片项目的地方，显示项目所包含的素材、标题和效果等。

时间轴有三种视图显示方式：故事板视图 ▣、时间轴视图 ▣ 和音频视图 ◁，可以在不同的视图间切换。

图 6.29　"画廊"下拉列表

① 故事板视图（见图 6.30）

故事板中的每个略图代表影片中的一个事件，事件可以是素材或转场。略图是按时间顺序显示的事件的画面，对于视频素材来说，默认显示的是第一个画面。每个素材的区间显示在每个略图的底部。当对整个视频结构进行调整时一般采用故事板视图。

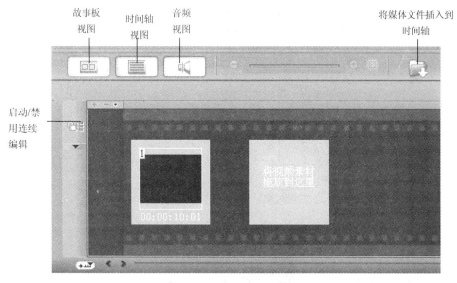

图 6.30　故事板视图

② 时间轴视图（见图 6.31）

时间轴视图是最常用的视图编辑形式，能最清楚地显示影片项目中的元素。根据处理对象的不同将项目分割成视频、覆叠、标题、声音和音乐 5 个轨道，并允许精确到帧的素材编辑。

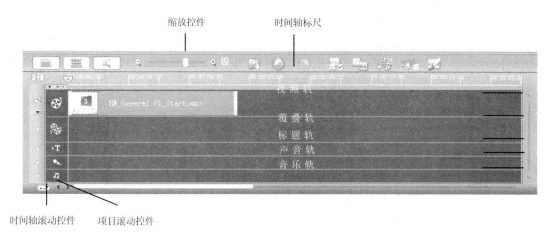

图 6.31　时间轴视图

③ 音频视图

音频视图用于可视化地调整视频、声音和音乐素材的音量。音频视图的选项面板中的混音面板，用于调整视频轨、覆叠轨、声音轨和音乐轨的音量。

4. 利用会声会影制作 DVD 视频光盘的流程图

利用会声会影制作 DVD 视频光盘的流程图如图 6.32 所示。

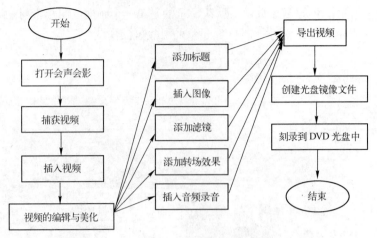

图 6.32　利用会声会影制作 DVD 视频光盘的流程图

6.3.2　捕获视频

将视频节目通过捕获卡从源设备（通常是摄像机）传送到计算机中的过程称为捕获。会声会影可以捕获来自 DV 摄像机、模拟摄像机、VCR 和电视机的视频。

1. 捕获视频前的准备

由于视频捕获对计算机性能要求较高，需要做好以下准备。

（1）硬盘容量要求

无论视频捕获还是编辑，都需要预留一定的磁盘空间，特别是会声会影的工作文件夹所在的磁盘，具体的容量需要根据视频的长度等来决定。一般，一盒 60 分钟的 DV 磁带需要 20GB以上的空间。会声会影的默认工作文件夹为"C:\Documents and Settings\gzscutlufang\My Documents\Corel VideoStudio\12.0"，可以重新修改设置，方法是：执行"文件"→"参数选择"命令，打开"参数选择"对话框，单击"工作文件夹"框右侧的"浏览"按钮，在打开的对话框中重新选择工作文件夹的位置，如图 6.33 所示。

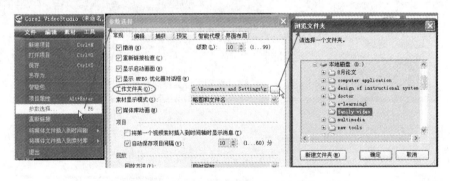

图 6.33　修改会声会影的工作文件夹位置

（2）选择磁盘的文件系统

个人计算机磁盘主要采用 NTFS 和 FAT32 文件系统格式，使用 FAT32 文件系统的磁盘把视频的捕获值限制为 4GB，NTFS 文件系统则无限制。因此，应使用 NTFS 文件系统的磁盘作为工作文件夹所在的磁盘。

判断磁盘文件系统的方法是：在"我的电脑"中需要查看文件系统的磁盘上单击鼠标右

键，从弹出的快捷菜单中选择"属性"命令，弹出本地磁盘属性对话框，如图6.34所示。

修改磁盘文件系统的方法是：在"我的电脑"中需要修改文件系统的磁盘上单击鼠标右键，从弹出的快捷菜单中选择"格式化"命令，在弹出的对话框中选择 NTFS 文件系统，单击"开始"按钮进行格式化操作，如图 6.35 所示。需要强调的是，采用这种方法修改文件系统，必须要确保磁盘是空的，一旦执行格式化，磁盘里的内容将全部被删除。

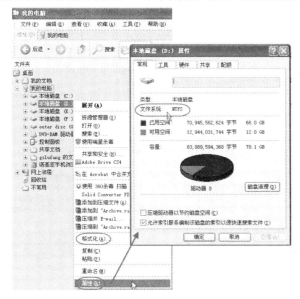
图 6.34　查看磁盘的文件系统

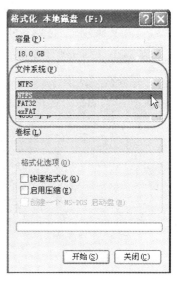
图 6.35　修改磁盘的文件系统

（3）打开硬盘的 DMA 传送模式

DMA（Direct Memory Access，直接内存访问）是一种不经过 CPU 而直接从内存存取数据的数据交换模式。在视频处理时，能有效地提高访问磁盘和交换数据的速度，避免产生丢帧的情况。

DMA 模式的设置方法如图 6.36 所示，其中"次要 IDE 通道"是指会声会影工作文件夹所在的磁盘。具体操作步骤如下。

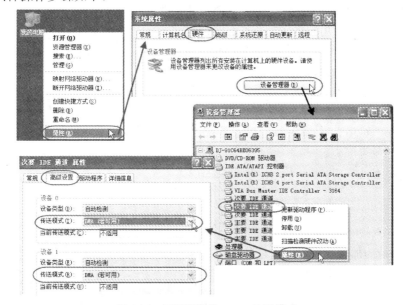
图 6.36　打开硬盘的 DMA 传送模式

① 在"我的电脑"图标上单击鼠标右键，从快捷菜单中选择"属性"命令，打开"系统属性"对话框。

② 选择"硬件"选项卡，单击"设备管理器"按钮，打开设备管理器窗口。

③ 在会声会影工作文件夹所在的磁盘，即"次要 IDE 通道"上单击鼠标右键，从快捷菜单中选择"属性"命令，打开其属性对话框。

④ 选择"高级设置"选项卡，在其中，设置传送模式为 DMA。

如果计算机内存不高，可以考虑修改虚拟内存。虚拟内存是 Windows 指定的磁盘上的一部分空间，当实际物理内存不够时，用于写入需要暂时存储的数据。具体的方法可以参考网上资料，这里就不详细展开了。

2. 捕获视频的操作

① 在步骤面板中选择"捕获"→"捕获视频"，选项面板变为如图 6.37 所示。

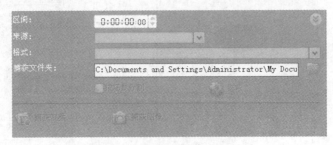

图 6.37 "捕获视频"选项面板

② 在"区间"框中输入数值，设置捕获视频的时间长度，指定捕获区间。

③ 在"来源"下拉列表中选取捕获设备。

④ 在"格式"下拉列表中选取用于保存捕获视频的文件格式。若选择"DV"项，则捕获的视频将被保存为质量最好、文件最大的 DV AVI 原始格式文件。

⑤ 设置是否需要按场景分割。选中时，将根据录制的日期和时间，自动把捕获的视频分割为多个文件（该功能仅用于从 DV 摄像机中捕获视频）。

⑥ 捕获文件夹：用于指定保存视频文件的捕获文件夹。

⑦ 单击"选项"按钮用于更多捕获设置的调整。

⑧ 选中要捕获的位置后，单击"捕获视频"按钮，开始捕获，这时，"捕获视频"按钮变为"停止捕获"按钮，单击该按钮或按 Esc 键停止捕获。

在视频捕获前，还可以选择步骤面板中的"捕获"→"DV 快速扫描"，搜索要捕获的视频。除了视频外，会声会影还可捕获静态图像，先执行"文件"→"参数选择"命令，设置输出的图像格式，然后，让播放条暂停在需要捕获的画面上，单击选项面板中的"捕获图像"按钮。

6.3.3 编辑影片

在步骤面板中单击"编辑"标签，可以编辑影片，主要步骤如下。

1. 视频库插入视频

除了上面所说的加载视频的方法之外，还可以在视频轨道中单击右键，从快捷菜单中选择"插入视频"命令，选择要插入的视频。

2. 按场景扫描和分割视频

首先，检测视频文件中不同的场景，并自动将它分割成不同的素材文件。

① 在"编辑"步骤面板中选择捕获好的 DV AVI 文件或 MPEG 文件。

② 在选项面板中单击"按场景分割"项，打开"场景"对话框，如图 6.38 所示。首先选择扫描方法（DV 录制时间场景或帧内容）。然后单击"选项"按钮，在打开的"场景扫描敏感度"对话框中，如图 6.39 所示，拖动滑块设置敏感度。敏感度设得越高，场景检测越精确。单击"确定"按钮返回"场景"对话框。

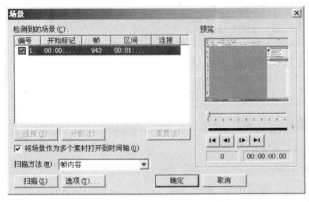

图 6.38 "场景"对话框

图 6.39 "场景扫描敏感度"对话框

③ 单击"扫描"按钮，会声会影将自动扫描整个视频文件并列出所有检测到的场景。

3. 修整素材

会声会影支持精确到帧的素材剪辑方式。修整素材的步骤如下。

① 将素材分割成两部分：选中要分割的素材，将飞梭栏拖到需要修剪的位置上，如图 6.40 所示，单击"修剪素材"按钮，把时间轴上的一个素材片段变为两个。

图 6.40 分割素材片段

② 用修整拖柄修整素材：选中某个素材，拖动修整拖柄，在素材上设置"开始标记"和"结束标记"，如图 6.41 所示。

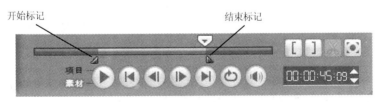

图 6.41 利用修整拖柄修整素材

Tips
> 单击并按住修整拖柄，然后利用键盘上的左、右箭头键，一次修整 1 帧，实现更精确的修整。

③ 在时间轴上修整素材：在时间轴上选中某个素材，拖动黄色的修整拖柄设置素材长度，如图 6.42 所示；或在选项面板的"区间"框中输入期望的素材长度。

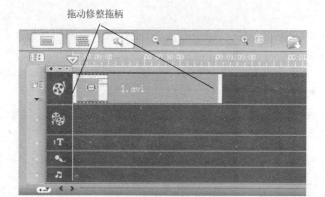

图 6.42　拖动黄色的修整拖柄设置素材长度

4．调整视频的色彩和亮度

在选项面板中选择"色彩校正"，在弹出的对话框中调整时间轴上的图像和视频的色彩与对比度。

5．调整素材的大小和形状

在时间轴上选中素材，选择选项面板中的"属性"选项卡，选中"变形素材"复选框，如图 6.43 所示。在预览窗口中拖动拖柄进行素材大小和形状的调整，如图 6.44 所示。

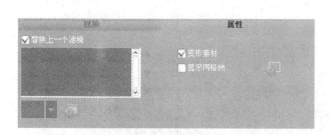

图 6.43　"属性"选项卡

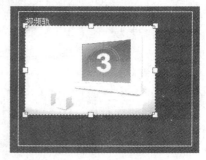

图 6.44　在预览窗口中调整素材

6．给视频加上滤镜

滤镜一般用于制作一些特效，如风、光、马赛克等，操作步骤如下。

① 选择时间轴上需要添加滤镜的视频或图像。

② 在"画廊"下拉列表中选择"视频滤镜"→"全部"，呈现出所有视频滤镜，如图 6.45 所示。

图 6.45　视频滤镜选择列表

③ 拖动需要的滤镜效果到时间轴上的视频或图像缩略图上进行滤镜的应用。

6.3.4　创建影片的标题

视频作品中的文字主要包括标题、副标题和字幕。文字对帮助观众理解作品有非常大的帮助。会声会影的标题可以通过多文字框和单文字框来添加。多文字框可以灵活地将多个文字标题单独地放到视频帧的任何位置并按次序叠放，单文字框可以很方便地创建开幕词和闭幕词。

1．添加多个标题

① 在步骤面板中单击"标题"标签，选项面板变为如图 6.46 所示，在"编辑"选项卡中，选中"多个标题"项。这时预览窗口中会出现提示：双击文本输入框添加需要的标题。输入完毕后，单击文字框以外的地方，结束文字的输入。在预览窗口中的空白处再次双击可添加更多的文字，形成多个标题。

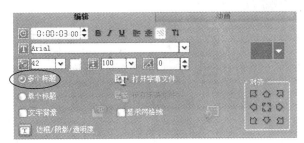

图 6.46　"编辑"步骤面板

② 在"编辑"选项卡中可以修改标题在影片中停留的时间、标题样式、行间距及标题大小，修改文字的属性，包括设置文字的样式和对齐方式，为文字添加边框、透明度、阴影及文字背景等。

> **Tips**　建议将文字保留在标题安全区之内。标题安全区是指预览窗口中的矩形框。执行"文件"→"参数选择"→"常规"→"在预览窗口中显示标题安全区"命令，可以显示或隐藏标题安全区。

③ 完成文字输入后，单击时间轴，把文字添加到时间轴中。

单标题的输入方法与多标题的输入方法相同，但只能有一个标题。

2．添加预设的文字标题

素材库的标题库中设计了多个预设文字，具有固有的样式，可以直接应用到项目中。首先，在素材库的"画廊"下拉列表中选择"标题"，然后将预设的文字拖到"标题轨"上，双击显示在预览窗口中的标题可以修改标题的内容。

3．编辑标题

① 编辑标题：在"标题轨"上选中标题素材，并在预览窗口中单击要编辑的文字。

② 插入标题：拖动素材库中的标题素材，放在时间轴的标题轨中。

③ 修改标题的显示时间：拖动标题素材的拖柄或在选项面板中输入"区间"值，调整素材的显示区间。

④ 预览效果：在时间轴中选中标题素材并单击"播放素材"或拖动飞梭栏。

> **Tips**　在创建具有相同属性（如字体和样式）的多个标题素材时，最好把标题素材的一个副本保存到素材库中，便于以后随时使用。

4．重新排列多个标题的叠放顺序

标题文字在影片中以层的方式存在，其编辑方式类似于 Photoshop 中的图层，可以上下移动文字层改变文字的叠放顺序。在预览窗口中，选中要重新排列的文字框，单击鼠标右键，在打开的快捷菜单中选择叠放顺序，如图 6.47 所示。

图 6.47　编排文字的叠放顺序

5．添加标题文字的动画效果

用会声会影的文字动画工具可以设置动态文字，如淡化、移动路径和下降等。

① 选择需要添加动画效果的标题文字。

② 在"动画"选项卡中，选中"应用动画"复选框，如图 6.48 所示。

③ 在"类型"下拉列表中选择要使用的动画类别。

④ 单击 按钮，在打开的对话框中设置文字动画的属性，如图 6.49 所示。这里以淡化动画为例，主要设置内容如下。

图 6.48　添加文字动画效果

图 6.49　设置文字动画的属性

- 单位：决定标题在场景中出现的方式。"文本"表示整个标题出现在场景中，"字符"表示标题以一次一个字符的方式出现在场景中，"单词"表示标题以一次一个单词的方式出现在场景中，"行"表示标题以一次一行文字的方式出现在场景中。

- 暂停：在动画起始和终止的方向之间设置暂停。选取"无暂停"项可以使动画不间歇地运行。

- 淡化样式："淡入"让标题逐渐显现，"淡出"让标题逐渐消失，"交叉淡化"让标题在进入场景时逐渐显现，在离开场景时逐渐消失。

⑤ 在导览面板中，拖动"暂停区间"拖柄，设置文字在屏幕上停留的时间长度，如图 6.50 所示。

图 6.50　设置文字的停留时间

6. 设置摇动和缩放效果

摇动和缩放效果一般应用在静态图像上。首先，在时间轴上选中需要应用该效果的图像，在选项面板中选中"摇动和缩放"项，并单击"自定义摇动和缩放"按钮，在弹出的"摇动和缩放"对话框中设置属性参数，如图 6.51 所示，包括摇动和缩放动作在图像上的集中点，如脸部等，在图像上模拟产生摄像机的摇动和缩放效果。

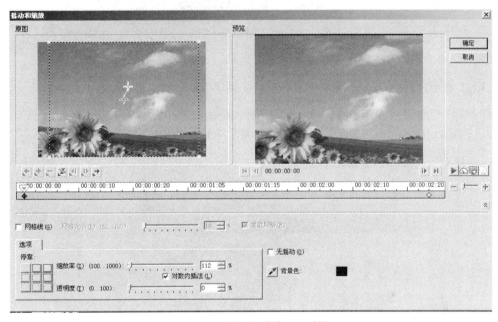

图 6.51　"摇动和缩放"对话框

6.3.5　添加两个视频之间的转场效果

会声会影提供了多种转场效果。添加转场效果的操作步骤如下。

① 选择"效果"步骤面板。

② 在"画廊"→"转场"列表中选择需要的效果，在素材库中浏览转场的效果。

③ 把需要的转场效果拖到时间轴上视频轨的两段素材之间，如图 6.52 所示。

> **Tips**
> ● 一次只能拖动一个效果置于两段素材之间。
> ● 双击素材库中的转场效果可以自动将它插入到当前选择的素材与下一个素材之间没有转场效果的位置，重复该操作可以继续在下一个无转场效果的位置上插入转场。
> ● 重新替换转场效果：直接将新的转场效果拖放到要替换的转场效果缩略图上。

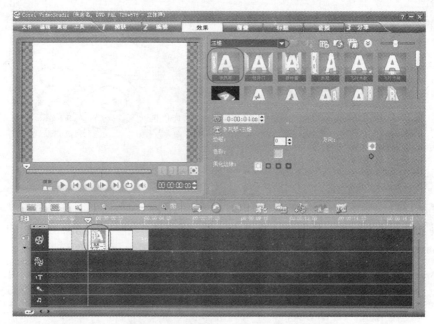

图 6.52　在两段视频之间加入转场效果

6.3.6　创建影片的覆叠效果（画中画效果）

时间轴的覆叠轨允许在原来的视频轨上添加覆叠素材，创建画中画效果，或添加创意图形、公司 LOGO 图标、Flash 动画等，以创建更具专业化外观的影片作品。

1．把覆叠素材添加到覆叠轨上

选择素材库中的素材作为覆叠素材，把覆叠素材拖到时间轴上的覆叠轨中，如图 6.53 所示。

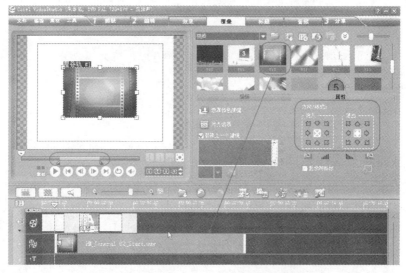

图 6.53　把素材从素材库中拖入覆叠轨中

2．给覆叠素材应用动画效果

在动画的"属性"选项卡的"方向/样式"栏中，设置覆叠素材进入和退出屏幕的方式及停留在屏幕上的位置。

3．设置覆叠素材的透明度

对于一些公司的 LOGO 图标等，用户会希望降低覆叠素材的透明度，甚至让背景全部为透明的，以便完全融入背景视频中。主要有以下 3 种设置形式。

（1）调整透明度

在动画的"属性"选项卡中，单击"遮罩和色度键"按钮，进入"覆叠选项"面板。单击"透明度"按钮右边的下拉箭头按钮，出现透明度设置条，如图 6.54 所示，拖动滑块，设置整个覆叠素材的透明度。

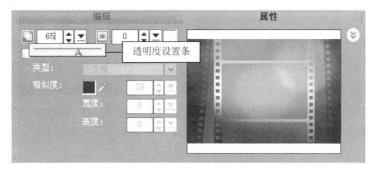

图 6.54 "覆叠选项"面板

（2）利用动画制作程序或图像编辑程序创建具有 Alpha 通道的 AVI 视频文件或带 Alpha 通道的图像文件，制作出带透明背景的覆叠素材。

（3）利用会声会影自带的"色度键"功能"抠"出图像上特定的颜色。

① 单击"属性"选项卡中的"遮罩和色度键"按钮，打开"覆叠选项"面板，如图 6.55 所示。

② 选中"应用覆叠选项"复选框，然后从"类型"下拉列表中选择"色度键"项。

③ 单击"相似度"色彩框，从中选择要被渲染为透明的颜色。

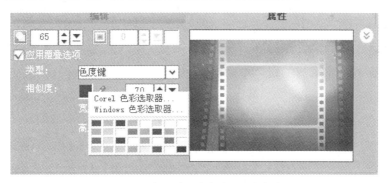

图 6.55 选择需要渲染为透明的颜色

4．为覆叠素材添加装饰边框

在素材库的"画廊"列表中选择"装饰"→"边框"项，将显示系统内置的各种边框效果，如图 6.56 所示。从中选择需要的边框，拖到时间轴的覆叠轨上。单击"属性"选项卡，选择对象或边框，调整其大小和位置，为覆叠素材添加装饰边框。

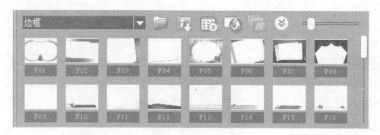

图 6.56　选择边框

5．调整覆叠素材的大小和位置

在预览窗口中选择覆叠素材，把覆叠素材移到期望的位置。拖动覆叠素材选取框上的控点，调整覆叠素材的大小。拖动边角上的黄色控点可以在调整大小时保持素材原来的宽高比。在预览窗口的覆叠素材上单击鼠标右键，打开快捷菜单，可以进一步设置覆叠素材的位置和大小如图 6.57 所示。

6．对当前覆叠素材进行变形操作

拖动覆叠素材选取框上的绿色控点，可以使覆叠素材变形。按住 Shift 键的同时拖动绿色控点，使素材在当前的选取框内变形，如图 6.58 所示。

图 6.57　调整覆叠素材的大小和位置

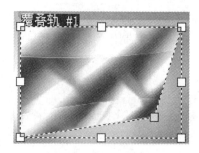

图 6.58　变形操作

7．为不同的覆叠素材设置相同的属性

如果希望把一个覆叠素材的属性（大小和位置等）应用到影片项目的其他覆叠素材上，可在源覆叠素材上单击鼠标右键，然后从快捷菜单中选择"复制属性"命令，接着在目标素材上单击鼠标右键，从快捷菜单中选择"粘贴属性"命令。就可以把一个覆叠素材的属性传递给其他覆叠素材了。

6.3.7　创建影片的音频

"音频"面板包含两个选项卡："音乐和声音"与"自动音乐"。我们主要使用"音乐和声音"选项卡，"自动音乐"选项卡需要安装 QuickTime 等插件才能使用。

1．给影片加上背景音乐

单击时间轴左上方的"将媒体文件插入到时间轴"按钮，从弹出的下拉菜单中选择"插入音频"→"到音乐轨"项，然后选择需要插入的文件。

2. 给影片加上录音

选择时间轴中的声音轨，单击屏幕上方的"音频"面板，选择"录制声音"按钮 ，结合第 5 章中介绍的录音方法进行录音，录音的内容将自动插入到声音轨中。

3. 修整和剪辑音频素材

录制或导入的声音和音乐一般都需要进行修整。第一种方法是拖动修整拖柄确定声音的开始和结束，如图 6.59 所示。另一种方法是在时间轴上，拖动音频素材起始或终止位置上的两个黄色拖柄，剪切素材，如图 6.60 所示。

图 6.59　拖动修整拖柄确定声音的开始和结束

图 6.60　拖动音频素材起止或终止位置上的黄色拖柄确定声音的开始和结束

4. 延长音频区间

时间延长功能可以延长音频素材，方法是，单击"音乐和声音"面板中的"回放速度"按钮，在打开的"回放速度"对话框中，在"速度"框中输入数值或拖动滑块延长音频素材的播放时间，如图 6.61 所示。

5. 设置声音的淡入/淡出

单击"音乐和声音"面板上的"淡入淡出"按钮，可以制作声音逐渐进入与逐渐淡出的平滑过渡效果。

6. 应用音频滤镜

在会声会影中可以为声音添加滤镜，如放大、回音等效果。首先，在时间轴上选中需要添加滤镜的素材，然后单击"音频滤镜"按钮，打开"音频滤镜"对话框，如图 6.62 所示，在"可用滤镜"列表框中，选择需要的音频滤镜并单击"添加"按钮，给声音加上音频滤镜。

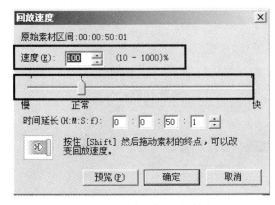

图 6.61　"回放速度"对话框

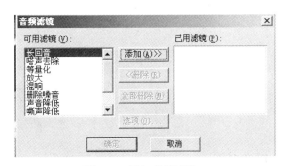

图 6.62　添加音频滤镜

6.3.8 分享输出

所制作的影片最终需要根据不同的用途，以分享的方式把项目渲染为不同格式的视频文件输出。单击屏幕上方的"分享"步骤面板，可以看到会声会影所提供的8种视频输出方式。下面介绍两种最常用的输出方式。

第一种输出方式是创建视频文件，用于把项目输出为视频文件。若无特殊需求，一般输出为主流的 FLV 视频文件格式，如图 6.63 所示。

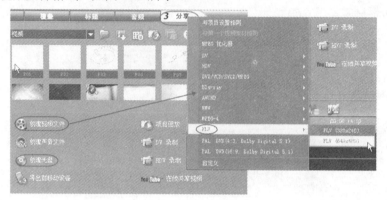

图 6.63　创建视频文件

第二种输出方式是创建光盘（DVD、VCD 或 SVCD），这是最常用的输出方式。下面以 DVD 视频光盘的制作为例，具体操作步骤如下。

1. 选择输出格式

单击"分享"步骤面板中的"创建光盘"按钮，在弹出的对话框中选择输出光盘格式为 DVD，打开光盘模板管理器，如图 6.64 所示。

图 6.64　光盘模板管理器

2. 集成文件

导入要包含到最终影片中的视频或会声会影的项目文件（VSP）。导入的视频将根据"光盘模板管理器"所指定的宽高比，对素材进行自动裁剪或变形。插入的视频可以用飞梭栏、开始标记/结束标记和导览控件来修整，并精确地编辑视频的长度。

① 单击"添加视频"按钮，如图 6.65 所示，在打开的对话框中查找视频所在的文件夹，然后选取要添加的一个或多个视频素材，单击"打开"按钮。

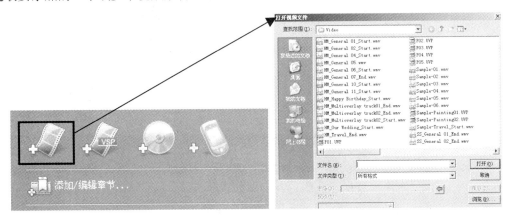

图 6.65　添加视频

② 除了添加单独的视频外，还可以添加会声会影的项目文件。单击"添加「会声会影」项目"按钮，如图 6.66 所示，在打开的对话框中找到此项目所在的文件夹，然后选取要添加的一个或多个视频项目，单击"打开"按钮。

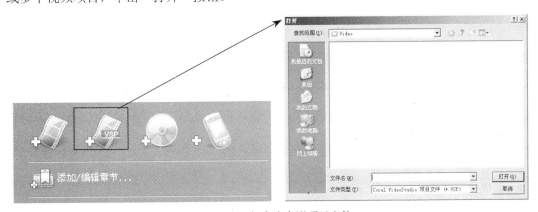

图 6.66　添加会声会影项目文件

> **Tips**　"媒体素材列表"中的素材略图有时会呈现黑色，这是因为该视频素材的起始帧是黑色的。双击该帧的画面，将飞梭栏移动到需要作为略图的场景中，在略图上单击鼠标，选取"改变略图"命令，选择需要做为缩略图的画面。

3. 添加 DVD 的章节

① 在媒体素材列表中选取需要添加章节的视频文件，单击"添加/编辑章节"按钮，在打开的对话框中最多可以为一个视频素材创建 99 个章节，如图 6.67 所示。

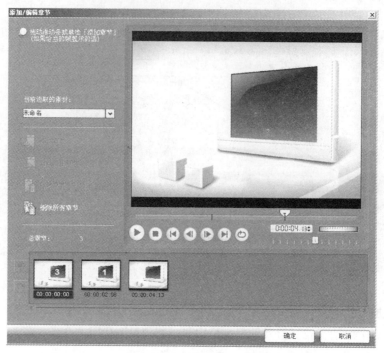

图 6.67 "添加/编辑章节"对话框

② 拖动飞梭栏，移动到要设置为章节点的场景，然后单击"添加章节"按钮。

③ 重复步骤②，添加更多的章节，也可以通过"删除章节"或"删除所有章节"按钮删除不需要的章节。

④ 单击"确定"按钮完成编辑。在本例中，我们为一个视频文件创建了 3 个章节。

4. 创建选择菜单

下面为影片创建主菜单和子菜单。会声会影提供了一系列主题菜单模板供用户选择，如图 6.68 所示。在默认情况下，会声会影将根据章节的情况自动生成所需的所有菜单，但用户一般还需要更改以下内容。

① 根据内容选择"菜单模板"。

② 双击"我的主题"文本，自定义菜单标题。

③ 单击每个视频略图下方的文字描述，修改菜单的描述。

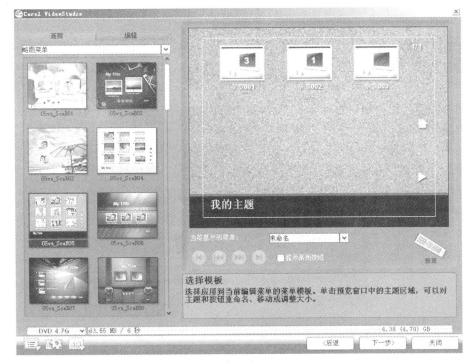

图 6.68　创建光盘的菜单

④ 修改略图图像。单击略图图像，拖动飞梭栏或直接输入时、分、秒、帧的数值，选择合适的帧，单击"确定"按钮，如图 6.69 所示。

⑤ 在图 6.68 中，单击"编辑"标签，进入"编辑"面板，如图 6.70 所示。可以选择自己喜欢的图像作为背景图像，或者选择自己喜欢的音乐作为背景音乐，另外，还有布局设置，以及菜单进入、菜单离开效果设置。

图 6.69　修改略图图像

图 6.70　"编辑"面板

⑥ 完成后，单击"下一步"按钮，预览影片。

5. 将项目刻录到光盘中

接下来将影片刻录到光盘中或在硬盘中创建光盘镜像文件。刻录面板如图 6.71 所示，本例选择刻录为 DVD，步骤如下。

① 把与影片格式相兼容的光盘插入到光盘刻录机中。

② 为输出的光盘设置卷标（最多 32 个字符）。

③ 选择光盘刻录机及与输出光盘格式相兼容的设置，如刻录速度等。

④ 单击"刻录"按钮，屏幕上出现刻录进程栏，显示目前状态为刻录状态。完成后，单击"关闭"按钮就可以了。

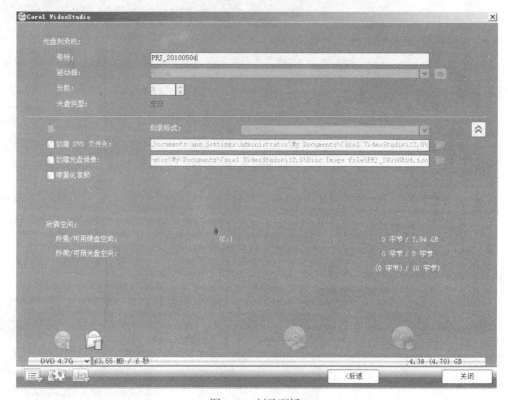

图 6.71　刻录面板

6.4　光盘刻录

多媒体信息的信息量非常大，数字化后需要占用大量的存储空间，光盘存储技术的发展大大促进了多媒体技术的发展。光盘存储系统由光盘和光盘驱动器组成。

6.4.1　光盘概述

1. 光盘的特点

光盘在存储多媒体信息方面具有记录密度高，存储容量大，采用非接触方式读/写信息，信息保存时间长，不同平台可以互换，多种媒体融合，价格低廉等特点。

2. 光盘的分类

光盘有多种分类方法，按读/写性能来分，主要分为以下 3 种类型。

（1）只读型光盘存储器

只读光盘中的数据是采用压模方法压制而成的，用户只能读取其中的数据，而不能写入数据或修改光盘中的数据。它适用于大量的、不需要改变的数据信息的存储，如各类电子出版物、工具软件等。

（2）多次可写光盘存储器

多次可写光盘允许用户一次或多次写入数据，利用刻录软件和刻录机随时向盘中追加数据，直到盘满为止。其信息写入系统主要由写入器（光刻机）和写入控制软件（刻录软件）构成。

（3）可擦写型光盘存储器

可擦写型光盘存储器 CD（DVD）-RW 具有与磁盘一样的可擦写性，可多次写入或修改光盘中的数据。

按光盘容量区分，见表 6.1。

表 6.1　光盘的分类

类　　　型		容　　　易	原　　　理·
CD		800MB	采用 780nm 波长
DVD	D5	即 DVD-5，单面单层数据，4.7GB	采用 650nm 波长的红光读/写器
	D9	即 DVD-9，单面双层，8.5GB	
	D10	即 DVD-10，双面单层，9.7GB	
	D18	即 DVD-18，双面双层，17GB	
蓝光光碟 Blue-ray Disc（BD）	单层	25GB 或 27GB	采用波长 405nm 的蓝色激光光束来进行读/写操作
	双层	46GB 或 54GB	
	4 层	100GB	

3．光盘的保护

光盘表面应采用软性笔进行书写，并保存在 CD 盒、布丁桶、织布棉套或保存匣中，同时，应采用以下措施保护刻录好的盘片，使其能长时间地使用。

① 不要把盘片放置在有强光照射的地方。

② 不要在盘片上贴标签，避免光盘在光盘驱动器中高速旋转时重心不稳，影响光盘驱动器的读取。

图 6.72　光盘驱动器

③ 防止刮伤，盘片的两面都怕刮，特别是上层的资料面，如果刮伤了会导致数据损坏。

④ 应防水防潮。必须使用专门的设备才能从光盘中读取数据，这种设备就是光盘驱动器，简称为光驱，如图 6.72 所示。不同类型的盘片应采用不同类型的光盘驱动器，常用的有 CD（DVD）-ROM 光盘驱动器和 CD（DVD）光盘驱动器。

4．光盘的容量

光盘的容量包含两个含义：一是格式化容量，指按某种光盘标准进行格式化后的容量；二是用户容量，指盘片格式化后允许对盘片执行读/写操作的容量。由于光盘外圈 6mm 区容易出错，一般不用于数据刻录，因此，光盘的用户容量小于格式化容量。

6.4.2　光盘刻录软件

一般，购买刻录机时，厂商都会附带一个正版的刻录软件供用户使用，常用的刻录软件有Video Pack、Easy CD Creator、WinOnCD、Nero 等。

1. Video Pack

Video Pack 用于在 PC 平台上创建专业的视频并烧录成 DVD、VCD、SVCD 光盘，根据向导可以容易地创建视频光盘，主界面如图 6.73 所示。

图 6.73　Video Pack 主界面

2. Easy CD Creator

Easy CD Creator 是一个光盘刻录软件，主界面如图 6.74 所示。它附带的 DirectCD 软件提供了 FileCD 功能，可以格式化 CD-RW 盘片，使 CD-RW 盘片就像 U 盘一样，不用通过刻录软件，直接在 Windows 的资源管理器中向 CD-RW 盘片添加、删除或修改文件和文件夹。

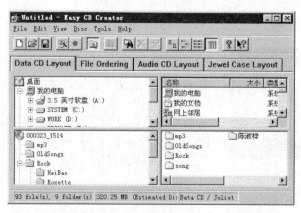

图 6.74　Easy CD Creator 主界面

3. WinOnCD

WinOnCD 是一个操作简便但功能强大的光盘刻录软件，支持多种格式的混合刻录、CD 复制、启动盘制作、自启动（Autorun）的制作等，主界面如图 6.75 所示。

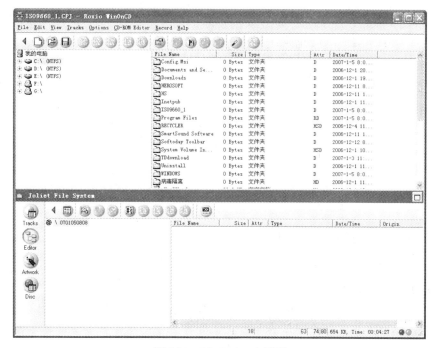

图 6.75 WinOnCD 主界面

4．Nero

德国 Ahead 公司的 Nero 是全球应用最多的光介质媒体烧录软件，它支持多国语系（包括简繁中文），刻录过程方便快捷、高速稳定，启动界面如图 6.76 所示。

6.4.3 光盘刻录注意事项及刻录技巧

1．在刻录过程中不运行其他程序

使用刻录机刻录光盘时，会消耗较多的系统资源，如果这时再运行其他程序，可能会造成数据传输不顺畅，甚至导致系统繁忙，响应迟钝或死机。因此，在刻录的过程中，尽量不要执行其他程序，同时应关闭屏幕保护程序、定时警报

图 6.76 Nero 启动界面

程序、自动拨号程序、自动访问程序及其他可能会被触发运行的程序。

2．选择恰当的速度

刻录速度太高可能会造成读/写数据不稳定，容易导致刻录数据中断，甚至损坏光盘，同时，在数据传输过程中还会产生较大的噪声，影响最终的光盘刻录效果和性能。如果刻录机和计算机主机性能一般，那么尽量不要使用太高的刻录速度。

3．保证被刻录的数据连续

刻录机在刻录过程中，必须要有连续不断的资料供给刻录机刻录到光盘片上，如果刻录机的缓冲区空缺会导致刻录失败，可以通过以下措施来预防：

① 把需要刻录的文件都存放在同一个分区中，删除分区中不需要的文件；

② 刻录前对硬盘进行碎片整理，使文件不再零散地分布在硬盘上，能被快速检索到；

③ 为了加快刻录的速度，可以先把光盘的内容刻录为物理盘片映像，再由该映像进行光盘

刻录;

④ 为了避免在刻录盘片的过程中出现数据中断，刻录前应使用 Windows 系统内置的 Scandisk 磁盘扫描程序或其他专业扫描程序进行硬盘扫描和修复。

4．刻录前关闭省电功能

通常，刻录一张光盘可能需要 20～30 分钟的时间，如果启用了省电功能，容易导致在刻录的过程中，计算机因失去响应而停止工作，从而损坏盘片。关闭省电功能的方法是：打开控制面板中的"电源管理"，在弹出的对话框中将电源使用方案设为"一直开着"，将"关闭监视器"及"关闭硬盘"两个选项均设为"从不"模式。然后重新启动计算机，进入 CMOS 设置界面，将"Power Management"中的"Power Saving"项设置为"None"，保存 CMOS 设置，再次重新启动计算机。

5．在配置较高的机器上进行刻录

尽可能在配置较高的机器上进行刻录，以确保较高的成功率。

6．刻录前最好先进行测试

刻录前先利用刻录软件进行测试，如果测试失败，应降低刻录的速度，直到故障全部被排除再正式刻录，以免产生"飞盘"（废碟）。

7．做好其他的准备工作

由于刻录工作是一项要求比较严格的工作，因此在刻录之前，应排除一切可能影响刻录不稳定的因素，包括使用杀毒软件对计算机进行杀毒，关闭光驱的自动插入通告功能，停用网络共享，减少刻录内容的路径深度等。

习题 6

一、单选题

1. 下列数字视频中，质量最好的是（　　）。

　　A. 160×120 分辨率、24 位颜色、16fps 的帧率

　　B. 362×240 分辨率、30 位颜色、30fps 的帧率

　　C. 362×240 分辨率、30 位颜色、26fps 的帧率

　　D. 640×480 分辨率、30 位颜色、30fps 的帧率

2. （　　）标准适用于数据传输速率为 1.6Mbps 的数字存储媒体运动图像及伴音编码。

　　A. MPEG-1　　　　　　B. MPEG-2　　　　　　C. MPEG-3　　　　　D. MPEG-4

3. 如果将 PC 中的视频信号输出到电视机上，需要增加一块（　　）。

　　A. 视频采集卡　　　　B. 视频压缩卡　　　　C. 视频输出卡　　　　D. 电视接收卡

4. CD 光盘的最小存储容量是（　　），DVD 光盘的最小存储容量是（　　）。

　　A. 660MB　　　　　　B. 740MB　　　　　　C. 4.7GB　　　　　　D. 17GB

5. 下面关于数字视频质量、数据量、压缩比的关系的论述，（　　）是正确的。

① 数字视频质量越高，数据量越大

② 随着压缩比的增大，解压后数字视频质量开始下降

③ 压缩比越大，数据量越小

④ 数据量与压缩比是一对矛盾

　　A. 仅①　　　　　　　B. ①②　　　　　　　C. ①②③　　　　　　D. 全部

6. CD-RW 光盘是由（   ）组成的。（本题多选）

A. 保护层　　　　　B. 标签层　　　　　C. 反射层　　　　　D. 染料层

E. 塑料层　　　　　F. 双面单层　　　　G. 双面双层　　　　H. 透明盘基层

二、简答题

1. 什么是视频？简述视频图像的数字化过程。

2. 简述主要有哪些常用的视频格式文件，它们各有什么特点？

3. 简述有哪些常用的屏幕截取软件，它们如何使用？

三、操作题

1. 利用 SnagIt 屏幕截取软件进行屏幕视频的截取。

2. 利用会声会影软件把照片或图片编辑为一个影片，要求影片具有背景音乐、标题字幕，添加转场效果、滤镜效果，并制作 DVD 光盘菜单，刻录为光盘镜像文件。

第 7 章 思 维 导 图

7.1 思维导图概述

7.1.1 思维导图的背景介绍

思维导图（Mind Mapping）是英国学者托尼·巴赞（Tony Buzan）在 20 世纪 70 年代初期所创的一种使得人类更有效地利用大脑的笔记方法。托尼·巴赞经过多年的研究，结合他在心理学、大脑神经生理学、语义学、神经语言学、信息理论、记忆和助记法、感知理论、创造性思维及普通科学等多门学科方向的深入学习，发现思维导图对人类有效地利用大脑的作用非常巨大。

在相关的研究中，研究者用线性文字记录法和图示记录法分别记录同一内容的笔记，以此来测试大脑对两种不同的笔记记录方法的记忆效率。研究者从实验结果中得出结论——通过丰富的图示、颜色等可以刺激大脑记忆，用此类方法整理的笔记可以大大提高大脑的记忆效率。

同时，托尼·巴赞发现整体概念有助于大脑记忆，大脑所寻求的完整内置倾向可以通过思维导图的结构得到满足。从人类智力发展史的角度来看，托尼·巴赞认为，人类智力发展史可以看做大脑寻求与自己进行交流的最佳办法的历史：人类从使用符号作为表达语言开始，到使用文字作为表达语言，再到发现将文字与符号相互结合产生更具有魅力的表达方式——思维导图。关于思维导图，托尼·巴赞强调的是放射性思维的应用。实践证明，人类学习和收集数据的方法越集中，思维就越具有放射性，语言表达组织就越好，学习本身也显得越容易。

7.1.2 思维导图与概念图

1. 思维导图与概念图的概念

思维导图是一种与传统的直线记录方法完全不同的笔记方法。它以关键词和直观形象的图示建立起各个概念之间的联系，是表达放射性思维的有效的图形思维工具。

概念图最早是在 20 世纪 60 年代由美国康乃尔大学的 Joseph D.Novak 博士等人根据奥苏贝尔的有意义学习理论提出的，但这一概念名词的确定却是在 20 世纪 80 年代。概念图是一种用节点代表概念、连线代表概念间关系而形成的关于该主题的概念或命题网络，是用视觉再现知识结构、外化概念和命题的一种图示法。

2. 思维导图与概念图的联系

其实，思维导图与概念图在帮助人们分析问题、整理思路等方面都起到了积极、有效的作用，可以使人们的思维过程可视化，相对于传统的文字说明，图形化的表达方式更加卓有成效。另外，MindManager、Inspiration 等用来制作思维导图的软件同样可以运用到概念图的制作当中，两者使用的制作软件没有非常明显的界限。

因此，在实际的应用过程中，应用者大多模糊了思维导图与概念图的定位，即概念图主要用于概念的整理，而思维导图更多用于思维的扩散，而把它们综合起来加以运用，展示自己的思路、对问题理解的认识和看法等。由于思维导图的应用比概念图更广，形式也更灵活，因此，本章以思维导图为例进行介绍。

7.1.3 思维导图的用途

美国波音公司把思维导图用于波音 747 飞机的设计。波音公司是这样描述的：如果使用普通的方法，设计波音 747 飞机这样一个大型的项目要花费 6 年的时间；但是，通过使用思维导图，工程师只使用了 6 个月的时间就完成了波音 747 飞机的设计！并节省了 1000 万美元。因此，美国波音公司 Mike Stanley 说："使用思维导图是波音公司的质量提高项目的有效组成部分之一"。

德国惠普医疗产品的高级经理 Jean Luc Kastner 说："我们的课程建立在思维导图的基础上，这帮助我们获得了有史以来最高的毕业分数。思维导图教学必然是未来的教学工具"。

目前，思维导图已在哈佛大学、剑桥大学等知名学府被广泛运用于教与学中，国内的部分高校也开设了"思维导图"或"学习方法与学习技术"之类的课程，提升学生的学习效率，培养创新思维能力。在企业中，思维导图更多用于帮助员工提升思考技巧，增进记忆、组织与创造力，提升绩效。因此，很多人也把思维导图称为"瑞士军刀般的思维工具"。

思维导图在我们的生活、学习和工作等很多方面都可以应用。它是一个在不断地发展和完善的工具，同时也是一门在不断精炼和提高的技术。在托尼·巴赞的《思维导图——放射性思维》一书中，把思维导图的用途分为个人用途、家庭用途、教育用途及商业用途。下面，我们归纳了这 4 个用途中相似的应用，并列举一些例子说明思维导图的应用。

① 笔记（阅读、课堂、学习、面试、演讲、研讨会、会议记录等需要记录要点时）：接收信息时，用思维导图作记录，将要点以词语的形式记下，把相关的意念用连接线连接起来，加以组织，方便记忆。在绘制思维导图的过程中，可以帮助了解并总结信息。思维导图的一个重要的好处是，无论信息表达的顺序如何，都能将之放置在适当的位置上。

② 温习（预备考试、预备演说等需要加深记忆时）：将已知的资料或意念从记忆中以思维导图画出，或将以往的思维导图重复画出，通过思维导图帮助加深意念，使意念更清楚，记忆更深。

③ 小组学习（小组讨论、家庭计划等需要共同思考时）：首先由各人分别画出已知的资料和意念，然后，在共同讨论时，将各人的思维导图中的重点提取出来进行加工合并，最后重组成一个新的思维导图。在共同思考时，可以产生许多创新的意念，在这一过程中，每个成员的意见都被考虑，提升团队归属和合作效率。

④ 创作（写作、学科研习、水平思维、新计划等需要创新时）：首先将所有意念都写下来，无论理解与否和对错与否，然后对它们进行考虑后筛选，重新组织和合并，最后再对形成的思维导图进行修改。在这一过程中，有助于我们把大量的意念联系起来，产生新的意念。

⑤ 选择（决定个人行动、团队决议、设定先后次序等需要做出决定时）：当有多个意念需要我们去选择的时候，思维导图可以帮助我们更全面及清晰地理解问题，首先将需要考虑的因素、可行性等用思维导图画出来，当结构清晰明了之后，再将所有的因素结合自身实际加以权衡，做出决定。例如，学校学生会组织三下乡活动，有多个下乡地点和不同的主题提供选择。这时，可以利用思维导图将各个选择的有利因素、不利因素以及可行性分析画出来。然后再根据学院的实际情况和参加学生的技能、意愿等方面进行权衡，选出最佳方案。

⑥ 展示（演讲、教学、推销、解说、报告等需要向别人说出自己想法时）：当需要向别人讲解自己的想法时，思维导图可以帮助我们预先清楚自己的构思，让我们在演说时更具有组织性和更容易记忆。

⑦ 计划（个人计划、研究计划、问卷设计等需要行动前思考时）：当我们要进行计划时，思维导图可以帮助我们将所有要留意的意念罗列出来，再组织成清楚的、有目标的计划。

7.2　制作思维导图的思路

首先，应熟悉了解所要形成的思维导图的主题内容，在头脑里面形成一个整体的雏形。一般来说，可以按照以下步骤整理自己的思路。

第 1 步：将中心主题置于中央位置，整个思维导图围绕这个主题展开。

第 2 步：大脑不受任何约束，围绕主题进行思考，画出各个分支，及时记下瞬间闪现的灵感。

第 3 步：留有适当的空间，以便随时增加内容。

第 4 步：整理各分支内容，寻找它们之间的关系，并且要善于运用连线、颜色、图形等。

第 5 步：利用图像库增加思维导图的视觉表现力。

在思维导图制作思路的整理过程中，还应遵循以下原则。

① 突出重点。为了改善记忆和提高创造力，在思维导图中应该强调重点。突出重点的方式很多，首先要尽量多地使用图像，不仅要在中心主题中应用图像，其他分支也要尽可能多地使用图像。图像可以吸引眼睛和大脑的注意力，可以触发无限的联想，是帮助记忆的一种极有效的方法。除了图像之外，还可以通过颜色的填充和不同层次的设置来强调重点。

② 发挥联想。联想也是改善记忆和提高创造力的重要因素，它是大脑使用的另一个整合工具，是记忆和理解的关键。用于联想的方法也能用于强调重点。例如，使用箭头来引导眼睛，从而引起联想。

③ 清晰明白。明白清晰的思维导图能够增加美感，增强感知力。因此，分支上最好使用关键词，使用能够表达相应含义的图形。

④ 形成个人风格。在上述基础之上，每个人能够画出自己的思维导图，逐渐形成自己的个人风格。具有个性的思维导图充分显示出思维导图创作者的大脑工作成果。

7.3　制作思维导图的方法

7.3.1　利用在线思维导图网站

通过在线网站制作的方式免去了搜索、下载和安装软件环节，直接登录网站就可以制作思维导图。随着网络的迅速发展，网上协作越来越重要，在线制作可以邀请其他人一起协作创作和分享作品；大部分的网站也同时支持常用的思维导图制作工具的文件格式。以下是几个常用的网站。

① http://www.imaginationcubed.com：登录网站后，鼠标指针会变成画笔，网页就是一张白纸，任思维随着画笔在纸上舞动，如图 7.1 所示。

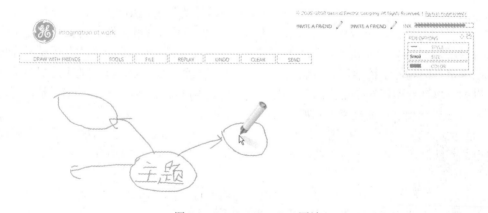

图 7.1　Imaginationcubed 网站

② http://www.bubbl.us：是一个在线 Flash 工具，其创作方法类似于上面介绍的思维导图工具。

③ http://mind42.com：支持可定制的组织结构图的创建，同时集成了 Google 的在线聊天工具（Google Talk）。

④ http://www.mindmeister.com：是一个利用 AJAX 技术构建的在线思维导图制作工具，完全支持中文及 Blog 的发布，集成 Skype 语音聊天工具。

7.3.2 利用传统的画图方式

思维导图是一种方法，即便没有计算机，在纸张、黑板、白板上也可作图。目前，很多都采用纸张画图的方式来制作思维导图，但由于没有计算机自动生成的功能，因此，在方法上会有所区别。

（1）材料准备：包括 A4 或更大的白纸、不同颜色的软芯笔和涂色笔、铅笔、钢笔。

（2）确定主题：把纸横放，把主题放在纸的中心，形成中央图。

（3）扩散分支：使用不同的颜色标注分支。

（4）注意事项：

① 多用代码，节省记录空间；

② 多使用关键词，并记录在相应线条的上方；

③ 层次感要分明，最靠近中间的线最粗，越往外延伸的线越细，相应地，最靠近中心图的字最大，越往后面的字越小；

④ 多使用环抱线把大的、多的分支包围起来，使整幅思维导图整洁美观；

⑤ 如果分支是有顺序的，则用数字标明。

7.3.3 利用思维导图制作工具

这也是目前最常用的一种思维导图制作方法。

1. MindManager

MindManager 常被应用到教育与商业当中，其界面相对比较中规中矩，所形成的图表以树形图表为主，配有相当数量的表情标记，可输出为 JPG、BMP 等图像文件格式，或直接输出为 PPT、DOC、HTML、PDF 等文档形式。

2. MindMapper

MindMapper 是除了 Mindmanager 之外，与托尼·巴赞在《思维导图》一书中所描写的思想较为相符的另一个软件工具。该软件的界面及功能的使用与 MindManager 有相似之处，如图 7.2 所示。相对于 MindManager，它拥有更多的图表风格，可以让使用者根据自身不同的需要选择不同风格的图表。同时，它的符号图标也较 MindManager 丰富，表情标记更加形象生动；支持动态 GIF、节点图片、甘特图（Gantt Chart）、组织结构图，以及其他各种样式的图。MindMapper 与 Microsoft Office 一系列产品结合，提供相互导入/导出的功能。

3. Inspiration

Inspiration 也称"灵感"，如图 7.3 所示，其界面简单，软件易用，应用面广，分别有大纲视图与图表视图两种表现形式。Inspiration 提供了丰富的素材库，包括各种基本图形、数字、艺术、科学、文化、地理、食品、健康、人物、技术及娱乐等 1300 多种彩色静态或动态的符号图标。这些素材库的使用非常简单，只需拖动出来，输入文字，就可以形成一个节点。另外，用户还可以自己添加创建和导入新的素材到素材库中。Inspiration 主要利用丰富的图标及色彩来帮助提高注意力，同时还具有其他软件所没有的闪电记忆功能，能够通过这一功能快速创建分支，方便制作者把瞬间想到的事情记录下来。利用 Inspiration 的链接功能，使用者可以通过简单的设置轻松地链接到某一个不易被导入进来的媒体形式、程序或互联网上的资源。

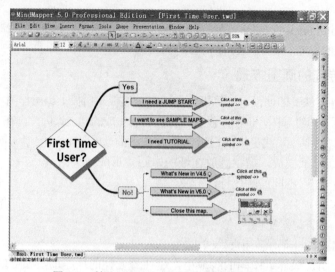

图 7.2　利用 MindMapper 进行思维导图的制作

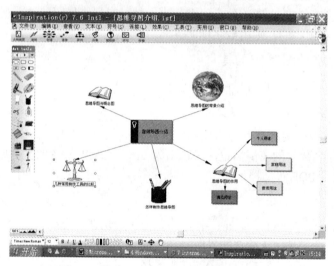

图 7.3　利用 Inspiration 进行思维导图的制作

以上三种工具都有其共通之处。由于 MindManager 功能相对强大，使用方便，是目前较常用的思维导图工具，也是本章主要介绍的软件。下面就以 MindManager 7.0 为例，讲解思维导图的设计与制作。

7.4　利用 MindManager 制作思维导图

7.4.1　MindManager 的界面

在开始动手制作之前，先总体了解一下 MindManager 的界面。

在 Windows 操作系统中安装好 MindManager 7.0，从桌面双击 MindManager 图标，或选择菜单命令"开始"→"程序"→"MindManager"，打开软件，如图 7.4 所示。软件的主要功能都列在顶部的功能区中。在工作区中，用户在制作时可以自己组织和排列各种可视化的信息。

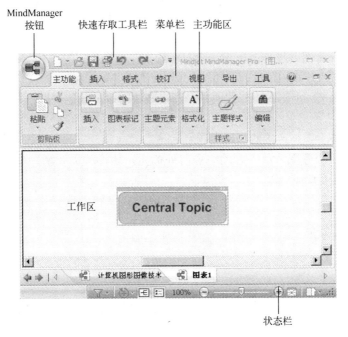

图 7.4　MindManager 的界面

1．MindManager 按钮及快速存取工具栏

单击 MindManager 按钮及快速存取工具栏可以进行打开、保存、导入导出或者打印操作，也可以查看与文档处理相关的内容。

2．主功能区

主功能区中放置了 MindManager 的常用功能按钮，包括插入、图表标记等，可以根据需要设置思维导图的格式等。例如，可以进行插入图像或超链接、设置主题样式、改变字体的大小和颜色、改变字体的格式等操作。

3．菜单栏

与其他计算机软件一样，MindManager 把相对集中的功能放在相同的菜单中，便于应用和编辑。

7.4.2　制作思路

利用 MindManager 制作思维导图的基本思路如图 7.5 所示。

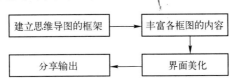

图 7.5　利用 MindManager 制作思维导图的基本思路

7.4.3　制作思维导图示例

下面，以本章的内容为主题，利用 MindManager 制作思维导图。

1．建立思维导图的框架

（1）创建一张新的思维导图

运行 MindManager 软件。单击 MindManager 按钮，选择"新建"→"默认图表"命令，建立一张新的思维导图，并保存文件，思维导图文件的扩展名是.mmap。

（2）输入中心主题内容

打开 MindManager 时，工作区的中央会显示出一个主题框，默认为 Central Topic，即整个思维导图的中心主题。选择该主题框，直接输入文字："第 7 章 思维导图"，作为中心主题。修改主题内容时，把鼠标光标定位在需要的地方，直接修改即可。其他主题框图内容的输入及修改方法也是一样的。

（3）添加与中心主题相连接的一级主题

主题需要向外扩张分支，从主题的中心向外扩充，这样就需要增加与中心主题相连接的一级主题。其方法主要有以下三种。

图 7.6　利用工具栏中的按钮添加
思维导图的主题

① 选中当前中心主题，选择"主功能"→"主题"，或选择"插入"→"主题"命令（见图 7.6），添加已经建立好互相连接的一级主题框。

② 在空白处双击，也可以添加一个已经建立好连接的一级主题框。

③ 选中当前中心主题，按 Enter 键，添加一级主题框。这是最简便和最常用的主题框添加方法。

在本例中，采用方法③，输入"思维导图概述"、"制作思维导图的思路"、"制作思维导图的方法"和"利用 MindManager 制作思维导图"4 个次主题，并自动建立与中心主题的连接。

（4）添加下一级主题

添加二级或更下一级主题时，首先选择需要添加下一级主题目的主题框图，接着使用下面两种方法之一：

① 选择"主功能"→"子主题"或"插入"→"子主题"，添加已经建立好互相连接的下一级的主题框；

② 按 Ctrl+Enter 组合键或 Delete 键，在当前主题下添加已经建立好互相连接的下一级的主题框图。这是最简便和最常用的子主题框添加方法。

我们采用方法②中的按 Delete 键，建立起主要框架，如图 7.7 所示。

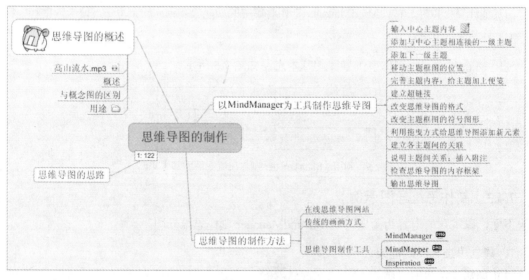

图 7.7　主要框架

（5）移动主题框图的位置

父主题与子主题之间通过一条线连接。如果需要调整子主题框的位置，则把鼠标指针放在连接线的末端处，当末端出现"＋"标记时，拖动"＋"标记即可移动主题框，如图 7.8 所示。

图 7.8　调整子主题框的位置

2. 丰富各框图的内容

（1）完善主题内容：给主题加上便笺

在图表视图中，为每个符号框图加入便笺是非常有用的。这些便笺允许使用者拓展自己的思想，如果在写作过程中能够坚持用这种可视化方式思考，那么，所加入便笺就是写作过程的开始。

首先，先选中主题的框图，选择"主功能"→"便笺"命令，在编辑窗口右侧出现主题便笺的输入窗口，其内容一般是对该主题的解释，形式可以是一段文本，或链接某个文件，或一些图片、表格等，或这些内容的组合。输入完毕后，主题框图的右侧会出现一个 图标，表示该主题还有扩展的内容。当鼠标指针移动到该图标上时，在主题框图的下方会出现便笺的内容，单击则出现注释编辑窗口；如果思维导图以网页形式输出时，则单击该主题节点就会在网页上显示相应的内容。

如图 7.9 所示，在便笺中加入了一张图片、一段解释文字及一个 Word 文档。

图 7.9　完善主题内容：给主题加上便笺

（2）建立超链接

如果希望通过单击三个思维导图制作工具弹出其相应的界面图片，便于比较各个软件的界面，则可以通过建立超链接的方式来实现。例如，选中图 7.7 中的 MindManager 主题框图，选择"主功能"→"超链接"命令，在弹出的"添加超链接"对话框中，选择相应的界面图片，单击"确定"按钮就可以完成超链接的设计。这时，主题框图内会增加一个小图标 ，双击该图标可以显示出所链接的图片。

再次单击"超链接"按钮，则出现超链接的编辑窗口，可以重新选择图片或删除超链接。

3. 界面美化

（1）改变思维导图的格式

改变思维导图的格式包括改变主题框图的形状、排列方式、边框线条等。一般来说，主题框应跟随主题的不同而稍做样式的改变，以迎合不同主题内容的需求。操作步骤是：选中要编辑的主题，双击主题框（或单击"格式"菜单里的相应选项），打开"格式化主题"对话框，对主题框的形状、颜色、线条大小等进行设计，如图 7.10 所示。

（2）改变主题框图的符号图形

与思维导图的格式一样，主题框图也可根据不同的主题内容采用不同的符号样式，一般选择"主功能"→"图像"→"从图库插入图像"命令，如图 7.11 所示。这时，"图库"编辑窗口会在屏幕右侧出现，并列出系统提供的图库，供用户选择。

图 7.10　改变思维导图的格式　　　　　图 7.11　改变主题框图的符号图形

为了让思维导图看起来更加丰富多彩、直观，并且让人印象深刻，应为各个符号图框填充不同的颜色，根据需要更换不同的符号图形。

替换图形的方法也很简单，只需要选中想要替换为其他符号图形的符号图框，在符号控制面板中选择合适的符号图形，该符号图形就直接替换原有的符号图形。

MindManager 提供了 1300 个彩色的常用符号图形，其中包括几百个高品质的图像和动画符号图形，这些符号框图被分门别类地放置在图库中，如图 7.12 所示。如果觉得图库中的图形图像不满足要求，用户还可以使用外部的图形图像文件。

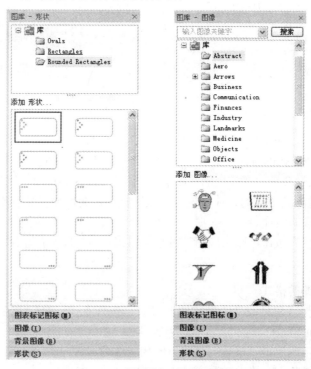

图 7.12　选择图库中的图形图像

（3）利用拖曳方式给思维导图添加新元素

① 增加特殊的符号框图。在上面的图库中，单击选中某个符号框图，按下鼠标左键并拖动它到工作区中，然后释放鼠标左键，所拖动的符号将单独形成一个与任何其他符号框图没联系的独立的符号框图。

② 把 Windows 文件夹作为主题。拖动"我的电脑"中的文件夹或 Word 文档、声音等文件，放进思维导图中，每一次拖动的内容会直接形成一个主题框图。在图 7.7 中，用这种拖动的方法引用了一段音乐，在思维导图中出现"高山流水.mp3"文件的主题框图；若引入的是文件夹，则形成该文件夹的主题框图。

（4）建立各主题间的关联

当用户想增加一种想法，但又不能确定它适合的位置时，可利用 MindManager 自动创建一个显示输入文本内容的主题框，即通过选择、输入的方式很容易地建立独立的浮动主题框，该主题不与任何主题有联系。例如，通过功能区插入一个浮动的主题，如果想让它与中心主题等产生关联，则拖动浮动主题到中心主题附近待其产生关联放开即可；或者通过添加"关联"按钮进行操作，结果如图 7.13 所示。

图 7.13　建立各主题间的关联

（5）说明主题间关系：插入附注

附注的插入方法与其他主题插入的方法相同，选择"主功能"→"附注"命令，就可以进行插入操作，如图 7.14 所示。附注主要用于说明主题间的关联关系。

图 7.14　说明主题间关系：插入附注

（6）检查思维导图的内容框架：思维视图转换为概要视图

MindManager 提供了类似于 PowerPoint 的大纲视图功能，单击状态栏中的"概要视图"按钮，可以将默认的"图表视图"转换为"概要视图"显示，原来的符号框图及其注释的内容会以大纲的形式按结构逐层展现，在转换过程中不会丢掉任何思想间的关系，便于进行顺序调整和文字修改。

4．分享输出

MindManager 有多种导出功能，包括图片、PDF 文件等，还可以输出为 EXE 可执行文件，还有一个常用的网页输出功能。制作好思维导图后，通过菜单"导出"→"导出为网页"，打开"另存为网页"对话框，如图 7.15 所示。从中选择系统预定的各类网页模板，发布为网页，或输出为 SWF 格式的 Flash 文件，这时，思维导图及其中所有的便笺及链接等都会以网站的形式发布出来，直接可以发布到服务器中。

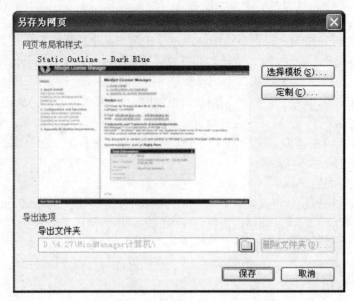

图 7.15　思维导图导出为网页

习题 7

一、简答题

1. 什么是思维导图？

2. 思维导图的常见的制作方法有哪些？

3. 思维导图的制作思路是什么？

二、操作题

请自己选择一个主题（可以是某门课程的某个学习内容、工作上开展的某个项目等），用思维导图制作工具画出其思维导图。

第 8 章 电 子 杂 志

8.1 电子杂志概述

8.1.1 电子杂志的定义

电子杂志，又称网络杂志、互动杂志，通常指完全以计算机技术、电子通信技术和网络技术为依托而编辑，甚至出版和发行的杂志，一般以 Flash 为主要载体独立于网站存在。电子杂志延展性强，朝着可移植到 PDA、MOBILE、MP4、PSP 及 TV（数字电视、机顶盒）等多种个人终端进行阅读的方向发展。

电子杂志起源于 20 世纪 80 年代中期的 BBS（论坛）热潮，90 年代初期在中国开始发展。电子杂志是随着计算机事业的迅速发展，特别是由于计算机进入多媒体世界和网络世界而出现的一种新型的阅读物。相当一部分的电子杂志具有纸质出版物的属性：有固定的栏目、按顺序连续出版；像《科学》、《国家地理杂志》等相当多的纸质出版物同时发布其电子杂志版本，有免费的，也有付费的。

8.1.2 电子杂志的优势

首先，电子杂志是机读杂志，可借助计算机惊人的运算速度和海量存储，极大地提高信息量。

其次，在计算机智能化查询功能的帮助下，使人们在信息的海洋中快速找寻所需内容成为可能。

再者，在表现形式上，电子杂志融合了图像、文字、声音、视频、游戏等多媒体元素，同时具备超链接、互动等交互性强的网络元素。

另外，电子杂志的出现打破了以往杂志的发行、传播形式，也打破了人们传统的时空观念，它将更加贴近人们的生活，使人与人之间思想、感情的交流更密切，能更好地满足新时代人们对文化生活的更高要求。

8.1.3 常用的电子杂志制作软件

目前，用于制作电子杂志的软件比较多，以下是常用的电子杂志制作软件。

1．iebook

iebook 软件是飞天传媒于 2005 年 1 月正式研发推出的一款免费的互动电子杂志平台软件。它以具备影音互动的数字内容为表现形式，集数码杂志发行、派送、自动下载、分类、阅读、数据反馈等功能于一身，适合专业的电子杂志制作公司、广告设计型和网络营销型公司或者个人使用，其界面如图 8.1 所示。

2．诺杰数码精灵

诺杰数码精灵是专门制作电子杂志的软件，有即点即得的演示效果，支持图片、声音、动画、视频等多种媒体格式，可以修改 ico 图标、底色，添加标题、文字、附件、闪屏、片头动画等，支持数据的批量导入。其界面如图 8.2 所示。

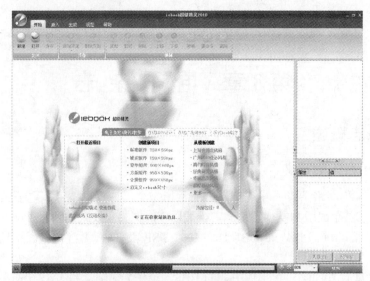

图 8.1　iebook 界面

图 8.2　诺杰数码精灵界面

3．数码设计魔术手

数码设计魔术手是一款简单易用的电子杂志、个性化电子书、电子相册设计软件。它可以将图片、声音、文字、Flash 动画等加入到可执行文件中，用户无须安装其他程序即可阅读，且不会产生任何临时文件。

4．COOZINE（XBOOKSKY）

COOZINE 把阅读及低成本批量制作作为首要追求目标。因此，它提供一些协助处理工具软件，方便批量的处理；帮助文档较详细；还提供了演示下载包，稍作修改即可制作成品。

5．ZineMaker

ZineMaker 电子杂志制作软件是国内使用率较高的免费电子杂志制作软件，适合专业的电子杂志制作公司或者个人使用。ZineMaker 自带多套精美的 Flash 模板和 Flash 页面特效，让更多普通用户也能一起制作属于自己的电子杂志。从界面上看，类似视窗系统的界面风格更符合用户习惯，操作简单易学，用户可以迅速掌握使用。从输出上看，除了能直接生成独立的（绿色）EXE 文件，还提供全新在线发布功能，只需简单几步就可以把杂志发布到网上，在线观看。

电子杂志发展速度非常快，除了这里介绍的外，还有 PocoMaker（魅客）、ZCOM 等很多优秀的电子杂志制作工具，因篇幅关系不一一介绍。在本章中，选用 ZineMaker 2007 来介绍电子杂志的制作过程。

8.2 ZineMaker 电子杂志制作工具

8.2.1 ZineMaker 的安装

下载完 ZineMaker 2007 中文版后，直接双击安装文件进行安装。由于 ZineMaker 的安装目录位置非常重要，因此，一般采用默认的安装路径，即 C:\Program Files\Xplus\ZineMaker 2007，根据系统提示逐步完成软件的安装。

安装完 ZineMaker 后，会发现安装目录下有 7 个文件夹，见表 8.1。由于这些文件夹用于存放不同的内容，与 ZineMaker 的使用有很大的关系，因此，需要了解该软件安装目录下的每个文件夹的作用，以便以后制作时能找到自己想要的资源。

表 8.1　安装目录下的文件夹

文 件 夹	说　　明
Designing	存放字体和按钮的 Flash 源文件。修改源文件能制作出不同效果的按钮
Effect	存放动画特效。执行"文件"→"导入特效"命令，把文件夹中的 SWF 动画或 efc 文件导入为特效
Help	存放帮助文档
Music	存放导入的 MP3 音乐文件。执行"文件"→"导入音乐"命令导入
Startup	存放启动动画
Template	存放模板，包括系统自带的目录模板、视频模板、图文模板，以及用户自己建立的模板类型与模板
Video	存放 FLV 视频文件。执行"文件"→"导入视频"命令导入

8.2.2 ZineMaker 简介

1. ZineMaker 的启动和退出

开机进入 Windows XP 后，单击任务栏的"开始"按钮，在弹出菜单中选择"所有程序"→"ZineMaker 2007"命令，启动 ZineMaker。执行"文件"→"退出"命令（或快捷键 Ctrl+Q）或单击应用程序窗口右上角的"关闭"按钮，退出 ZineMaker。

2. ZineMaker 的窗口组成

ZineMaker 程序窗口主要由菜单栏、工具栏、项目窗口、显示窗口、编辑窗口和状态栏等组成，如图 8.3 所示。应用 ZineMaker 制作电子杂志时，主要的操作都可以在编辑窗口和项目窗口中完成。

（1）菜单栏

菜单栏包括文件、编辑、项目、生成、查看、帮助 6 个菜单项。单击这些菜单项可打开相应的下拉菜单，每个下拉菜单中都包含一系列命令，单击命令执行相应的操作。

（2）工具栏

工具栏中的各个工具均取自菜单，是重要的、常用的菜单命令的便捷呈现，在制作过程中经常使用。各工具栏图标的作用见表 8.2。

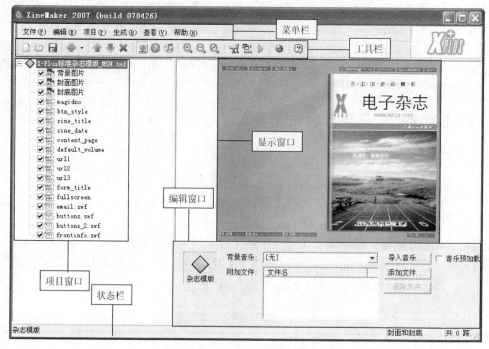

图 8.3　ZineMaker 程序窗口

表 8.2　工具栏各图标的作用

图　　标	文 件 夹	说　　明
	新建杂志	创建一本新的杂志
	打开杂志	打开已保存的电子杂志项目文件，后缀名为.mpfx
	保存杂志	保存正在制作的电子杂志
	添加项目	选择模板添加到页面中，包括模板页面、Flash 页面和图片页面
	页面上移	在左侧的项目窗口中选择要移动的页面，单击该图标向上移动页面
	页面下移	在左侧的项目窗口中选择要移动的页面，单击该图标向下移动页面
	删除页面	在左侧的项目窗口中选择要删除的页面，单击该图标删除页面
	图片方式查看	在图片查看方式下，只显示模板的图片，但插入杂志中的 Flash 页面仍以 Flash 形式表现
	动画方式查看	在动画查看方式下，可以边修改杂志页面边查看其动画效果，但会占用较多的系统资源
	播放背景音乐	选中该项，编辑电子杂志时可以即时听到当前页面的背景音乐
	放大	查看时将显示窗口的图片放大
	缩小	查看时将显示窗口的图片缩小
	实际大小	查看时将显示窗口的图片以生成后的实际大小呈现
	杂志设置	对杂志的基本信息进行修改。这一软件中比较重要的功能是确定是否需要启动画面。启动画面是一个单独的 Flash 文件，默认使用 ZineMaker 自带的启动画面，也可以自己添加个性化的启动画面
	生成杂志	生成 EXE 文件
	预览杂志	在杂志制作过程中对杂志进行预览，查看杂志制作效果
	发布我的杂志	将杂志发布到网上可以在线观看
	帮助主题	包含 ZineMaker 的帮助信息

（3）显示窗口

显示窗口是显示当前编辑的项目效果的区域，它的显示效果与工具栏中的查看方式（图片和动画两种）有关。

（4）项目窗口

当前打开或新建的杂志文件里的所有项目，包括模板、Flash、图片页面等，都显示在项目窗口中，选择任意一个项目里的文件，显示窗口就会显示出该文件的内容。

（5）编辑窗口

对当前选择的项目文件的编辑处理，如替换项目图片、添加背景音乐、添加页面特效、设置特效属性、改变背景颜色、代码变量的设置等。

（6）状态栏

状态栏位于窗口的底部，用于显示当前编辑的项目文件的各种信息。左侧显示项目文件的性质，右侧显示整个项目的跨页数。

8.3 ZineMaker 的模板[①]

为了能更简单地让用户制作出精美的电子杂志，ZineMaker 开发团队制作了一些包含文本、图片、动画、视音频等元素的模板，用户只需要根据软件提供的按钮或选项，替换元素或修改其中的变量，达到个性化的目的。展开模板后所看到的所有选项均称为元素，用户可以根据需要控制这些元素的显示与隐藏，以及改变元素的内容。因此，利用模板制作出来的电子杂志不仅漂亮，其制作过程也灵活、简单且易于掌握。

8.3.1 ZineMaker 模板的分类

根据用途的不同，ZineMaker 模板分为两大类：杂志模板和页面模板（也叫模板页面）。当然，也可以不使用模板，直接添加 Flash 文件或图片作为电子杂志的内页。

1. 杂志模板

杂志模板是杂志的外壳，通常包括封面、封底、背景音乐及杂志信息的设置，就像一本杂志的封面和封底一样，我们将在 8.4 节中详细介绍。杂志模板是在新建杂志时建立的。

2. 页面模板（模板页面）

一本杂志除了封面和封底外，更多的是里面的内容，这时就要采用页面模板。页面模板一般放在杂志模板的下一级，作为杂志的内容。可以执行"项目"→"添加模板页面"命令添加到 ZineMaker 中。

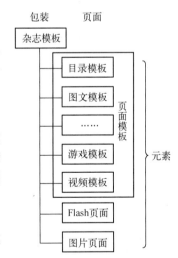

图 8.4 电子杂志的模板结构

根据页面所显示内容的不同，常用的页面模板有以下 4 种。

① 目录模板：一般是杂志模板下的第一个页面模板，用于建立该电子杂志的目录，如图 8.5 所示。

② 图文模板：提供图片区域和文字区域，是使用最多的一种模板，如图 8.6 所示。也有专用于图片展示的图片模板，或专用于文字编辑的文字模板。

③ 视频模板：在左侧的项目窗口中展开视频模板，可替换播放的视频，如图 8.7 所示。视

---

① 编辑注：Zine Maker 中文版软件中使用的"模版"一词不恰当，应为"模板"。

频文件较多使用 FLV 文件格式。

④ 游戏模板：用于设计问答、互动游戏等，如图 8.8 所示。

图 8.5　目录模板

图 8.6　图文模板

图 8.7　视频模板

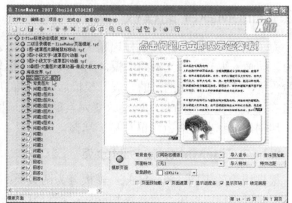

图 8.8　游戏模板

8.3.2　模板的获取

1．系统自带模板

系统自带模板由 ZineMaker 默认安装完毕后自动形成，存放在安装路径下的 templete 文件夹中。在 template 文件夹中，按模板的用途不同建立不同的子文件夹用于分类存放，这些子文件夹可重新命名或新建。

2．从 Internet 下载

虽然 ZineMaker 提供了部分模板，但实际制作时仍然不能完全满足需要，特别是当杂志的内容较多，同时又想针对不同的内容使用不同的表达形式时。ZineMaker 的用户群十分庞大，不少电子杂志爱好者制作了丰富的风格迥异的精美模板。因此，可以从 Internet 下载更多的模板以丰富杂志的形式。本章例子中所使用的大部分模板，均是通过搜索引擎搜索或从 ZineMaker 的官方网站中下载获得的，大家可以根据模板的名称自行下载或在本教材所提供的网址中下载。

3．自行制作

模板带来了方便也带来了制约，例如，下载的目录模板仅包括 4 个子目录，但用户却需要 5 个子目录，这时，只能重新下载其他的模板。因此，熟悉 Flash 的用户更愿意自己开发模板，或利用 ZineMaker 模板制作器等工具对下载的模板进行二次开发。

8.3.3 ZineMaker 模板的安装

除系统自带的模板外，其他模板都需要用户自行安装，其安装方法主要有以下两种。

1. 复制模板

把模板文件按不同的类型分类存放，如目录模板、视频模板等，把模板文件或含有模板文件的文件夹复制到 ZineMaker 安装路径下的 Templete 文件夹中。注意，模板类型是通过在 Templete 文件夹下建立文件夹形式而直接形成的。

2. 直接安装模板

（1）双击下载的模板文件，一般后缀名为.tpf。

（2）在弹出的"模板查看器"对话框中浏览模板的样式，单击"确定"按钮，开始安装模板。

（3）在弹出的"选择目录"对话框中选择需要安装的目录；或单击"新建目录"按钮，输入自定义的目录名称。使用时，该名称会与系统默认的模板目录一起显示在 ZineMaker 的"添加模板页面"对话框中。

（4）显示安装完成，单击"确定"按钮，完成安装过程，如图 8.9 所示。

图 8.9　安装模板

8.4　利用 ZineMaker 设计与制作电子杂志

利用 ZineMaker 制作电子杂志的基本流程如图 8.10 所示。

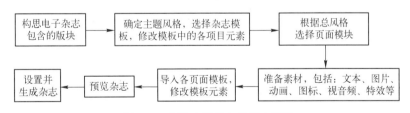

图 8.10　制作电子杂志的基本流程

在本节中，我们制作一个比较简单的介绍马尔代夫风景的电子杂志，包括封面和两级标题：马尔代夫的图片（包含马尔代夫简介、水清、沙幼、椰林树影 4 个小标题）和马尔代夫的视频（包含马尔代夫的魅力一个小标题）。其结构及所用的模板类型如图 8.11 所示。

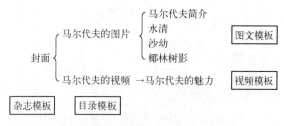

图 8.11　马尔代夫风景介绍的电子杂志框架

图 8.12　"新建杂志"对话框

STEP **1**　新建杂志，导入杂志模板

杂志模板将决定杂志的封面和封底等内容。执行"文件"→"新建杂志"命令，在"新建杂志"对话框中选择所需要的杂志模板，单击"确定"按钮即可新建一个杂志。在本例中，我们选择系统自带的"X-Plus 标准杂志模板_MSN.tmf"为杂志模板，如图 8.12 所示。接着，保存杂志文件名为"马尔代夫.mpf"。

STEP **2**　修改杂志模板的元素

（1）改变杂志封面和封底

在左侧的项目窗口中打开杂志模板的树状目录；选择需要修改的"封面图片"元素；在右侧的编辑窗口中，单击"替换图片"按钮，打开图片所在文件夹，选择已准备好的"封面.jpg"图片，替换原来的封面图片，如图 8.13 所示。用同样的方法把封底替换为"封底.jpg"图片。

Tips　准备素材时，最好能按照模板图片的尺寸要求，选择合适的封面图片的尺寸，否则会影响杂志的效果；如果图片尺寸不合适，则最好在 ZineMaker 中使用"切割图片"按钮对图片进行切割。

图 8.13　替换封面图片

（2）修改其他元素

用同样的方法，选择需要修改的其他元素，在右侧编辑窗口中选择需要替换的文件或在"设置变量"栏中输入新参数即可。模板中其他主要变量元素的作用如下。

- Magidno：模板自动生成，用户不需要改动。
- btn_style：修改显示方式，在"设置变量"栏中填入 1 或 2 改变杂志生成后的显示方式。
- zine_title：修改刊号。
- zine_date：修改日期。

- content_page：修改目录所在页，默认情况下，与纸质出版物类似，电子杂志的目录放在杂志的第二页。
- default_volume：修改初始音量。
- url3：修改电子杂志联系方式。
- form_title：修改任务栏标题。
- fullscreen：修改全屏变量，默认的变量参数为 true，即全屏显示。如果把变量参数修改为 false，则根据模板默认大小显示。
- email.swf、buttons.swf、buttons_2.swf 和 frontinfo.swf：分别用于修改杂志联系的电子邮件页面、btn_style=1 的按钮样式、btn_style=2 的按钮样式和封面左侧的信息页面。在 ZineMaker 安装路径下的 designing 文件夹中提供了推荐的按钮源文件，可以直接用 Flash 8.0 以上版本打开后修改，或者自己制作，形成 SWF 文件后进行替换。

> **Tips** 由于电子杂志默认的帧速度为 30fps，因此，制作 Flash 文件时，需要把动画的帧速度也调为 30fps，否则会影响 SWF 文件的播放速度。

（3）观看效果

观看某一模板的效果：在左侧窗口中单击模板标题，右侧的编辑窗口直接显示该模板的效果。

观看电子杂志的整体效果：修改完毕后，单击工具栏的▷按钮，系统重新打开新窗口，以全屏的方式浏览电子杂志的效果。

STEP 3　添加目录模板

执行"项目"→"添加模板页面"命令，在弹出的"添加模板页面"对话框中选择"二级目录模板-ZineMaker 页面模板.tpf"文件，单击"确定"按钮，添加目录模板，如图 8.14 所示。

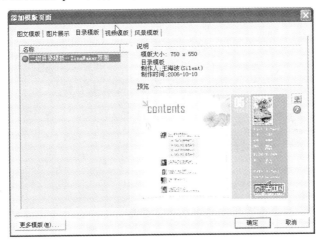

图 8.14　添加目录模板

STEP 4　编辑目录模板的元素

① 首先剔除不需要的元素。在左侧窗口中展开目录模板，这是一个包括 5 级标题的目录，根据预设的电子杂志框架，剔除大标题 3、4、5 的所有选项及标题 2 下的小标题 2、3、4。

② 改变杂志的封面图片。在左侧项目窗口中选择"杂志封面图片"元素，在右侧编辑窗口中选择素材包下的"目录 1.jpg"，替换图片，如图 8.15 所示。由于该图比杂志封面大，因此需要进行图片切割。

③ 重复上面的步骤，替换标题图片 1 为"目录 2.jpg"、标题图片 2 为"目录 3.jpg"，同样需要进行图片的切割。

④ 根据自己的喜好，修改期号选项。在本例子中，期号为"10"，期号边的英文为"MALDIVES LANDSCAPE"，期号下的英文为"2010"。

Tips

在左侧的项目窗口展开的目录模板中，代表图片、代表文本、代表代码变量等，如图 8.16 所示。代码变量文件 pagesing 用于设置目录跳转页面。在本例所使用的模板中，除杂志模板外，每个模板所占的杂志页数均是两页。这样，"二级目录模板"所处的位置是杂志的第 2、3 页的位置。目录模板后的第一个图文模板是第 4、5 页；第二个图文模板是第 6、7 页；第三个图文模板是第 8、9 页；第四个图文模板是第 10、11 页。视频模板则是第 12、13 页。而本例采用的"二级目录模板"的每个二级目录跳转的页面刚好依次是 4，6，8，10，12…，因此不需要再设置目录跳转页码，即代码变量文件 pagesing 不需要修改。

其中，目录模板的"大标题 1"、"大标题 2"等元素为第一级目录，"小标题 1"、"小标题 2"等元素为第二级目录，即 pagesing 中每个页码跳往的页面。在本例中，"大标题 1"是图片目录，其下面的各小标题 1、2、3、4 依次设置为跳往目录模板下的顺序图文模板；"大标题 2"是视频目录，其下第一个小标题设置为跳往视频模板。其他大小标题不要勾选。

⑤ 根据框架的内容输入其他标题的的文本。

Tips

除杂志模板外，本例所采用的模板均通过 Internet 下载，并安装到 ZineMaker 中。在制作本例时，可以先安装素材包中提供的模板，再开始制作。

图 8.15　替换封面图片　　　　　　图 8.16　目录模板的元素

STEP 5　添加图文模板

单击目录模板，执行"项目"→"添加模板页面"命令，在弹出的"添加模板页面"对话框中单击"图文模板"，选择"1 图-遮罩图片跟随鼠标移动.tpf"图文模板，如图 8.17 所示。单击"确定"按钮，添加一个图文模板作为目录页后的第一个内容页面"马尔代夫简介"。

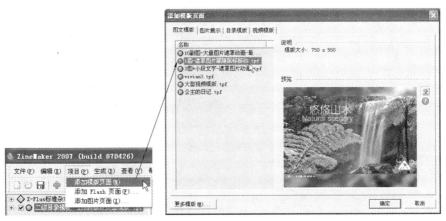

图 8.17　添加图文模板

S**TEP** **6**　编辑图文模板

展开上一步骤所加入的图文模板，进行以下修改。

① 替换图文模板的封面：选择"大图模糊"元素，再单击右侧编辑窗口中的"替换图片"按钮，在弹出对话框中选择"简介模糊.jpg"文件，如图 8.18 所示。

② 切割图片：在电子杂志制作过程中，经常会出现导入的图片不符合模板图片大小规格的情况，系统会出现如图 8.19 所示的提示，这时需要对图片进行切割，当然也可以由系统对该图片进行自动切割。

图 8.18　编辑图文模板

图 8.19　切割图片

③ 用同样方法替换"图片清晰"元素的图片。

④ 给图片加上相应的介绍：选择带  标志的图标，在右侧的"更新文字"框中输入马尔代夫介绍文本等，并设置字体颜色、字体大小、文字对齐方式等。

接着，重复步骤⑤和步骤⑥，在电子杂志中再添加两个"3 图+小段文字-遮罩图片动画.tpf"和一个"10 副图-大量图片遮罩动画-最后大段文字 x.tpf"作为紧接在第一个页面之后的3 个页面。按照上述的方法编辑模板，包括使用素材包中的图片替换素材、添加说明的文字等。这样，我们就建立起大标题 1 的内容了。

图 8.20　删除模板

Tips
如果添加的模板不符合要求，则需要删除模板，步骤如下：
① 选择需要删除的模板，单击鼠标右键，在弹出的快捷菜单中选择"删除页面"命令；
② 单击工具栏中的 ✖ 按钮，如图 8.20 所示。

STEP **7**　添加视频模板

执行"项目"→"添加模板页面"命令，在弹出的"添加模板页面"对话框中选择"视频模板"选项卡，选择"海底世界.tpf"，如图 8.21 所示。其中，"图片展示"、"风景模板"是自定义的模板类型。单击"确定"按钮，添加了一个视频模板。

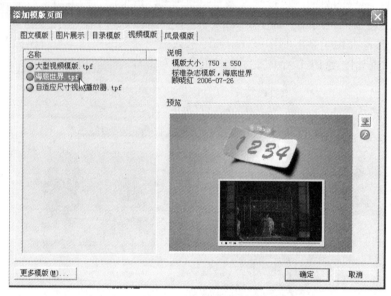

图 8.21　添加视频模板

Tips
调整模板位置。在编辑过程中，难免要调整模板的排列顺序，操作方法是：选择需要调整位置的模板，单击工具栏的"页面上移"按钮 ⬆ 和"页面下移"按钮 ⬇，移动模板的位置。

STEP **8**　编辑视频模板

① 剔除不需要的元素。展开视频模板中的项目文件，由于本电子杂志只使用一个视频，因此，剔除"文字 01"和"1.flv"以外的其他元素。

② 修改视频的名字。选择"文字 01"元素后，在编辑栏的"更新文字处"框中输入视频文件的内容"风景优美的马尔代夫"。

③ 导入视频。执行"文件"→"导入视频"命令，在弹出的"导入视频"对话框中选择事先准备好的视频文件，如图 8.22 所示。可以重新设置视频文件的参数，如比特率、音频速率、音频制式、视频尺寸等，但一般都保留默认设置，单击"导入"按钮，该视频导入到 ZineMaker 安装路径下的 Video 文件夹中。

④ 替换视频。展开视频模板中的项目文件，选择"1.flv"元素，单击"替换文件"按钮，选择已导入到 Video 文件夹中的视频文件，如图 8.23 所示。

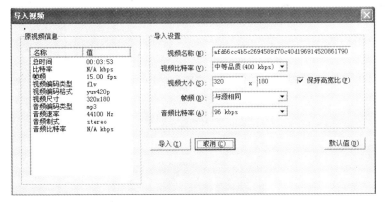

图 8.22　导入视频

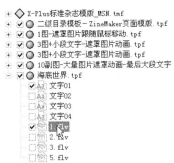

图 8.23　编辑视频模板

Tips

　　预加载：可以加快某些元素的播放速度。

① 页面预加载：在观看 ZineMaker 制作的在线版杂志时，有些杂志的页面一旦启动后其播放就很流畅，而有些杂志却每翻一页都需要等一段时间才能播放，主要原因是前者使用了预加载功能。使用页面预加载功能后，在浏览当前页面时，系统已经把后面的页面下载好了，因此不需要等待下载的时间。一般，在线观看时，电子杂志的右上角会出现下载进度条，灰色的进度条表示只有当前页加载，黄色的进度条表示整本杂志的预加载。

② 音乐预加载：针对模板的背景音乐，如果导入的音乐文件较大时，可以选中该复选框，如图 8.24 所示。

图 8.24　针对页面模板的页面预加载和音乐预加载

③ 附件预加载：针对视频模板，编辑窗口会出现 □ 附件预加载 的选项，当导入的视频文件较大时，可以选中该复选框。

STEP **9** 添加特效和页面特效

（1）添加特效

特效是针对图片的，类似于前面 PhotoShop 的滤镜效果及亮度/对比度调整。操作方法是：在界面左侧窗口中选择需要添加特效的图片，单击右侧编辑窗口的"特效"的"+"按钮，从下拉列表中选择需要的特效，如图 8.25 所示。

（2）添加页面特效

页面特效是应用到页面模板上的、给整个页面添加的特效。操作方法是：在左侧窗口中选择需要添加页面特效的图文模板，在右侧编辑窗口中单击"页面特效"的下拉箭头，下拉列表中显示出 ZineMaker 提供的及用户已导入的全部页面特效，直接单击应用该特效，如图 8.26 所示。

在本例中，我们为"1图-遮罩图片跟随鼠标移动.tpf"图文模板添加"海浪"页面特效。

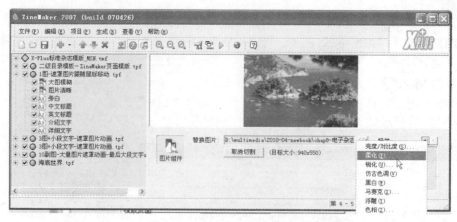

图 8.25　给图片添加特效

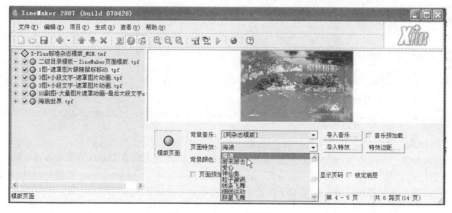

图 8.26　添加页面特效

STEP 10　导入音频

通常，我们会根据电子杂志的内容给杂志和页面模板添加背景音乐，其步骤如下。

① 选择需要添加的模板"3 图+小段文字-遮罩图片动画.tpf"。

② 单击右侧窗口中的"导入音乐"按钮（或执行"文件"→"导入音乐"命令），在弹出的"导入音乐"对话框中选择事先准备好的"班得瑞-日光海岸.mp3"音频文件，单击"默认值"按钮使用默认设置，单击"导入"按钮，即可添加一个音频文件。

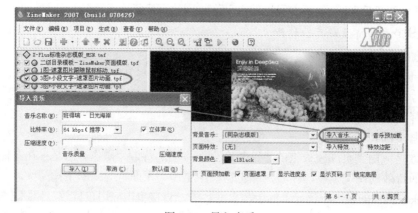

图 8.27　导入音乐

③ 导入的音乐将呈现在"背景音乐"下拉列表中，从中选择"班得瑞-日光海岸.mp3"音频文件。

图 8.28　选择需要添加到模板中的音频文件

STEP 11　修改电子杂志图标

要制作出优秀的电子杂志，光靠电子杂志制作软件还不够，从技术角度考虑，还需要一些其他的辅助软件，除了可以结合前面所讲的通用软件进行制作外，还需要图标制作工具等软件加以辅助。

电子杂志图标是指生成后的杂志所用的图标，是电子杂志的重要元素之一，默认的图标是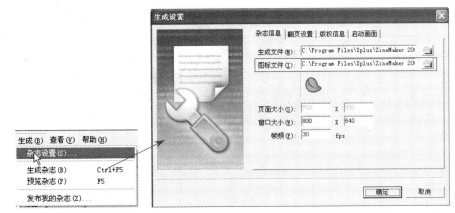，格式是 ico 图标文件。

① 图标要求：ZineMaker 的 ico 文件要求分 3 个层来制作，只有这样的标准才能通过软件合成。

② 图标制作方式：可以通过 Internet 下载或自行制作，制作工具主要有 Flash 动画制作工具及 icolover、IconWorkshop、microangelo 等图标制作工具。

③ 图标的保存：制作或下载的个性化的图标保存为.ico 文件，存放到 ZineMaker 安装路径下的 designing 文件夹中。

④ 图标的应用：执行"生成"→"杂志设置"命令进行设置，详见 STEP 13。

STEP 12　预览杂志

执行"生成"→"预览杂志"命令或单击工具栏中的 ▷ 按钮，预览杂志。根据播放效果，按需要重新调整电子杂志的模板或元素。如果确定没有问题，则进行下面的杂志设置步骤。

STEP 13　杂志设置

执行"生成"→"杂志设置"命令或单击工具栏中的 按钮，在弹出的对话框中进行设置，包括替换电子杂志图标等，如图 8.29 所示。在这里我们采用默认值。

图 8.29　杂志设置

S̲TEP 14 生成杂志

执行"生成"→"生成杂志"命令或单击工具栏中的 按钮，生成杂志文件，如图8.30所示。

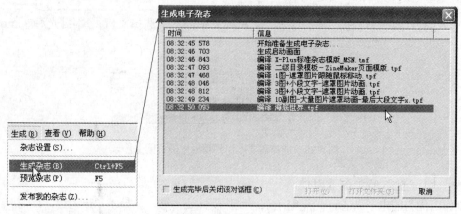

图8.30 生成杂志文件

S̲TEP 15 保存杂志

看到这里，大家难免会奇怪，我们在第1步时不是已经保存了电子杂志吗？为什么还要再保存呢？因为，原先所保存的"马尔代夫.mpfx"文件所附带的各类视音频、模板等都在本机的ZineMaker安装目录下，所以，下次只能使用本机来修改该杂志。如果这个电子杂志的源文件放到其他计算机上或本机重新安装操作系统，会因为许多文件的缺失而无法再修改。

因此，如果需要以后对源文件进行修改，应执行"文件"→"全部另存为"命令，把电子杂志所用到的所有模板等文件均保存下来，其文件夹结构如图8.31所示。

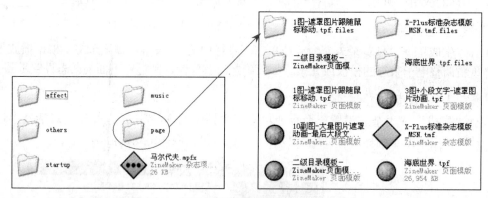

图8.31 全部保存后所生成的电子杂志文件夹

经过这一章的学习，大家对电子杂志应该有一定的了解。简单来说，可以把电子杂志看做能通过简单制作形成的、具有交互功能和较强表现力的Flash文件。因此，许多用户都使用电子杂志代替PowerPoint、Flash等软件来制作动态演示文件，如相册（家庭相册、毕业相册）、公司介绍等。

习题8

一、单选题

1. 以下（　　）不是电子杂志制作软件。

　　A．iebook　　　　　B．PocoMaker（魅客）　　　　C．ZineMaker　　　　D．Snagit

2. 以下（　　）是电子杂志的主要组成。

A．元素　　　　　　B．目录　　　　　　C．页面　　　　　　D．以上均是

3. 以下（　　）是电子杂志的常用模板。

A．杂志模板　　　　B．目录模板　　　　C．以上均是　　　　D．图文模板

二、简答题

1. 什么是电子杂志？

2. 简述电子杂志的制作过程。

3. 简述模板的获取过程和管理、应用方法。

三、操作题

选择自己在工作、生活或学习中的某个主题，采用教材素材包中的模板制作一个电子杂志。

第9章 多媒体应用软件开发技术

多媒体应用软件又称多媒体应用系统或多媒体产品，它是由各种应用领域的专家和开发人员利用多媒体编程语言或多媒体创作工具编制的最终多媒体产品，直接面向用户使用。其主要的应用包括多媒体教学（CAI，Computer Assisted Instruction）软件、培训软件、电子图书、演示系统、多媒体游戏等。除面向终端用户而定制的应用软件外，另一类是面向某一个领域的用户应用软件系统，这是面向大规模用户的系统产品，如多媒体会议系统、点播电视服务（VOD）、医用、家用、军用、工业应用等。

优秀的多媒体应用软件是综合所有人机交流手段构成的交互及各种媒体的协同性的多媒体系统。对于多媒体应用软件的制作过程已经在 1.4 节中简要阐述，本章将详述多媒体应用软件的概念，开发方法、美学原则等。

9.1 软件工程在多媒体应用软件开发中的应用

从程序设计角度来看，多媒体应用软件设计属于计算机应用软件设计范畴，因此可借鉴软件工程开发方法。软件工程是一种用系统工程的方法来开发、操作、维护及报废软件的过程。软件工程研究的目标是：应用理论、科学方法和工程设计规范来指导软件开发，以达到利用较少的时间和较低的成本获得高质量的软件产品的目的。

9.1.1 多媒体应用软件开发方法

当前主要采用的多媒体应用软件开发的方法有结构化方法、面向对象方法和专家系统方法、面向服务方法等。

结构化方法是一种围绕功能来组织多媒体应用软件系统的方法。在这种方法中，系统的基本构成要素是实现系统某一功能的程序单元，即模块。结构化方法通过按功能将问题分解抽象成模块并建立模块和模块之间的调用关系来进行软件开发。

面向对象方法是一种围绕真实世界中的事物来组织软件系统的全新方法。多媒体应用软件设计中所要处理的是一个个具有一定内容、属性，并能够完成一定操作功能的对象，符合面向对象设计方法的对象必须具有属性和操作功能的要求。因此，用面向对象开发方法来设计多媒体应用软件，是当今的主流。

专家系统方法是指采取软件工程学的理论、方法和工具，有效地处理某领域专家的动态知识、静态知识，实现知识的充分利用及准确地模拟专家的思维活动，体现正确有效的推理。

面向服务（Service-Oriented Architecture，SOA）的方法是近几年的热点。对于面向服务的方法至今无统一标准的定义。面向服务的体系结构是一个组件模型，它将应用程序的不同功能单元（称为服务）通过这些服务之间定义良好的接口和契约联系起来。

9.1.2 多媒体应用软件开发模型

从软件开发的角度看，为了解决产业环境中的实际问题，必须设计出一个综合开发策略，该策略能够覆盖过程、方法和工具三个层次及软件开发的一般阶段。这个策略通常称为过程模型或软件工程范型。所有软件开发都可看做是一个问题循环解决过程，其中包含 4 个截然不同的阶段：状态描述、问题定义、技术开发和方案综述。状态描述表示事物的当前状态，问题定义标识要解决的特定问题，技术开发通过应用某些技术来解决问题，方案综述提交结果（如文档）给那些从一开始就需要方案的人。这 4 个阶段可以贯穿解决问题过程中每一个开发阶段。

多媒体应用软件开发模型是指多媒体应用软件开发的全部过程、活动和任务的结构框架。多媒体应用软件开发包括需求、分析、编码和测试等阶段，有时也包括维护阶段。常见的开发模型有线性顺序模型、演化模型、螺旋模型、增量模型、喷泉模型与智能模型等。下面介绍几种常用的软件开发模型。

1. 线性顺序模型

线性顺序模型是 1970 年 W.Royce 提出的，也称为传统生命周期模型（或瀑布模型）。该模型给出了固定的顺序，将生存期活动从上一个阶段向下一个阶段逐级过渡，如同流水下泻一样，最终得到所开发的软件产品，投入使用。生命周期模型如图 9.1 所示，它主要源于缩短商业软件生命周期的工业需求，是一套系统的、顺序的软件开发流程。

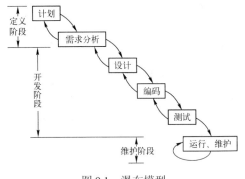

图 9.1　瀑布模型

线性顺序模型是传统的开发过程模型，产品开发过程呈线性，虽然有迭代，但这种迭代不明显也不清楚，用户一定要等到产品开发完成才可以看到多媒体应用软件。在多媒体应用软件开发中，若采用此模型，需求变更时，软件变更非常困难。另外，用户不能跟进项目。整个组的人员必须等到上面的阶段完成后才可以进行下阶段的工作。因此，如何让用户能够正确地提出自己的要求，并积极参与到软件的开发当中，及时发现问题，是线性顺序模型有待解决的问题。此模型适应小型的软件开发组。

2. 增量模型

增量模型融合了瀑布模型的基本成分和原型模型的迭代特征，如图 9.2 所示。增量模型实际上是一个随着日程的进展而交错的线性序列集合。它采用增量式开发方法，每一个线性序列产生一个软件的可发布的"增量"，所有的增量都能够结合到原型模型中去。

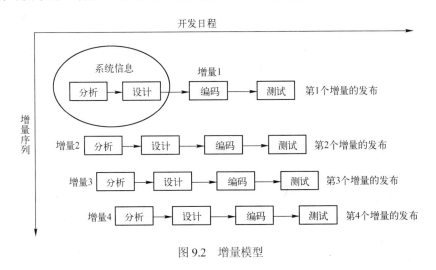

图 9.2　增量模型

应用增量模型进行多媒体应用软件开发时，开发者首先开发出框架，然后再少量地或大量地在上面增加功能。项目开发人员变动较大时可以使用该模型，人员需要增加时可以扩展。

3. 螺旋模型

1988 年，科学家 Boehm 提出了螺旋式生命周期的概念和模型，将原型化模型的迭代特征与线性模型的控制和系统化方面结合起来，如图 9.3 所示。

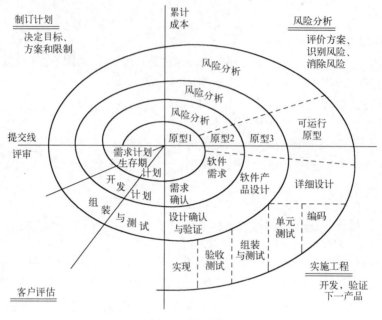

图 9.3　螺旋模型

若待开发的多媒体应用软件是个大项目，可以使用此模型。此模型能够控制关键点的风险，但用户可信度比较低，评估风险的技术要求也比较高。目前，一般采用螺旋模型配合面向对象的方法作为多媒体应用软件的开发方法。这种开发方法中面向对象方法的基本思想是：对问题领域进行自然分割，以人类思维的方式建立问题领域模型，对客观信息进行结构模拟和行为模拟，使设计的软件尽可能表现问题求解的过程。面向对象方法的设计思想对多媒体应用系统的设计特别有用，采用这种方法，对象作为描述信息实体（如各种媒体）的统一概念，可以被看做是可重复使用的构件，为系统的重用提供了支持，修改也十分容易。

4. 智能模型

智能模型是基于知识的软件开发模型，它把瀑布模型和专家系统综合在一起。该模型在各个开发阶段都利用了相应的专家系统来帮助软件人员完成开发工作。为此，建立了各个阶段的知识库，将模型、相应领域知识和软件工程知识分别存入数据库。以软件工程知识为基础的生成规则构成的专家系统与包含应用领域知识规则的其他专家系统相结合，构成该应用领域的开发系统。这种模型需要四代语言（4GL）的支持。4GL 不同于三代语言，其主要特征是用户界面非常友好，即使没有受过训练的非专业程序员，也能用它编写程序。它是一种声明式、交互式和非过程性编程语言。

除上述 4 种模型外，还有很多软件开发模型，这里不做详细的介绍。总之，对一个多媒体应用软件的开发，无论大小如何，都需要选择一个合适的软件过程模型。这种选择要基于项目和应用的性质、采用的方法、需要的控制，以及要交付的产品的特点。一个错误模型的选择，将造成开发方向的迷失。

9.2 多媒体应用软件的开发过程

与其他的软件开发相比，多媒体应用软件的开发涉及多种媒体的综合使用，强调创意和表现手法。因此，即使采用相同的软件模型进行开发，多媒体应用软件的具体开发过程都会与其他软件系统的开发过程不同。本节主要对多媒体应用软件的开发人员，以及采用螺旋模型进行多媒体应用软件开发的各个阶段进行介绍。

9.2.1 多媒体应用软件的开发人员

多媒体应用软件的开发涉及各种媒体信息，每一种媒体的使用都需要有与之相关的技术和工作人员作为支撑。一个完整的多媒体项目开发小组成员如图9.4所示。

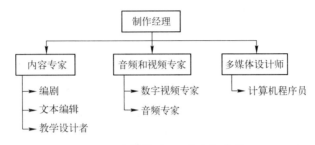

图 9.4 多媒体项目开发小组成员

1．制作经理

制作经理也称项目经理，负责整个项目的开发和实施，包括经费预算、进度安排、主持脚本的创作等。在日常工作中，制作经理应起到将全组成员团结在一起的核心作用。

2．内容专家

内容专家负责研究应用软件的全部内容，为多媒体设计师提供程序内容，即多媒体应用软件演示的具体信息、数据、图形或事实。

3．音频和视频专家

当成段的讲述和视频需要集成到多媒体描述中时，就需要用到音频专家和数字视频专家。音频专家负责选择、录制或编辑各种声音及特效。数字视频专家负责视频的捕获、编辑和数字化，拍摄照片，扫描图片或幻灯片，并进行编辑。

4．多媒体设计师

多媒体设计师负责监督其他队伍成员的工作，如图形艺术家、音频专家、数字视频专家、计算机程序员等。多媒体设计师不必精通其他小组成员的技巧，但必须基本了解其他成员所用的软件，并对他们使用文件的格式和转换方案提出建议。多媒体设计师的工作具体包括下列 5 个阶段：① 图像捕获、开发和编辑；② 音频捕获和编辑；③ 文本开发和编辑；④ 数字视频捕获和编辑；⑤ 计算机动画的编辑。其中，计算机程序员即软件工程师，主要负责通过使用多媒体创作工具或编程语言把一个项目中的多媒体素材集成为一个完整的多媒体系统，同时负责项目的各种测试工作。

9.2.2 多媒体应用软件的开发阶段

在开始多媒体应用软件创作之前，必须计划好应用软件的所有组成部分。

1．需求分析

需求分析是创作新软件产品的第一个阶段，其任务是确定用户对应用系统的具体要求和设计目标。在用户需求提出后，多媒体设计人员要从不同的角度来分析问题，尽可能列出解决问题的各种策略，最后评估各种方案的可行性，从众多的分析方案中找出一个可行性高且创意最新颖的方案。

2. 应用系统结构设计（初步设计）

需求分析完毕，确定设计方案后，设计人员就要决定如何构造应用系统结构。在多媒体应用系统设计中，设计人员必须将交互的概念融入到项目的设计中。在确定系统整体结构设计模型之后，还要确定组织结构是线性的、层次的，还是网状链接，然后着手脚本设计，绘制插图、屏幕样板和定型样本。

通常结构设计中要确定以下 3 项内容。

① 目录主题：确定项目的入口点。

② 层次结构和浏览顺序：明确每个问题相关主题的层次关系及其对项目显示信息顺序的影响。

③ 交叉跳转：使用主题词或图标作为跳转区连接相关主题。

3. 详细设计

此阶段的任务是建立设计标准和细则。在开发多媒体应用系统之前，必须制定高质量的设计标准，以确保多媒体设计具有一致的内部设计风格。这些标准主要包括主题设计标准、字体使用标准、声音使用标准、图像和动画的使用标准等。

4. 素材准备

准备多媒体数据是多媒体应用设计中一项既费时又复杂的工作，涉及素材的数字化处理、创作和编辑等方面。如果对素材的要求较高，应请专业人员利用专业的设备来进行。

5. 编码与集成

在完全确定产品的内容、功能、设计标准和用户使用要求后，选择适宜的创作工具和方法，对根据脚本设计的各种多媒体数据进行连接，实现媒体的集成、连接编排与组合，从而构造出可由多媒体计算机控制的应用系统。

6. 测试阶段

测试阶段的任务是运行并检测应用系统。每个模块都要进行单元测试和功能测试，模块连接后进行总体功能测试。经过测试，可以清除错误，强化软件的可用性、可靠性及功能，不断改进。

7. 发行阶段

此阶段的任务是制作发行版本，编写用户使用手册，最终发行到用户手中。

9.3 多媒体应用软件的美学原则

多媒体创作是指从构思、设计到制作完成多媒体作品的一系列活动及其过程，从某种意义上说，是人的审美创造活动，是一种复杂的审美认识活动和审美表现活动，同时也是一个从审美认识到审美表现、从艺术构思到艺术传达的过程。多媒体创作的最终成果是多媒体作品。在多媒体产品设计和开发中，要运用美学观念，开发具有审美情趣的软件界面，设计符合人们视觉习惯的显示模式，实现简捷使用的控制功能等。美学在多媒体产品设计中占有非常重要的位置，学习和掌握基本的美学理念，对产品的设计和开发能够起到画龙点睛的作用。

美学具有 3 种艺术表现手段：绘画、色彩构成和平面构成，即美学三要素。其中，绘画是美学的基础，通过手工绘制、计算机绘制和图像处理，使线条、色块具有了美学的意义，从而构成了图画、图案、文字及形象化的图形；色彩构成是美学的精华，良好的色彩搭配是色彩构成的主要内容；平面构成又叫版面构成，是美学的逻辑规则，主要研究若干对象之间的位置关系，特别是对点、线、面的研究。

美学设计就是利用美学观念和人体工程学观念设计产品，主要包括界面布局与色调、界面的视觉冲击力和易操作性、媒体个性的表现形式，以符合人们视觉规律为前提，设计媒体之间的最佳搭配方式与空间显示位置、设计产品光盘装潢和外包装、设计使用说明书和技术说明书的封面与版式。

9.3.1 构图

构图设计除了在视觉上给人一种美的享受外，更重要的是向广大的消费者传达一种信息、一种理念，因此，构图设计不单要注重表面视觉上的美观，还应考虑信息的传达。

1. 界面构图设计

多媒体中的构图设计最重要的是人机交互界面的设计。人机界面设计不仅要考虑用户及任务本身，更多的是要考虑和规划信息空间结构、媒体的时间基，即不是如何提供多媒体信息，而是在什么情况下采用什么媒体及如何集成，以提供最优组合交互处理手段，并优化显示质量。因此，人机界面设计不仅要借助于计算机技术，还要依托于心理学、认知科学、语言学、通信技术及戏剧、音乐、美术等多方面的理论和方法。

2. 标题

标题主要是指用于表达主题的短文，在设计中起画龙点睛的作用，以获取瞬间的打动效果。标题通常运用文学的手法，以生动精彩的短句和一些形象夸张的手法来引起用户的兴趣。标题应选择简洁明了、易记且概括力强的短语，在整个版面上处于最醒目的位置，并配合插图造型的需要，运用视觉引导，使读者的视线从标题自然地向插图、正文转移。

3. 插图

插图用视觉的艺术手段来传达信息，增强记忆效果，让读者能够以更快、更直观的方式接收信息，并留下更深刻的印象。插图内容要突出多媒体产品的个性，通俗易懂、简洁明快，有强烈的视觉效果。插图一般围绕着标题和正文来展开，对标题起到衬托作用。插图的表现手法主要有照片、绘画、卡通漫画等形式。

4. 标志

标志是用户借以识别多媒体产品的主要标志，是产品主题的象征。

5. 轮廓

轮廓一般指装饰在版面边缘的线条和纹样，通过轮廓的设计使整个版面有一个范围，更集中，不会显得凌乱，可以控制读者的视线。

9.3.2 色彩构成

色彩是美学的重要组成部分，把两种或两种以上的色彩，按照一定的原则进行组合和搭配，形成新的色彩关系，这就是"色彩构成"。简言之，色彩构成就是根据不同目的而进行的色彩搭配。在多媒体创作过程中，应根据要表达的思想和目的，将尽可能少的颜色搭配起来，产生美感。颜色搭配的用色类型包括：① 以明度、色相和纯度为主；② 以冷暖对比为主；③ 以面积对比为主；④ 以互补对比为主。在颜色搭配时，根据不同的需要、不同的场合、不同的表达内容，选择不同的用色类型。

图 9.5 显示了颜色之间的关系和关系名称。在色轮上，任意两个相邻的颜色叫做"相邻色"，例如，紫色和蓝色，黄色和绿色等；对角线上的颜色叫做"互补色"，例如，红色和绿色、蓝色和橙色等。由于色轮中轴线左侧的颜色看起来偏冷，如紫色和蓝色，因此这些颜色属于"冷色"；中轴线右侧的颜色偏暖，属于"暖色"。

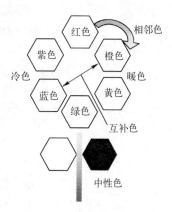

图 9.5　颜色之间的关系

9.3.3　美学运用

在多媒体产品中，除了界面需要美学设计以外，作为对象的图像、动画、声音等也需要美学设计。对象的美感直接影响界面的整体美感，它和界面互相作用、相辅相成。

设计对象的美感，是美学运用的一个重要方面。由于对象素材有自己独特的性质，因此，需要准确地、有针对性地运用美学对具体的对象进行设计。

1．图像美学

对图像进行美学设计，目的是使图像具有美感，表现力更加丰富。在图像的美学设计中，要注意"图像的真实性"、"图像的内涵"和"图像的选材"三个问题。我们可以通过对图像进行加工和再创造，渲染情感，使图像富于内涵，创造某种意境，让人们产生遐想。

2．动画美学

动画美学的目的是为了使动画对象的造型生动、逼真，动作流畅并带有少许夸张，构图均衡。动画美学设计主要包括：动画造型的设计需要个性鲜明，善恶分明，适度夸张；画面的结构布局要符合美学的构图规则，例如，除了合理摆放景物、人物的位置以外，还应为动画主体留出活动的空间；画面调度自然，具有可观赏性；动画制作符合实际，尊重视觉规律，例如，慢动流畅、快动引起注意；动画要把握好运动节奏；动画的运动要符合自然规律，但如果有趣味性的需要，也允许做出适度的夸张。

3．声音美学

人们对声音美感的感觉是直接的，不好听、刺耳、有杂音等都属于直接的感受，因此，在声音的处理过程中要注意清晰度、噪声、音色和旋律。使声音清晰、悦耳、动听，是美化声音的目的。

9.4　多媒体著作工具概述

多媒体应用软件主要有以下 5 种开发途径。

① 利用程序编写：如 C++、Java 语言等。

② 利用可视化程序编写工具编写：如 Visual Basic、Visual C++、Delphi、Visual C#等。

③ 利用多媒体著作工具制作：如 Authorware、ToolBook、Director、PowerPoint、方正奥思等。

④ 利用专门著作工具制作：如几何画板用于制作数学、几何方面的应用软件，Electronic Workbench 用于制作电子方面的应用软件等。

⑤ 利用混合技术或工具集（包括素材制作工具）制作：如 Microsoft 的工具 Visual Studio 工具包（如 Visual Studio.NET）、Adobe 的工具集等。

一般，多媒体应用软件最常用的创作途径是利用功能强大且简单易用的多媒体著作工具进行制作。

多媒体著作工具又称多媒体创作工具，是多媒体专业人员在多媒体操作系统之上开发的供特定应用领域的专业人员组织编排多媒体数据，并把它们连接成完整的多媒体应用系统的系统工具。多媒体著作工具提供了组织和编辑多媒体应用系统各媒体元素所需的框架。用多媒体著作工具制作多媒体应用系统有时也称为编制多媒体节目，即用多媒体著作工具设计交互性用户界面，将各种多媒体信息组合成一个连贯的节目，并在屏幕上展现。

9.4.1 多媒体著作工具的功能要求

多媒体应用软件是一个综合性系统，要求其使用的编写软件具备以下功能。

① 编程环境：能对单媒体进行基本的操作控制，如循环、条件分支、变量等价、布尔运算及计算管理等。

② 超媒体功能和流程控制功能：指从一个静态对象跳转到另一个相关的数据对象进行处理的能力。

③ 支持多种媒体数据的输入和输出，具有描述各种媒体之间时空关系的交互手段。

④ 动画制作与演播能力。

⑤ 应用程序间的动态链接。

⑥ 模块化和面向对象化的制作模式：多媒体创作工具应能让用户编制模块化的独立片断，使其能"封装"和"继承"，以便用户在需要时单独使用。

⑦ 界面友好、易学易用。

⑧ 具有良好的扩充性。

除此以外，一些功能较强的多媒体著作工具还具有网络应用能力，可以开发出基于 Internet 应用的多媒体应用软件，有些具有很强的交互能力。

9.4.2 多媒体著作工具的分类

（1）根据创作方法分类

根据创作方法不同，多媒体著作工具分为以下 4 类。

① 以图标为基础的多媒体著作工具，如 Adobe Authorware、IconAuthor。

② 以时间为基础的多媒体著作工具，如 Adobe Action、Director。

③ 以页为基础的多媒体著作工具，如 Tool Book、PowerPoint。

④ 以传统程序设计语言为基础的多媒体著作工具。

（2）根据创作界面分类

根据创作界面不同，多媒体著作工具分为以下 7 类。

① 幻灯式：采用线性表现模式，使用这种模式的工具把表现过程分成一序列"幻灯片"，即按顺序表现的分离屏幕，如 Microsoft PowerPoint。

② 书本式：在这种模式中，应用程序组织成一本或更多的"书"，书又按照称为"页"的分离屏幕来组织，建立起多维结构，如 ToolBook。

③ 窗口式：一个窗口就是屏幕上的一个与用户交互的对象，窗口中的所有控件和对象都通过窗口接受控制，目标程序按分离的屏幕对象组织为"窗口"的一个序列，如 Tool Book。

④ 时基式：采用按时间轴顺序的创作方式，如 Adobe Action。

⑤ 网络式：最具超文本特色，允许用户从应用程序空间的任意一个对象不受限制地跳转至任何其他对象，如 Adobe Dreamweaver。

⑥ 流程图式：它提供直观的突变编程界面，利用各种功能图标标识对应的内容、动作或交互控制，通过一张显示一系列由不同对象连接的流程图来表示逻辑结构的布局，体现程序运行的

结构，如 Adobe Authorware。

⑦ 总谱式：以角色和帧为对象的多媒体创作工具软件，是时基式与脚本的结合，如 Adobe Director。

9.4.3 常用的多媒体著作工具

在制作多媒体作品时，应根据多媒体应用软件的特点，采用相应的多媒体著作工具进行研制开发。同时，在多媒体应用软件的设计与制作过程中，文档的编写非常关键，文档除了包括前面提到的文字脚本、制作脚本、素材脚本等，还包括多媒体作品的技术说明书和使用说明书（如 1.4 节所述），以便于用户轻松了解和掌握多媒体作品的性能和使用方法。下面介绍两种常见的多媒体著作工具。

1. Director

目前，Director 的最新版本为 Adobe Director 11.5，可为 Web、Mac 和 Windows 系统、DVD 和 CD 创建与发布引人入胜的交互游戏、演示、原型、仿真和电子化学习课程，真正集成了任何主流文件格式（包括使用 Adobe Flash 软件和原生 3D 内容创建的视频）。Director 是以时间轴为基准的编辑工具，它借鉴了影视制作的形式，采用基于角色和帧的动画制作方式，按照对象的出场时间设计规划整个作品的表现方式。Director 主要有如下特点：① 界面方面易用；② 支持多种媒体类型，包括多种图形格式及 QuickTime、AVI、MP3、WAV、AIFF、高级图像合成、动画、同步和声音播放效果等 40 多种媒体类型；③ 拥有功能强的脚本工具，新用户可以通过拖放预设的 behavior 完成脚本的制作，而资深的用户可以通过 Lingo 制作出更炫的效果；④ 拥有独有的三维空间，利用 Director 的 Shockwave 3D 引擎，可以创建互动的三维空间，制作交互的三维游戏。⑤ Director 可以创建方便使用的软件，特别是伤残人士，例如，利用 Director 可以实现键盘导航功能和语音朗读功能。⑥ 作品可运行于多种环境、可扩展性强、有较好的内存管理能力等。Adobe Director 11.5 界面如图 9.6 所示。

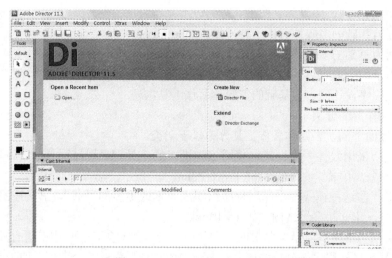

图 9.6   Adobe Director 11.5 界面

角色和动画是 Director 创作的关键要素。其中，角色是要进行影片制作所需的各种“演员”，即图片、文本、声音、音乐、按钮、调色板、数字视频或 Lingo 脚本等。角色不同于演员，演员是参加演出的角色，而角色不一定能成为演员，有可能坐“冷板凳”。角色窗口就像剧场的后台一样，是所有演员汇集待命的地方。

Director 的动画制作方式有 4 种：逐帧制作（Frame by Frame Animation）、实时录制（Real Time Recording）、关键帧制作（Key Frame Animation）和自动生成（Auto Animation）。其中，实时录制就是通过把某个演员拖拉到舞台上进行走位，由 Director 记录下该演员在舞台上所走的路径，自动制作所需的画面，再通过输入相关的数据自动产生动画。

2．ToolBook

Asymetrix Multimedia ToolBook 采用传统图书的特性，以页为单位，由相对独立的多个页串成一个完整的作品，称为书（Book）。书中的窗口（或场景）称为页，包含图形、字段、视图、书页、按钮和背景等内容。目前，ToolBook 的最新版本为 10.5，下面展示的是 ToolBook 9.5 的界面，如图 9.7 所示。

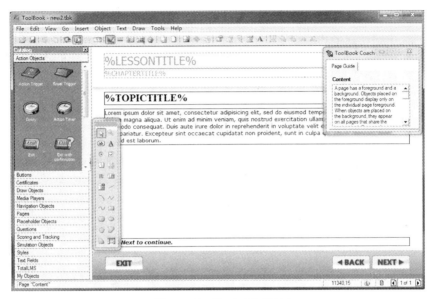

图 9.7　ToolBook 9.5 界面

ToolBook 在目前众多的多媒体应用开发工具中，以其易学易用的特点最为突出，它对开发者的计算机专业知识要求较低，又提供了许多可以效仿甚至直接采用的样例，有利于开发者提高兴趣进入角色。但是，要更深入、更灵活地利用它的功能则不是普通用户所能做到，因为这需要对各类对象的结构和消息传递机制有较清楚的了解。另外，ToolBook 的许多功能（尤其是多媒体功能）都要通过函数的调用去实现，如何设置调用参数和根据函数返回值做相应的处理也不是一般用户所能轻易掌握的。所以，只有不断地学习他人的经验、总结自己的实践，才能提高应用开发水平，开发出功能更强大、操作更灵活的应用程序来。ToolBook 的动画较适合用于制作儿童教育软件。

9.5　多媒体教学软件的设计

下面，以多媒体应用软件中最常见的多媒体教学软件为典型例子阐述多媒体应用软件的设计与开发。

多媒体教学软件的开发需要在现代教育思想和教育理论的指导下，做好教学设计、系统结构模型设计、导航策略设计和交互界面设计等工作，并在教学实践中反复使用，不断修改，才能使开发出的多媒体教学软件符合教学规律，取得良好的教学效果，最后形成产品。多媒体教学软件开发过程如图 9.8 所示。

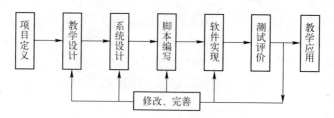

图 9.8　多媒体教学软件开发过程

9.5.1　项目定义

多媒体教学软件的项目定义，通常包括选择研究课题，确定制作目的、使用对象及项目内容。

9.5.2　教学设计

教学设计是多媒体教学软件设计的第一步，也是很重要的一步。教学设计是应用系统科学方法来分析和研究教学问题与需求，确定解决它们的教学策略、教学方法和教学步骤，并对教学结果做出评价的一种计划过程与操作程序。多媒体教学软件的教学设计，就是要应用系统科学的观点和方法，按照教学目标和教学对象的特点，合理地选择和设计教学媒体信息，并在系统中有机地组合，形成优化的教学系统结构。具体步骤如下。

① 分析学习者的"起始能力"和"一般特征"。

② 选择需要制作成多媒体教学软件的教学内容，并根据图 9.9 确定其教学目标。

			评价–问题	评价
			综合–问题	综合
		分析–原理	分析–问题	分析
	应用–技能	应用–原理	应用–问题	应用
理解–概念	理解–技能	理解–原理	理解–问题	理解
识记–事实	识记–概念	识记–技能	识记–原理	识记–问题	识记

| 事实 | 概念 | 技能 | 原理 | 问题解决 |

图 9.9　教学内容与认知领域中各个水平层次的教学目标的对应图

③ 媒体信息的选择。根据各类媒体信息的特性，对不同的教学内容（知识点）合理选择适当的媒体信息（如文本、图形、图像、动画、视频、解说、效果声等）和具体内容，实现原定的媒体使用目标（呈现事实、创设情景、提供示范、解释原理、探究发现等）。

④ 知识结构的设计。知识结构是指知识点之间的关系与联系的一种形式。知识结构通常可分为并列结构、层次结构、网状结构等类型。针对不同知识点，选择不同的知识结构。

⑤ 学习诊断评价的设计。在多媒体计算机辅助教学中，为了进行学习诊断评价，问题的设计是必不可少的。诊断评价可以设计成游戏形式或问题问答形式，一般应包括提问、应答、反馈三部分。

9.5.3　软件的系统设计

1. 软件结构与功能的设计

多媒体教学软件的系统结构是指教学软件中各教学内容的相互关系及呈现的形式，它反映了教学软件的主要框架及其教学的功能。根据知识结构流程图，考虑教学软件在实际应用中的具体情况，建立教学软件的系统结构。下面以"小学语文古诗欣赏"多媒体教学软件开发过程为例进行阐述。如图 9.10 所示是"小学语文古诗欣赏"多媒体教学软件的系统结构，它反映了整个教学软件的主要框架及其教学功能。

2．总体风格的设计

软件风格是指从教学软件的整体上所呈现出来的代表性特点，是由特定的教学内容与表现形式相统一所形成的一种难以说明却不难感觉的特定面貌。

3．主要模块的划分

多媒体教学软件根据内容的不同将内容划分为不同的模块，便于进行屏幕设计和链接。在如图 9.10 所示的"小学语文古诗欣赏"软件系统中，在设计上至少可划分为"引导"、"朗读"、"欣赏"、"练习"、"资料"等主要模块，每一个主要模块又由若干个子模块组成，如"朗读"模块由"生字表"、"释题"、"分句讲解"和"全诗译意"4 个子模块组成。

4．屏数与各屏之间关系的确定

每一个子模块的呈现可能是由若干屏内容完成的，屏数的确定可参考文字脚本中与该知识内容相对应的卡片数，并确定各屏之间的关系。

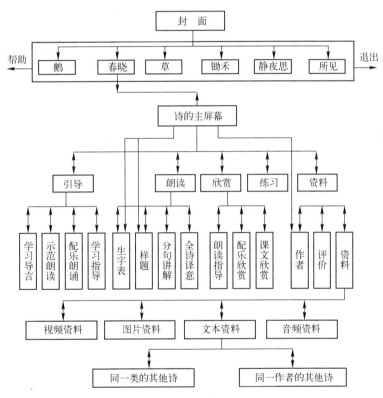

图 9.10 "小学语文古诗欣赏"多媒体教学软件的系统结构图

5．软件结构的设计

软件结构的设计包括：简洁的封面与介绍性导言的设计；确定软件的菜单组成与形式；划分教学单元，并确定每个教学单元的知识点构成；设计屏幕风格与基本组成；确定屏幕内各要素之间的跳转关系；确定屏幕与屏幕之间的跳转关系；确定屏幕向主菜单或子菜单的返回；确定屏幕结束时的跳转关系等。

6. 屏幕画面的设计

屏幕画面的描述包括屏幕版面、颜色搭配、字体形象和修饰美化等内容，除了追求屏幕的美观、形象、生动之外，还要求屏幕所呈现的内容具有较强的教学性。屏幕版面中至少应包括教学信息呈现区域、帮助提示区域和交互作用区域。

7. 导航策略的设计

由于超媒体系统信息量巨大，内部信息之间的关系很复杂，用户容易迷失方向，不知道自己处在信息网中的什么位置。因此，需要系统提供引导措施，这种措施就是导航。导航策略实际上是教学策略的体现，是一种避免学生偏离教学目标，引导学生进行有效学习，以提高学习效率的策略。根据导航时使用方法的不同，导航策略分为检索导航、帮助导航、线索导航、浏览导航、演示导航和书签导航等。

8. 友好界面的设计

屏幕界面是呈现在计算机显示器屏幕上，用于在学习者与多媒体教学软件之间传递信息的媒介，包括窗口、菜单、图标、按钮、对话框、热键等。

9. 教学策略的设计

教学策略是对完成特定的教学目标而采用的教学顺序、教学活动程序、教学方法、教学组织形式和教学媒体等因素的总体考虑。教学策略主要是解决教师"如何教"和学生"如何学"的问题，是教学设计的研究重点。教学策略的制定是一项系统考虑各种教学要素并从总体上择优的富有创造性的设计工作。

9.5.4 多媒体教学软件的脚本编写

多媒体教学软件设计工作完成后，应在此基础上编写出相应的脚本。脚本是多媒体应用软件设计思想的具体体现，是沟通应用领域专家和制作人员的有效工具，它为多媒体应用软件的制作提供直接依据。规范的多媒体教学软件脚本，对保证软件质量和提高软件开发效率，具有积极的促进作用。由于多媒体教学软件的设计包括教学设计和系统设计，因此，应分别用文字脚本和制作脚本两种形式来描述。

1. 文字脚本的编写

文字脚本是按照教学过程的先后顺序，用于描述每一环节的教学内容及其呈现方式的一种形式。文字脚本体现了多媒体教学软件的教学设计情况。多媒体教学软件的文字脚本卡片的一般格式见表9.1。

表9.1 文字脚本卡片

序 号	教 学 内 容	媒 体 类 型	呈 现 方 式
1			
2			
...			
n			

2. 制作脚本的编写

上述文字脚本是学科专业教师按照教学过程的先后顺序，将知识内容的呈现方式描述出来的一种形式，它还不能作为多媒体教学软件制作的直接依据，必须在此基础上编写体现教学软件的系统结构和教学功能，并作为软件制作直接依据的制作脚本。

制作脚本卡片的格式如图9.11所示。

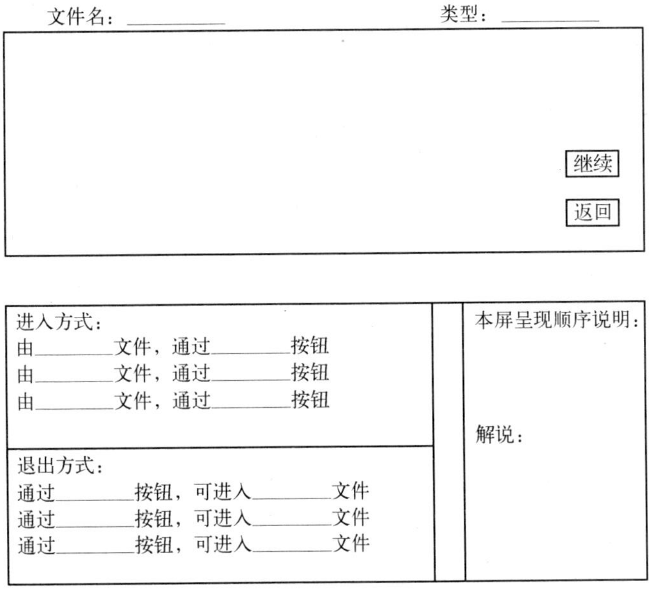

图9.11　制作脚本卡片的一般格式

9.5.5　多媒体素材设计

多媒体教学软件需要用到文本、图形、图像、声音、动画、视频等多种类型的数据，把这些数据称为多媒体素材，它们是多媒体产品中的重要组成部分。其中，文本、图形和静态图像属于非时基媒体，它们的呈现不受时间的限制，根据教学需要可以长时间呈现，适于传递静态的教学信息内容；动画、声音和视频属于时基媒体，它们的内容是随时间的变化而变化的，适于传递过程性教学信息内容。

完成多媒体产品的相当部分的工作量在于多媒体素材的准备，多媒体素材准备工作就是多媒体数据的采集、制作和处理过程。素材的准备工作主要包括文本的输入，图形图像的扫描、制作与处理，动画和视频的制作等。已经在前面介绍过了。

多媒体产品是计算机技术应用的产物，不但具有比较充分的高技术含量，而且具有较高的商业价值。在开发和推广过程中，要进行相关的法律咨询，增强版权意识。

多媒体技术改善了人类信息的交流方式，给人们的学习、工作、生活和娱乐带来深刻的变革。多媒体技术及其应用的范围和领域非常广，还有很多内容碍于篇幅无法阐述，希望大家通过本书的学习开启通往多媒体世界的大门，进入一个更深更广的探索空间。

习题9

一、单选题

1．软件工程是指计算机软件（　　）的工程学科。

　　A．开发与维护　　　　　　　　　　B．开发与测试

　　C．测试与维护　　　　　　　　　　D．开发与运行

2．采用（　　）再配合面向对象开发方法是开发多媒体应用软件的常用方法。

　　A．瀑布模型　　　　　　　　　　　B．原型模型

  C. 螺旋模型   D. 增量模型

3. 在多媒体应用软件开发中，按照所设计的脚本将各种素材连接起来的阶段是（ ）。

  A. 需求分析   B. 脚本设计

  C. 素材制作   D. 编码集成

4. 以下（ ）软件不属于多媒体著作工具。

  A. Director   B. ToolBook

  C. Authorware   D. PhotoShop

二、简答题

1. 美学设计的三要素是什么？

2. 多媒体教学软件开发过程主要包含哪些步骤？

3. 多媒体教学软件的教学设计和系统设计主要做哪些工作？

4. 什么是多媒体教学软件的脚本？文字脚本与制作脚本有何区别？

5. 多媒体教学软件的制作脚本主要包含哪些内容？多媒体教学软件设计包括哪两个部分？

6. 多媒体著作工具有什么作用？如何进行分类？

附录 A 部分习题答案

习题 1

一、单选题

1．B　2．B　3．A　4．B　5．A

二、多选题

1．CDGH　2．BCDEFGH　3．ABCD

习题 2

一、填空题

1．位图，像素　2．矢量　3．PSD

4．位图模式，双色度模式，灰度模式，CMYK 模式，索引模式，LAB 模式

5．椭圆选框工具，单行选框工具　6．多边形套索工具，磁性套索工具

7．Alt，印象派效果　8．"编辑"→"填充"，"编辑"→"描边"　9．矩形

二、判断题

1．√　2．√　3．√

三、单选题

1．C　2．C　3．A　4．D　5．A　6．B　7．C

习题 3

一、填空题

1．连续画面　2．实时生成，帧　3．二维，三维　4．帧　5．Shift　6．stop

二、单选题

1．A　2．C　3．C　4．C

习题 4

一、单选题

1．C　2．B　3．B　4．A　5．C　6．D　7．D　8．C　9．B

10．D　11．A　12．C　13．B　14．C

二、多选题

1．ABC　2．AD　3．AC

三、填空题

1．html　2．0　3．单元格　4．mailto:　5．z-index

习题 5

一、单选题

1．B　2．C　3．A　4．A　5．D　6．A　7．A

习题 6

一、单选题

1．D　2．A　3．D　4．AC　5．D　6．ABCDE

习题 8

一、单选题

1．D　2．D　3．C

习题 9

一、单选题

1．A　2．C　3．D　4．D

参 考 文 献

[1] 王志强等. 多媒体技术及应用（第二版）. 北京：清华大学出版社，2004.

[2] 赵子江等. 多媒体技术基础. 北京：机械工业出版社，2005.

[3] 鄂大伟. 多媒体技术基础与应用(第二版). 北京：高等教育出版社，2001.

[4] Tay Vaughan. 多媒体技术及应用（第六版）. 北京：清华大学出版社，2004.

[5] 周苏等. 多媒体技术与应用. 北京：科学出版社，2005.

[6] 周朋红等. 多媒体技术与应用. 北京：中国水利水电出版社，2005.

[7] 钟玉琢等. 多媒体技术基础及应用（第二版）. 北京：清华大学出版社，2005.

[8] 鄂大伟. 多媒体技术基础与应用（第二版）. 北京：高等教育出版社，2003.

[9] 导向科技. 中文版 Photoshop 7.0 图像处理培训教程. 北京：人民邮电出版社，2003.

[10] 赵玲，谢锐. 中文 Authorware7.0 应用基础教程. 北京：冶金工业出版社，2004.

[11] 贾辉，周宏敏. 电脑影音娱乐与制作 DIY. 北京：人民邮电出版社，2005.

[12] 友立资讯股份有限公司. 会声会影 6 中文版教程. 北京：人民邮电出版社，2003.

[13] 蒋李，徐帆. Photoshop CS 相片处理与修复技术. 北京：清华大学出版社，2004.

[14] 陈益材，赵景亮. 平面设计经典范例. 北京：清华大学出版社，2003.

[15] 百度百科. http://baike.baidu.com/view/1483409.htm.

[16] 雷剑等. Photoshop CS4 中文版超酷图像特效技法. 北京：机械工业出版社，2009.

[17] 祝业. Photoshop CS4 数码照片加工处理. 北京：中国水利水电出版社，2009.

[18] 视友网. 会声会影 X2 DV 视频编辑从新手到高手. 北京：兵器工业出版社，2010.